行读

人类的终极问题

The Most Important Questions of Mankind in the Near Future

未来篇

袁越 著

生活·讀書·新知 三联书店

图书在版编目（CIP）数据

人类的终极问题．未来篇／（美）袁越著．—北京：生活 · 读书 · 新知三联书店，2022.8
ISBN 978－7－108－07411－9

Ⅰ．①人…　Ⅱ．①袁…　Ⅲ．①人类学－普及读物
Ⅳ．① Q98-49

中国版本图书馆 CIP 数据核字（2022）第 070152 号

责任编辑　崔　萌　赵庆丰
装帧设计　康　健
责任校对　陈　明
责任印制　张雅丽
出版发行　生活·讀書·新知 三联书店
（北京市东城区美术馆东街 22 号 100010）
网　　址　www.sdxjpc.com
经　　销　新华书店
制　　作　北京金舵手世纪图文设计有限公司
印　　刷　北京隆昌伟业印刷有限公司
版　　次　2022 年 8 月北京第 1 版
2022 年 8 月北京第 1 次印刷
开　　本　720 毫米 × 965 毫米　1/16　印张 20.5
字　　数　281 千字　图 73 幅
印　　数　00,001－10,000 册
定　　价　59.00 元
（印装查询：01064002715；邮购查询：01084010542）

目 录

序：我也喜欢琢磨一些现实的问题

我从小就喜欢琢磨一些严肃的问题，比如“人为什么会死”“我爸爸的爸爸的爸爸……到底是谁”之类的。从 2017 年开始，我花了两年多的时间，为《三联生活周刊》撰写了 3 个长篇报道，内容包括人类的起源、生命的进化和创造力的来源。这 3 个封面故事由三联书店集结成书，取名《人类的终极问题》，出版后获得了 2020 年度的“中国好书奖”。

我不但喜欢琢磨严肃的问题，也喜欢琢磨一些现实的问题，于是我又花了大约 3 年的时间写了 3 个新的封面故事，探讨了未来的农业、未来的材料和未来的能源。之所以选择这 3 个领域，是因为我相信它们是关系到人类未来生存质量的关键问题，每一个都不容忽视。而我在这里所说的“未来”，指的是 2050 年前后的世界。在这之后的事情一来我没有能力预测，二来可能也和今天的大部分读者关系不大，我就不探讨了。

说到未来世界，很多人都看好“元宇宙”，觉得这才是人类的未来。确实，我们已经进入了数码时代，“Wi-Fi”“AI”“VR”和“5G”这些新词汇几乎都不需要翻译成中文了。这些新的数码技术固然很重要，但人类的生存不能光指望它们，还需要食物、材料和能源，这些才是人类可持续发展所必需的资源。但因为世界人口的快速增长，以及生活质量的不断提高，所有这些资源都面临着紧缺的压力，人类的生存环境也因此受到了很大影响，这就是当今世界所面临的最大的现实问题。

在这 3 个现实问题当中，我首先选择了农业，因为这是现代文明的基础，也是人类改造地球的开始。但是，如今已有超过一半的地球人离开了农村，很多人都已忘记了一日三餐是怎么来的。事实上，地球上的大部分优质土地都已被开发成了农田和草场，农业和畜牧业对地球生态环境的破坏程度一点也不亚于工业，从某种程度上来说甚至有可能更高。

比如，传统农业的耕作方式对土壤的破坏程度已经远远超过了土壤的恢复能力，农药的广泛使用对生物多样性带来的伤害已经达到了物种大灭绝的级别，而全球畜牧业产生的温室气体已经占到人类温室气体总排放量的 14.5%！人类的食物获取方式必须来一次彻底的革命，才能避免灾难的来临。

接下来我选择了材料，这是被很多人忽视的一种重要资源，很多可持续发展议题里都缺乏材料的身影。其实材料是人类文明的重要基础之一，早期人类发展史的各个阶段都是以材料的名字来命名的。材料还和不同民族的命运息息相关，比如瓷器和玻璃的不同性质可以部分地解释东西方文明发展的不同走向。材料还扮演了现代社会润滑剂的角色，因为不同类型的材料是很难相互替代的，人类对特殊材料（而不是食品）的需求拉开了世界贸易的序幕。

和食品生产一样，材料的生产和消费也给地球的生态系统造成了严重的破坏。比如目前全球钢铁和水泥的生产过程所排放的温室气体各占人类活动总排放量的 8%，两者加起来占到了人类温室气体排放总量的 1/6。塑料的生产和消费总量在过去的 75 年里增长了 160 倍，目前至少有 50 亿吨难以降解的塑料留在了自然环境当中。

至于能源，其重要性无论怎么强调都不会过分。事实上，生命本身即建立在能量的不断消耗之上，所有生物都是能源的囚徒。对于人类来说，能源的消耗量更是直接决定了我们的生活质量，被誉为现代社会分水岭的工业革命正是从能源革命开始的。而这一革命最直接的后果就是气候变化，这件事也已成为人类可持续发展所面临的最大障碍。

我把能源议题放在了最后，一来因为能源领域错综复杂，关于能源的文章最难写。二来因为能源问题和前两个议题有着显著的不同，无论是食品还是材料，其对人类幸福程度的贡献都是有上限的，但能源没有。人类的幸福程度几乎总是和能源的使用量成正比，而人类追求幸福的动力是无限的，对能源的需求自然也是无限的。正因为如此，能源领域的可持续发展不太可能仅靠节约来实现，我们必须不断提高清洁能源的供应量，同时想办法提高能源的使用效率，别无他法。

这 3 个现实问题是全球性的，必须用全球视角加以审视。农业部分我采访了农业的发源地和现代农业强国以色列，以及在农业技术方面领先全球的美国、荷兰和德国。国内部分我采访了拥有黑土地的东北地区，以及河南和云南等地，试图对这个问题做出尽可能全面的解读。

后来，因为疫情的原因，我无法再出国采访，材料和能源话题的采访只能在国内完成。好在中国是世界材料大国，我们的水泥产量占全球总产量的一半以上，砂石产量也占世界的一半以上，塑料的产量和消费量的占比均超过了全球的 1/3。在能源领域，中国同样是世界第一强国，尤其在新能源领域的发展速度更是惊人。目前中国的光伏和风力发电占比分别达到了全球的 1/3 和 2/5，中国不但拥有全球最大的电网，也是全球唯一拥有交直流混合电网的国家。中国的动力电池企业在全球十强中占据了 7 个席位，计划新增核电站的数量和装机容量均居世界第一。所有这一切，使得中国在材料和能源这两个领域均具有举足轻重的地位，从中国的情况就可以近似地推导出世界的走向。

当然了，等将来疫情结束了，我会继续关注这 3 个领域的世界现状，给大家带来更具全球视角的最新报道。

最后我想说，在这个动荡的世界，我们更需关注那些和人类可持续发展有关的现实问题，从而做好准备，迎接未来的挑战。

袁越

2022 年 3 月 7 日于北京

CLAAS

第一章

人类未来吃什么

新技术只能解决一部分问题，

人类自身也得与时俱进

引言：全球农业考察记

人类目前的粮食生产和食品消费模式出了很大的问题。我们的未来危机四伏，要么有很多人不得不饿肚子，要么地球环境濒临崩溃，更可能的情况是，上述两种情况同时发生。

一亩地大概有多大?

这么个简单的送分题，把我的一位“90后”同事给难住了。她是个典型的“吃货”，每次聚餐都要先用手机给菜“消毒”，每次出差都喜欢在朋友圈里晒当地美食，当然那些照片都是饭馆厨师们的作品，因为她自己极少做饭，平时都靠外卖维持生活。

“大概有这么大吧？”她迟疑地用双手比画了一个范围，勉强可以装得下两间卧室。

难怪她对亩的大小没概念，因为他们这代人从小生活在城市，早已远离了土地。对他们来说，食品不是从地里长出来的，而是从饭馆里点来的，或者从超市里买来的，他们没有必要关心粮食的生产过程。

从某种角度讲，这是一种进步。曾经中国人吃饭要用粮票，大家见面时都要问一句：“吃了吗？”来中国学汉语的老外没少拿这句话开涮。到了上世纪90年代，这3个字被“今晚吃的啥？”代替，中国人开始挑食了。21世纪的第一个10年过去后，随着《舌尖上的中国》开播，“今晚去哪儿吃？”成为新一代年轻人的口头语，下馆子成了当今中国人的新常态。我们的食物不但越来越丰富，价格也越来越便宜了。

不仅中国如此，整个地球似乎都是这样。电视里充斥着来自五湖四海的美食节目，仿佛全世界的人都在大快朵颐，很少有人停下来问一问，这样的“食物盛世”到底还可以维持多久？

促使我开始思考这个问题的第一个线索来自联合国2019年公布的一份人口报告，预测地球人口将从现在的77亿增加到2050年时的100亿。新增加的23亿人口大都来自发展中国家，他们不但要吃饱，而且还要吃好，这就意味着30年后的世界粮食总产量必须在今天的基础上至少再增加50%，这是个极大的挑战。更难的是，我们绝不能再像过去那样单纯依靠化肥来提高产量了，因为化肥的生产需要消耗大量化石能源，这就加剧了气候变化的速度。再加上化肥泄漏导致的环境污染越来越严重，我们有充分的理由相信化肥的使用总量已达极限，无法再增加了。

第二个线索来自联合国粮农组织（FAO）2019年7月发布的一份报告，称“与饥饿、粮食安全和营养相关的大部分可持续发展目标的全球实施进度出现滞后”。原来，联合国于2016年年初启动了《2030年可持续发展议程》，为今后的15年制定了17个可持续发展目标。FAO负责其中的4个目标，均与食物的生产和消费有关。3年多过去了，FAO发现世界饥饿人口连续3年呈上升趋势，已经回到了2010～2011年的水平。目前全球仍有超过8.2亿人处于营养不良的状态，其中1.13亿人甚至经常吃不饱饭。与此同时，与粮食生产有关的土地及海洋资源保护项目也进行得很不顺利，倒退成了一种常态。

第三个线索来自著名的《柳叶刀》（*The Lancet*）杂志2019年年初发表的一份名为《人类世的食品》（Food in the Anthropocene）的研究报告，该报告是由来自16个国家的37位专家花了两年时间写成的。专家们从健康、环境、食品工业体系和国际政治等多个方面研究了人类的吃饭问题，发现全球目前有近10亿人因为缺乏食物而营养不良，同时又有20亿人因为食物过剩而体重超标，仅此一项每年就导致400万人过早死亡。除此之外，因钠摄入量过多、全谷物及水果的摄入量不足等原因导致的死亡人数每年高达1100万。换句话说，不恰当的饮食成了导致现代人死亡的最大原因。

从高处俯瞰农田（孙川摄）

与此同时，食品生产又是导致气候变化的最大原因。农业活动直接造成的温室气体排放占所有人类温室气体排放总量的15%～23%，与交通运输造成的温室气体排放量相当。如果再将因为农业活动而导致的土地功能转换，以及食品加工和废弃物处理等因素考虑在内，这一比例可能高达29%，也就是说将近1/3的温室气体排放与吃有关。

如果我们把这3个线索连在一起解读，不难得出一个令人不安的结论：人类目前的粮食生产和食品消费模式出了很大的问题。我们的未来危机四伏，要么有很多人不得不饿肚子，要么地球环境濒临崩溃，更可能的情况是，上述两种情况同时发生。

为什么这么说呢？

首先，让我们先来计算一下粮食的单产。根据FAO所做的统计，1961～2007年间全球绝大部分粮食作物的平均单产的年增幅约为1.7%，超出了这一阶段人口增长的速度，这就是为什么我们感觉食物越来越丰富的主要原因。

根据FAO的测算，在不增加耕地总面积的情况下，要想在2050年时让100亿人吃饱饭，粮食单产必须以每年1%的速度持续增长下去。但是，目前全球农业的技术水平极不均衡，不同国家之间的农业生产效率相差很大，如果这一现象无法得到根本性的扭转，未来30年主要粮食作物的单产增幅将降至0.7%以下，赶不上人口增长的速度，其结果可想而知。

其次，让我们来看一看耕地的情况。目前地球表面积的3%是可耕地，人类的绝大部分口粮就是在这3%的土地上种出来的。这个数字看似很低，但地球表面积的71%是海洋，不可能变成耕地；11%是城市用地、废弃土地、沙漠和高山，也不适合种田；还有8%的森林和7%的草原牧场，人类不应该再将其开垦成农田，否则野生动植物就更加无处可逃了。这样算下来，可耕地总面积很难再增加了。事实上，考虑到人口增加必然导致的城市扩张，以及现有土地几乎不可避免的退化，地球上的可耕地总面积还会持续减少，使得人类的粮食危机雪上加霜。

第三，让我们再来算一算人均可耕地面积。1950年时地球人口总数只有25亿，每人可以分到5200平方米的可耕地。2010年地球人口总数突破70亿时，人均可耕地面积降到了2200平方米以下，还不到一块足球场总面积的1/3。如果2050年时地球总人口真的突破了100亿，那么人均可耕地面积就会进一步降到1700平方米左右，还不到一块足球场总面积的1/4。

中国的情况就更糟了。目前中国人均可耕地面积约为1.35亩，相当于900平方米左右。想象一块边长为30米的正方块，你一年所需的粮食、蔬菜、水果、植物油和动物饲料都要从这块地里产出来！种过地的人都知道，这是不可能做到的事情。事实上，中国目前每年都要进口大约1亿吨粮食（主要为大豆和玉米），如果未来有一天中国停止了所有的粮食进口，我们虽然不至于立刻饿肚子，但我们的饮食水准必将大打折扣，不可能再像现在这样胡吃海塞了。

换句话说，中国的粮食安全和国际粮食市场密切相关，已经做不到独善其身了。如果广大发展中国家生产不出足够多的粮食喂饱自己的民众，国际市场的粮价必然会上涨，我们一定能感觉得到。

以上讨论的还只是正常的年景，一旦气候出现异常，或者某种难以控制的病虫害突然暴发，全世界必将出现大面积饥荒。

如果把现在的粮食生产比作一台机器的话，那么这台机器在最近这半个世纪里一直在满负荷运转，容不得一点差错。问题在于，随着全球气候变化愈演愈烈，极端气候的出现频率越来越高，粮食生产出错的概率也越来越大了。有人测算过，未来全球平均气温每升高 1℃，粮食产量就会下降 10%。现在的地球平均气温已经比工业革命前上升了 1℃，如果到 2050 年时我们不能把升温幅度控制在 1.5℃以下，后果将不堪设想。

如此说来，难道 2050 年时的地球人注定将会饿肚子吗？答案倒也未必，我们有很多办法可以避免灾难的发生。

首先，我们可以想办法减少食品的浪费。根据 FAO 所做的统计，目前全球农民生产的食品只有 2/3 被消费者吃进了肚子里，其余 1/3 都在各个环节被浪费掉了。其中浪费最严重的是蔬菜和水果，农民们辛辛苦苦种出来的蔬菜、水果有近一半（45%）被浪费掉了。问题在于，减少食物浪费不是光嘴上说说就行了，其背后有很高的技术含量，其难度甚至一点也不亚于提高农业单产。另外，无数案例证明，人类的消费习惯是最难改变的，所以这一条说起来容易做起来难。

其次，我们可以适当减少肉类的消费，因为饲养家禽家畜耗费了太多的粮食。目前全世界的可耕地当中只有 18% 直接用于生产人类食品，71% 都被用于生产动物饲料了。如果我们能少吃点肉，尤其是被《柳叶刀》杂志列为“不健康饮食方式”之一的红肉，就能节约出大量土地，用于直接生产人类食品。但是，减少肉类消费同样需要改变人类的饮食习惯，这也是一个说起来容易做起来难的解决方案。

第三，多年的生产实践证明，过度依赖化肥农药的现代农业虽然可以在短时间内提高产量，但时间长了环境负担太重，水土资源也无法保持，是一种不可持续的生产方式。在此背景之下，一部分人提出了有机农业的概念，试图让农业回到前工业化时代，认为只有这样才能解决粮食危机。另一部分人则反其道而行之，认为应该更好地拥抱现代科技，在可持续的前提下尽最大可能提高粮食单产，只有这样才能更好地保护大自然。这两种方式各有拥趸，必须亲自去现场看一看才能得出可靠的结论。

总之，目前的食品生产方式和消费面临严峻挑战，我们需要再来一次“农业革命”，以“可持续”作为终极目标，只有这样才能帮助我们度过这次粮食危机。要知道，即使我们安全度过了2050年，还有2100年在等着我们呢。根据联合国的预测，2100年时的地球人口将会达到110亿！别以为那是一个遥不可及的未来，本世纪出生的年轻人，你们都有机会看到那一天的到来。

农业一万年

人类进化史上有很多重要节点，农业的发明无疑是其中最重要的一个。人类之所以变成了今天这个样子，与农业的发明有着直接的关系。同理，地球之所以变成了今天这个样子，也和农业的发明息息相关。

最古老的城市

7 月的以色列，正是一年中最热的时候。由于地处地中海东岸，以色列的气候是典型的地中海式气候，短暂的冬季温和多雨，漫长的夏季炎热干燥。放眼望去，整个国家一片枯黄，只有北部山区和依靠人工浇灌的农田里才能看到些许绿色。

我和一群来自世界各地的散客拼成了一个旅行团，在耶路撒冷登上了一辆巴勒斯坦牌照的大巴车，开往位于巴勒斯坦境内的小城耶利哥（Jericho）。这是《圣经》里提到过的一座古城，在基督教里有着特殊的地位。不过我并不是因为这个原因才加入了这个团，而是因为耶利哥是人类历史上的第一座城市，距今已有上万年的历史了。

我们的导游是个巴勒斯坦人，一路上尽顾着骂以色列了，介绍起景点来三心二意。据他说，耶利哥曾经是约旦河西岸的农业基地，因为这里有一个永远不会干枯的泉眼。虽然经过多年的开采，泉水早已干涸，但现代人发明了抽水机，把地下水抽出来灌溉，所以这里依然是巴勒斯坦人的粮仓，该国 1/3 的蔬菜水果产自这里。

大巴车沿着盘山公路一路向下，穿过成片的农田，来到了耶利哥古城遗

耶利哥石塔

址。这地方位于一个山谷的谷底，海拔−280米，难怪会有泉水。古城遗址位于一座小山包上，最早是在1868年被发现的。这地方的原住民喜欢在旧城的原址上再造新城，所以这里的古迹都是按照年代分层的，距今最古老的城市在最下面。考古学家们直到20世纪后期才终于挖到了最底层，发现了那个距今已有1万年历史的最早的古城。

古城里有价值的东西自然早就被搬进了博物馆，遗址处只剩下一个大坑，里面有一段古城墙的遗址，以及一个圆锥形的石头建筑。“这座建筑是古人建造的粮仓，这说明此处的农业很发达，粮食有了富余，这才有能力建造起一座城市。”导游指着那座圆锥形建筑对我们说，“城里养着一群不从事粮食生产的工匠和官员，这就是城市和村庄的最大区别。”

导游最后这句话代表了考古界的传统想法，即城市都是在农业的基础上建立起来的。耶利哥古城位于“新月沃地”（Fertile Crescent）的西南角，这块地方在地图上状如一个倒悬的弯月，大致涵盖了今天的伊拉克、叙利亚、黎巴嫩、以色列、巴勒斯坦、埃及、约旦和土耳其等国家，是公认的全世界最早的农业发源地。传统理论认为，人类只有在发明了农业之后，才第一次有了多余的粮食养活一批不直接从事食物生产的“闲人”，比如手工业者和商人等等。如果没有他们，我们就不会发展出科学和艺术，人类文明将永远停留在茹毛饮血的阶段。

但是，导游前面那句话却让我起了疑心。那个圆锥形建筑的直径约有6米，外墙却厚达1米，看上去更像是一座石塔而不是粮仓。我立刻掏出手机查了一下维基百科，发现这个导游在乱讲，这座建筑果真是一座高达8.5米的石塔，塔身的主体部分埋在土里，我们看到的只是顶端的一小部分而已。塔内据说还有一个22级的石阶直通塔顶，但从外面是看不到的。

碳-14测年结果显示，该塔已有1.1万年的历史了。那时的人类才刚刚开始学习种地，文明程度还很低，石头房屋都很少见，难怪考古学家们称之为“人类最早的摩天大楼”。奇怪的是，1万年前的古人为什么要建造一座如此之高的石塔？针对此疑问，考古学家们提出过很多解释。多数人根据常识认为这座塔是个瞭望哨，目的是防止敌人偷袭。也有少数人相信这是当地酋长的坟墓，类似古埃及的金字塔。但是，该塔位于古城的一角，位置太偏，不像是瞭望塔。那段时期该地区也没有爆发过部落冲突，古城居民没有必要花那么大力气建造瞭望塔。塔内也没有发现过任何遗骸或者陪葬品，不太像是个坟墓。

2011年，以色列特拉维夫大学的考古学家们用计算机模型分析了该塔和周围环境地貌之间的关系，得出结论说这座塔是当地酋长为了彰显自己的权力而建造的，目的是吓唬老百姓，强迫他们放弃狩猎采集生活，改为开荒种田。

原来，这座塔的位置是经过精心挑选的，每年夏至那天的黄昏时分，附近最高的那座山的影子正好落在塔尖上，视觉效果十分震撼。考古学家们猜测，当地酋长会选择在那一天登上塔顶，向周围的老百姓炫耀自己的威仪，好让大家臣服于自己，搬到城里定居下来，成为一名种地的农民。

为什么种地还要强迫呢？狩猎采集难道不是一种更辛苦的生活方式吗？

按照传统教科书上的说法，农业的发明是人类进化史上最重要的转折点。我们的祖先自20多万年前诞生在非洲之后，就一直靠狩猎和采集为生，过着吃了上顿没下顿的生活。直到1万年前新月沃地的居民们灵机一动发明了农业，人类终于过上了自给自足的安逸生活，人类文明从此走上正轨。

教科书还告诉我们，农业的发明也是人类进化的必然结果。这个说法有两个看似无可辩驳的证据：一、全世界至少有6个独立的农业发源地，当地人在没有外来经验借鉴的前提下，独立地发明出了农业，这说明农业是人心所向，只要想到了，一定会去做。二、如果一个农业部落（包括畜牧业）和一个狩猎采集部落之间爆发冲突，几乎总是以前者获胜而告终。如果两者发生融合，只要自然条件允许，农业一定会取代狩猎采集，成为融合民族新的谋生方式，历史上找不到任何反例。这两个证据似乎说明，农业代表着先进文明，狩猎采集代表着落后文明，人类一旦学会了种地，肯定会主动放弃采猎生活。

但是，在非洲进行的一系列田野调查颠覆了这个观点。一批人类学家跟踪调查了一个名为卡拉哈利（Kalahari）的游猎部落，发现这个部落的成员每周平均只需花12～19小时找吃的，其余时间不是在树荫下乘凉就是在和朋友家人聊天，日子过得非常逍遥。相比之下，早期农民活得非常辛苦，几乎每天都要下地劳动，工作强度反而要比狩猎采集者大得多。

换句话说，比起狩猎采集来，种地反而是一种更加艰苦的生活方式，也许这就是为什么耶利哥古城的那个酋长用尽了各种手段威逼利诱，甚至不惜组织手下人建造了那样一座巨无霸，这才让周围的居民们甘愿放弃狩猎采集生活，成为人类历史上的第一代农民。

如果这个说法是对的，我们的祖先当初为什么要放弃舒适的采猎生活，改以务农为生呢？答案要从地球生态系统的基本规律说起。

农业的起源

生活在21世纪的现代人很容易产生一种错觉，以为人类是这个世界的主人，我们有很强的自由意志，想干啥就干啥。其实人类一直是地球生态系统中的一员，必须遵守这个系统的基本法则，没有例外。

按照著名的加拿大植物生态学家和农业史专家拉奥·罗宾逊（Raoul Robinson）教授的说法，大自然有三个基本法则，无论是谁都必须遵守：第一，任何一个固定空间的环境承载力都是有限的，生活在其中的每一个物种都有一个数量上限，无法超越。第二，每个物种所占有的生态位也是有限的，比如陆地动物很难生活在海里，热带植物不可能在极地生根发芽。第三，任何一种生物的繁殖速度都必须超过其环境承载力的上限，其目的是为了增加保险系数，否则一旦有个风吹草动，这个物种就有可能灭绝。

细心的读者不难发现，前两个法则和第三条法则是互相矛盾的，如果它们必须同时成立的话，那只能意味着两件事：要么每个生物个体都活得不舒服，始终处于半饥饿的状态，要么很多生物个体都必须死，把有限的资源留给别人。事实证明，这正是生物界已经持续了亿万年的状态，也是物种进化的原始动力，毕竟"适者生存"又可以翻译成"不适者死"。

作为地球上最聪明的物种，人类极大地扩展了前两条法则的适用范围。比如，人类虽然诞生在温带的非洲大陆，但我们的祖先逐渐学会了缝制兽皮衣服，掌握了制造帆船和木屋的技巧，最终占领了地球上几乎所有的陆地生态系统，甚至包括北极地区和一部分近海海洋，成为首个跨越不同生态圈的大型物种。

不过，地球上可供人类捕猎的地方毕竟是有限的。根据第三条自然法则，人类的繁殖速度必将超越土地的供养能力。等到那一天到来之后，祖先们就不得不像狮子、老虎等顶级捕食者那样划分出各自的地盘，每个部落只在自己的领地范围内狩猎采集，自生自灭。偶尔有吃不饱肚子的新生代成员试图走出领地开辟新的疆土，等待他们的只有殊死的搏斗和不可避免的死亡。

以前的历史教科书认为，人类是从发明出农业之后才选择定居生活的。新的考古发现推翻了这个说法，比如纳图夫人（Natufian）早在1.4万年前就在新月沃地建立了永久性村庄，每个村庄的规模甚至高达数百人，但他们都是狩猎采集者，不是农人。

事实上，相比于农业，定居才是人类进化史上真正的大事件。定居生活使得人类智慧的代际传承成为可能，人类文明从此开始腾飞。定居生活还使得人类首次产生了私有财产的概念，等级制度应运而生，剥削和压迫成为常态；更重要的是，定居生活导致了人类历史上的第一次人口大爆炸，因为早年间四处游荡的猎手们不得不带着妻儿一起上路，为了照顾年幼的孩子，女人们主动减少了怀孕的次数。定居之后，母亲们不但不用背着孩子四处走动了，甚至还可以把全村的孩子集中起来交给老人抚养，于是育龄妇女们生孩子的频率由过去的平均每4～6年生一个改为平均每年生一个。虽然其中半数都会因为各种原因而夭折，但人口的增长速度仍然比过去快了至少一倍，大家很快就发现狩猎采集来的食物不够吃了。

虽然人类是自然界的顶级猎手，但根据第一条自然法则，一块土地所能养活的野生动物就那么多，吃光了就没了。第二条自然法则规定，既然人类的消化系统已经适应了肉食，就没办法再去吃草和树叶了。植物界中只有一部分果实能被人类祖先直接食用，因为果实进化出来就是为了被动物吃的。可惜一块土地上所能采集到的果实同样是非常有限的，很快也采光了。

值得一提的是，聪明的祖先们发明了火，极大地扩展了食物的范围。比如以前无法食用的腐肉终于可以在烧烤后被人类利用了，以前难以消化的种子也终于可以在烹饪之后变成易于消化的粥饭了。为了给下一代提供能量，种子的能量密度非常高，理论上属于优质的食物来源。但为了不被动物们吃掉，其中含有的淀粉都是难以消化的复杂淀粉，不煮熟的话是没法吃的，凡是小时候偷吃过生大米的读者对此想必都有切身体会。

就这样，当人类祖先因为人口密度太大而吃不饱肚子的时候，某位智者灵光一现，意识到种子发芽后可以结出更多种子，农业就这样诞生了。事实上，这样的灵光一现只能在人类选择定居之后才有可能出现，因为从一粒种子到很多粒种子的过程需要漫长的时间、大量的劳动力，以及无与伦比的耐心，只有定居者才能做到。所以说，农业绝不是狩猎采集者为了偷懒主动做出的选择，而是当人口密度增加到一定程度，光靠狩猎采集已经不够吃时的一种无奈之举。

著名的美国人类学家贾雷德·戴蒙德（Jared Diamond）是最早开始质疑农业起源的学者之一，他早在1987年时便在《发现》（*Discover*）杂志上撰文指出，发明农业是人类所犯的最大的错误，农业的目的不是为了追求更好的生活，而是为了喂饱越来越多的人口，所以农业发明之后人类的生活质量每况愈下。

戴蒙德是讲述人类历史的畅销书《枪炮、病菌与钢铁》（*Guns, Germs and Steel*）的作者，他在文章中列举了农业带来的三大害处，每一个都有充分的证据。第一，为了喂饱越来越多的人口，农民们只能用廉价的热量（谷物淀粉）代替营养丰富的食物（肉类和野果），导致蛋白质和维生素的缺失。狩猎采集时代的人类食物种类非常丰富，营养均衡，所以那时候的人类健康状况普遍要比农民们好，甚至身材也都更加高大健壮，这一点有无数考古学家可以证明。

第二，农业的本质是追求能量生产效率，所以农民们倾向于只种那些能够带来高产的农作物，导致农作物的品种越来越单一。进化史上的无数案例证明，生物多样性越低，抵抗风险的能力也就越差。单一作物一旦遇到某种病虫害，或者气候稍有不适就会面临绝产的风险，其结果就是大面积饥荒。纵观整个古代人类史，大大小小的饥荒几乎每隔几年就要来一次，没有任何一个农业社会能够逃脱这一宿命。

第三，农业是绝大多数人类传染病的罪魁祸首，主要原因在于农业导致人类聚居区的密度进一步增加，这就给传染病的传播提供了温床。另一个原因是畜牧业的发展让人类和动物之间经常发生亲密接触，相当多的病菌和病毒都是从动物传到人的。

除此之外，农业还加剧了贫富分化，并进一步降低了妇女们的生活质量。农村家庭对劳动力的需求非常大，逼得农村妇女们从青春期开始就得为丈夫生孩子，一直生到更年期为止。有人研究过古代妇女的经期，发现一名典型的农村妇女一辈子来月经的时间加起来平均只有一年多一点，其余时间要么在怀孕，要么在哺乳，简直就是一台婴儿制造机。

正是因为农业为人类带来了如此多的灾难，耶利哥古城的那个酋长这才要动员那么多人力物力修建了一座彰显权力的高塔，强迫部落里的人们放弃自由自在的猎人生活，变成整天面朝黄土背朝天的农民。

别看农业有那么多缺点，但农业有一项优势，那就是丰年时能够支撑的人口数量远比狩猎采集多得多。在冷兵器时代，100个老弱病残一定能打败一个强壮的猎手，这就是为什么当两个部落发生冲突时，农业部落总能获胜的原因。

在那个荒蛮年代，这个优点胜过了一切缺点，于是农业迅速在整个地球普及开来，成为绝大多数人类社会唯一的谋生方式。人类在农业的帮助下，进一步巩固了自己“地球霸主”的地位，地球的生态环境面临灭顶之灾。

被农业改变的人类

离开了耶利哥古城，我们乘坐的大巴车掉头向东，朝着下一个目的地——约旦河驶去。沿途除了几块依靠地下水浇灌的农田，漫天遍野尽是黄沙，路边连株杂草都很少见到。

半小时后，我们到达了位于约旦河边的耶稣受洗处。万万没想到，这条大名鼎鼎的约旦河还不到5米宽，应该改名叫约旦小溪才对。溪水泛着绿光，有气无力地向南流去，最终汇入比它名气更响的死海。虽然名字里有个海字，

古埃及纳赫特墓（Tomb of Nakht）东墙上壁画反映了早期人类的农业活动　纽约大都会艺术博物馆藏

其实那就是一个内陆湖，含盐量高到能让人浮起来，由此可见这条约旦小溪确实没能提供足够多的水量。

自然环境如此严酷的地方，怎么会成为人类最早的农业发源地呢？这就要从它的地理位置说起了。中东地区是欧亚非三块大陆的交会处，智人走出非洲后在这里建立了第一个根据地，人口密度一直非常大，依靠采猎得来的食物经常不够吃。就像前文所说，发明农业的最大动力是喂饱越来越多的人口，新月沃地是当时地球上人口密度最大的地区，符合这个条件。

另一个原因在于这块地方独特的地中海式气候。这里的旱季又热又干，野草活不下去，只能趁着短暂的雨季拼命生长，然后迅速把所有营养富集到种子里，以此来熬过漫长的旱季，等待下一个雨季的来临。正因为如此，这里的野草种子个头都非常大，而且易于储藏，深受采集者们的青睐。

如今被称为“×× 草”的植物大都属于禾本科，这类植物最晚在 6500 万年前就已经出现在地球上了，那段时间正是恐龙灭绝、哺乳动物成功上位的年代，地球上的动植物来了一次大洗牌。和其他植物不同的是，禾本科植物的叶片是从基底处长出来的，被吃掉后不影响整株植物继续生长，这一特质使它从哺乳动物的围剿中脱颖而出，成为地球上最具统治力的植物物种。如果不算格陵兰岛和南极洲的话，地球陆地表面积的 40% 是被禾本科中的草本植物占据的。我们甚至可以说，没有禾本科植物就没有哺乳动物的今天，人类也就不会出现了。

也许是因为经常被吃的原因，大部分草本植物都是一年生的，其特点是根系浅，生长迅速，仅需一年就可以完成整个生命周期，结出很多富含营养并易于储藏的种子。这些特点保证种植者每年都有收获，而且加快了新品种的优化速度，在农业的诞生和发展过程中起到了决定性作用。如今 70% 的农作物品种都属于禾本科，人类从食物中获取的卡路里至少有一半来自禾本科，我们赖以为生的粮食作物，比如被称为“人类三大主粮”的小麦、水稻和玉米也都属于禾本科。

这其中，小麦是在新月沃地被驯化的，应该是人类驯化的第一种农作物。小麦种子的营养成分相对比较丰富，除了含有大量碳水化合物，蛋白质的含量也比较高。但小麦的缺点是产量低，远逊于后来在长江流域被驯化的水稻。稻米的单产最高可达小麦的 5 倍，大米中含有的碳水化合物在烹饪后也更易消化，这就是为什么以大米为主食的民族人口密度普遍要比以面粉为主食的民族高的根本原因。

稻米虽然产量高，但营养成分较为单一，缺乏一些人体必需的维生素和矿物质，比如维生素 A 和铁元素等，也许这就是东亚人身材普遍较矮的原因。稻米不但是所有谷物当中铁含量最低的，而且大米中含有的植酸（Phytates）能够和铁元素相结合，防止其他食物中含有的铁元素被肠胃吸收。因此，以大米为主食的儿童易患贫血症和维生素 A 缺乏症，后者不但会降低人的免疫力，甚至还会导致失明。科学家们曾经用转基因的方式培育出一种不含植酸，同时又富含胡萝卜素（可以在体内转化为维生素A）的“黄金大米”，能够帮助那些以大米为主食的穷人解决这两个问题。可惜因为部分发达国家的“反转”势力太过强大，这种充满人道主义关怀的新品种一直没能在全世界普及开来。

那么，古代人是如何解决大米营养缺乏这个问题的呢？答案就是多吃菜。凡是吃米饭的地方蔬菜的品种都异常丰富，除了特别穷的人家，每顿饭都会配好几样菜，远比吃面食的地区丰富得多。所有的蔬菜当中，豆类富含蛋白质，是谷物最好的伙伴。中国人的饮食中包含大量以大豆（黄豆）为原材料的豆制品，印度人则喜欢在米饭旁边配一勺用咖喱汤煮出来的扁豆，以色列人的解决办法就是把鹰嘴豆压成豆泥，配以橄榄油和各种调味料，做成胡姆斯（Hummus）酱，搭配用面粉做成的大饼（Pita），这个吃法味道可口，营养齐全，被誉为以色列的国民饮食。

原产于美洲大陆的玉米和水稻有点类似，两者同样是产量很高但营养价值相对较低的谷物，所以美洲原住民也喜欢吃豆子，道理是一样的。虽然玉米的单产比不上水稻，口感比不上小麦，但玉米的优点是种植时不需要太多的劳动力，成熟的玉米粒也不容易被鸟啄食，生产成本较低，在如今这个事事讲求效率的年代逐渐显出了优势，所以玉米的播种面积不断扩张，大有取代小麦和水稻成为人类第一大粮食作物的趋势。

南美洲除了为人类贡献了玉米，还贡献了西红柿、土豆、辣椒和烟草，它们对于人类的重要性不必多言。值得一提的是，这四种农作物都是茄科植物。除了茄子最早是被印度人驯化的，世界上绝大部分茄科植物都是被美洲原住民驯化的，因为大部分野生的茄科植物只分布在中北美洲。这个例子充分说明了传统农业的一个最基本的特征，那就是因地制宜。任何一个地方的农民，只能从当地野生植物的宝库中去寻找可被驯化的品种，没有例外。比如新几内亚岛的原住民虽然独立地发展出了农业，但因为岛上缺乏适合驯化的草本植物，当地人只有芋头（Taro）可种，这玩意儿无论营养价值还是产量都极差，岛上的原住民之所以没有发展出先进的文明，与当地的农业效率低下有着直接的关系。

同理，畜牧业的发展也和当地特有的野生动物资源息息相关。动物驯化比植物驯化更难，人们只能从群居动物中寻找可被驯化的品种，因为群居让它们天生就容易被驯服。事实上，目前已被驯化的家禽家畜全都来自群居的野生动物，唯一的例外就是猫。猫最初是为了防老鼠而被驯化的，不是为了吃它的肉，这也是所有驯化动物当中唯一的特例。

美洲大陆缺乏大型野生群居动物，这就是为什么美洲原住民一直没能驯化出类似牛和马的大型牲畜。这种牲畜不但可以帮助农民耕地，还可以帮助人们拉车，增加人类的机动性，作用非常大。但因为缺乏牛马，美洲原住民的文明程度一直比不过欧亚大陆。当年西班牙殖民者之所以轻而易举地打败了美洲原住民，原因就在这里。

换句话说，农业（包括畜牧业）的运作方式很大程度上决定了各个民族的发展轨迹。有人甚至认为，农业还能决定不同民族的性格。美国弗吉尼亚大学心理学教授托马斯·塔尔海姆（Thomas Talhelm）曾经在2014年出版的《科学》（*Science*）杂志上撰文指出，吃米的民族偏好集体主义，善于从整体的角度思考问题，吃面的民族则正相反，崇尚个人主义，善于分析细节，重视个案。他的理由是，水稻属于劳动密集型农作物，需要很多人合力修建灌溉系统，相互商量分配水资源，所以稻农们必须学会相互合作，避免冲突。相比之下，小麦虽然单产比水稻低，但种小麦基本上无须灌溉，所需劳动力也较少，麦农不需要和他人合作就可以自给自足了。

这个说法存在争议，需要更多的证据。但有一点已经无须证明了，那就是农业的发明彻底改变了地球生态系统，其结果将直接决定人类未来的命运。

被农业改变的环境

起源于世界各地的原始农业有一个共同的特征，那就是最早驯化的粮食作物都是一年生的。试想，如果某位农民决定尝试驯化一种多年生的植物，那么他种下去的种子要等好几年才能有收获，这期间恐怕他早就饿死了。

但是，如果我们从农业本身的角度来看，不难发现一年生植物有个致命的缺陷，那就是每年都必须重新播种。干过农活的人都知道，播种可是个力气活，必须先犁地松土，准备好苗床，顺便把杂草除干净。种子发芽后还必须经常浇水，防止幼苗因为根系尚浅，吸收不到足够多的水分而夭折。收获时又必须把整株植物都杀死，长了一季的根茎叶等其他部位就都白长了，从能源利用的角度来看纯属浪费。

想象一下，如果有人能培育出一种多年生的谷物，每播种一次就可以维持好多年，其间不用松土，也不用过多地浇水施肥，收获时只需把种子打下来就行了，其余的根茎叶等部分悉数保留，那该有多好啊！事实上，这正是一批作物育种专家正在做的事情，也许未来的农民们真的可以种上这种新型农作物，那将彻底改变农业的格局。

可惜的是，农业的发明者们尚不具备这样的远见和能力，从一开始就把驯化的目标放在了一年生草本植物身上，导致后来的农民们不得不年复一年地翻耕土地，施肥浇水，没有意识到这么做将会带来怎样的后果。

众所周知，土壤是所有陆生植物的根基。自然状态下，每生成 1 厘米厚的土壤层至少需要耗费 100 年的时间，所幸大部分土壤受到地表植被的保护，不容易流失。农业耕作把原本被植物覆盖的土壤暴露在光天化日之下，被烤干的表层土壤很容易被风吹到空中，飘向远方，或者被雨水裹挟着汇入江河，最终被大海所吞噬。

正常情况下，土壤侵蚀的速度并不快，每年最多只有几毫米，一个普通农民甚至种一辈子地都不会注意到这个变化。但这个速度比土壤形成的速度快了几十倍，时间一长问题就显现出来了。事实上，凡是农业开始得早的地区几乎都存在土壤流失的问题，我们的黄河之所以叫“黄”河，就是因为曾经遍布黄土高原的农耕土壤被雨水冲进了河里。同理，中东地区之所以变成了今天这个样子，原因也是农业导致的土壤侵蚀。研究表明，自1万年前农业开始以来，幼发拉底河和底格里斯河的出海口向外延伸了将近200公里，形成了一个总面积高达数千平方公里的冲积平原，组成这个冲积平原的泥土全都来自上游的新月沃地，而后者则因为土壤的流失而逐渐成为不适合耕作的半沙漠地区。中东地区的政治动荡很大原因就在于环境恶化导致农业衰落，当地人养活不了自己，只能铤而走险。

类似的情况在历史上发生过很多次。古罗马的衰落被认为与罗马帝国境内耕地质量的急速下降有关，玛雅文明的衰落与尤卡坦半岛土壤的大面积流失有关，复活节岛文明的衰落同样是因为波利尼西亚人把岛上的树都砍光了，导致该岛仅有的一点点土壤丢失殆尽，冰岛文明的衰落则是因为岛上的土壤更新速度太慢，一点点轻微的扰动就足以导致土壤生态系统彻底崩溃，连一棵树都支撑不了。

有一个例外值得一提，那就是水稻产区的土壤往往保护得比较好，这是因为水稻田常年被一层水覆盖，风吹不走。稻田的灌溉系统往往也会比较健全，暴雨带来的洪水会被储存起来，以便干旱时使用。农业史研究专家罗宾逊教授认为，这一点足以解释为何种水稻的文明往往会延续得比较久，比如中国和印度就是如此。

农业光有土壤还不够，土壤还得肥沃才行。不同的土壤肥力相差很大，这一点很早就被农民们发现了。人类早期文明之所以全都发源于河岸或者三角洲地区，就是因为那些地方经常发大水，植物生长所需的营养物质随着淤泥不断地被补充到了农田里。可惜地球上像尼罗河三角洲或者黄河沿岸这样肥沃的土地是有限的，其他地方的农田只要连续种上几年，产量就会急速下降。走投无路的农民们发现草木灰是很好的肥料，这就是刀耕火种的起源。农民们烧完一片林地，种上几年后再另换一块森林，继续刀耕火种。这种野蛮的耕作方式在土壤肥力相对较低的热带地区非常流行，对热带雨林造成了严重的破坏，最近几年亚马孙热带雨林大火频发，原因就在这里。

玻利维亚一块刚刚烧过的土地种上了玉米

农业还会向环境中释放大量的温室气体，其后果同样触目惊心。土壤中储存了大量的碳，翻耕过程把原本深埋于地下的碳暴露于地表，加速了有机碳向环境中的释放过程。刀耕火种等粗放的耕作方式破坏了原始森林，减少了单位面积土地对大气二氧化碳的吸收，所以地球大气二氧化碳浓度的上升是从农业兴起时就开始了。

此后的 1 万年时间里，二氧化碳浓度一直在稳步上升，却在 16 世纪末期和 17 世纪初期的一段时间里有一个明显的下降。极地冰芯记录显示，那段时间地球大气二氧化碳浓度突然下降了 7～10 ppm（百万分之一），地表平均温度也相应地下降了 0.15℃。别小看这个下降幅度，它直接导致了那段时间世界各地纷纷出现了气候异常现象，造成粮食大幅度减产。中国自然也没能幸免，于 1628 年爆发了严重的全国性大饥荒，并持续了好几年，走投无路的李自成揭竿而起，推翻了大明王朝。

为了解释这次奇怪的波动，英国伦敦国王学院的地理学教授亚历山大·科赫（Alexander Koch）在 2019 年 3 月出版的《第四纪科学评论》（*Quaternary Science Reviews*）杂志上刊登了一篇论文，提出了一个令人震惊的解释。众所周知，哥伦布于 1492 年发现了美洲大陆，随后大批西班牙殖民者涌入美洲，极大地改变了当地的生态环境。科赫教授收集了大量史料，发现在哥伦布到达之前美洲大陆一共生活着大约 6000 万原住民，平均每人占有 1.04 公顷的耕地。欧洲殖民者带去的传染病杀死了大约 90% 的美洲原住民，造成 5600 万公顷（约合 8.4 亿亩）的耕地被荒废，重新成为森林。这一变化吸收了大量二氧化碳，足以导致大气二氧化碳含量减少 5 ppm，此事引发的连锁反应又可以解释另外 5 ppm 的变化。也就是说，美洲大陆农业系统的突然崩溃几乎完美地解释了 16 世纪末期至 17 世纪初期的那次全球气温骤降，崇祯皇帝是被哥伦布杀死的！

当然了，以上论断属于一家之言，还需收集更多的证据才能下结论，但农业增加了温室气体排放已是不争的事实，大家争论的只是增加了多少的问题，以及这种增加何时超过了正常的自然波动范围。目前流行的观点认为，传统农业尚不足以导致大气温度发生不可逆转的变化，这个临界点是在工业化时代到来之后才出现的。为了更好地解释这件事，让我们把目光转向国内，看看工业化之后的农业究竟对地球环境带来了怎样的影响。

被工业改变的农业

稍微有点务农经验的人，只要去过一次大理，立刻就会明白这样一个偏僻的地方为什么会成为一个古代王国的首都。这是一个依山傍水的高原盆地，雨水沿着苍山陡坡一路向下，汇聚成溪流入洱海，沿途形成了一大块富含养分的冲积平原，农业最需要的水和肥都不缺，因此大理自古以来就是优质产粮区，人口密度高，足以支撑起一座城市。

大理古城就建在洱海边，周围还散落着无数个小村庄，我要找的采访对象张瑞龙曾经担任过上官村第九生产小组的组长，并在这个位子上一干就是10年。这个村位于洱海的最北端，村民大都以种水稻为生，张瑞龙从小就跟着大人下地劳动，很快就学会了种水稻的所有技术。

“那时候农村人口多，到处开荒种地，粪肥不够用了，我们就上苍山挖腐殖土，顺便砍点柴火取暖做饭。”张瑞龙回忆说，“后来有了煤，就改用煤灰混上猪和牛的粪便来施肥，不用再上山背土了。不过那时候山上的腐殖土也被我们挖光了，柴也越来越少，几乎砍不到了。”

张瑞龙今年50岁，他向我描述的是上世纪80年代初期大理农民的种田方式。从这段叙述可以知道，中国农民很早就知道土壤肥力的重要性，也知道粪便或者落叶可以用来沤肥。根据一位名叫富兰克林·金（Franklin King）的农业专家的说法，中国人是全世界最早知道粪肥用处的人。金博士曾经担任过美国农业土壤局的局长，他于1911年出版了一本书，名为《四千年来的农夫》（*Farmers of Forty Centuries*），书中指出中国农民掌握的这个小秘密使得中国人可以在一块土地上常年耕种，不需要像同时期的欧洲农民那样依靠休耕来恢复地力，所以中国的土地复种指数远比欧洲高，再加上中国的水稻产量远胜小麦，所以中国同等面积土地能够养活的人口比欧洲多得多。

人多的好处是文明发展得比较快，所以早期的中国文明领先欧洲很多年。举例来说，中国在宋朝时的城市化比例已经超过了10%，欧洲直到1800年左右才达到这样的水平。人多的坏处就是自然环境被破坏得比较严重，凡是去过欧洲的人对此应该都有印象。要知道，人光是吃饱饭还不够，还有很多其他需求，比如柴火和木头。我们今天看到的苍山基本上就是一座秃山，山上的树几乎全都被砍光了，原因就是山下的人口增长得太快了。

后来欧洲人也明白了粪肥的好处，欧洲农业终于赶了上来。但是，粪肥的效力毕竟是有限的，过了某个上限之后产量就再也上不去了，可人口依然在持续增加，而且增加的速度远比粮食产量的增速要来得快，其结果必将是灾难性的，这就是英国学者托马斯·罗伯特·马尔萨斯（Thomas

德国化学家弗里茨·哈伯

Robert Malthus）于1798年出版的《人口原理》（*An Essay on the Principle of Population*）一书的核心内容。

马尔萨斯的人口论曾经是悬在人类头上的一柄达摩克利斯之剑，但最近这几十年来却很少有人再提了，原因是马尔萨斯既没有预见到人类会主动降低生孩子的欲望，也没有预见到科学的力量会如此巨大，竟然彻底改变了农业的面貌。以前的农民虽然学会了使用粪肥，但却不明白其中的道理。欧洲科学家们直到19世纪初期还相信农作物可以直接吸收土壤中的腐殖质，直到1840年德国化学家尤斯图斯·冯·李比希（Justus von Liebig）出版了《有机化学在农业和生理学上的应用》（*Organic Chemistry in Its Application to Agriculture and Physiology*）一书，首次提出植物的原始养分只能是矿物质，即大家耳熟能详的氮磷钾，人类这才明白植物到底从土壤中吸收了什么。

李比希的植物营养学说否定了腐殖质理论，打开了化肥取代有机肥的大门。氮磷钾这三大营养元素当中，磷和钾的需求量相对较低，来源也比较广泛，问题还不算大，最难搞的是氮。空气中虽然充满了氮气，却都是惰性氮，植物无法直接利用。1909年，德国化学家弗里茨·哈伯（Fritz Haber）和卡

德国化学家卡尔·博世

尔·博世（Carl Bosch）为了生产炸药，研究出了从氮气中合成氨的方法。此法只要稍加变通就可以生产出廉价的氮肥，化肥工业由此开始腾飞，农业正式进入了工业化的时代。

化肥的出现极大地改变了农民的耕作方式，产量也有了大幅度提高。据张瑞龙回忆，80 年代大理平均每亩只能产 800 斤稻谷，现在的产量至少翻了一番。除了品种变好了，最大的原因就是化肥的改良。中国“文革”前使用的化肥成分是碳铵，俗称“气儿肥”。这种氮肥挥发性强，闻起来呛鼻子，用起来麻烦，效果也不好。上世纪 70 年代末期，中国从国外引进了 19 条尿素生产线，中国农民终于用上了这种肥力持久的高效化肥，产量立刻就上去了。

增产的另一个原因就是灌溉效率的提升。别看上官村就在洱海边上，但村里分给张瑞龙家的两亩地却在距离洱海一公里远的山沟里，洱海的水运不过去，只能从附近的一条小河里抽水。因为上游抽水的人太多了，那条小河一直处于时断时续的状态。张瑞龙清楚地记得，小时候他跟着大人一起用自行车把一台水泵驮到了河边，和其他农民一起坐在河边等水。一旦上游来水了，大家便一起开动水泵往自家田里灌，为了抢水经常得彻夜守在田边。

水泵用的电是从村里私拉的电线输送过来的，每亩耗资 100 元，这在那个年代可是一笔巨款，但没有水就没有收成，农民们只能出这笔钱。后来张瑞龙家买了一台柴油抽水机，终于把成本降了下来，所以现代化灌溉的本质就是用化石能源来换产量。与此类似，生产化肥需要耗费大量的电，同样是用化石能源来换粮食。

从能量守恒的角度看，这件事再正常不过了。能源是世间万物的基础，如果没有能源，人类的想象力是不可能变为现实的。地球上的绝大部分能源来自太阳，但受到光合作用效率的限制，地球生态系统所蕴含的总能量是有限的。化石能源相当于浓缩了过去数亿年里储存的太阳能，工业化的本质就是人类掌握了一次性将存款尽数取出的本领，人类改变世界的能力从此有了几何级数的增长，马尔萨斯所预言的资源极限终于被打破了。

当然了，存款毕竟是有限的，人类肯定知道这一点，但暂时还顾不了那许多。更糟糕的是，大自然是一个相互连接的复杂系统，各种元素经过多年的进化而达到了动态平衡。一旦其中任何一种成分发生了快速的变化，必将导致平衡被打破，引发一系列连锁反应。比如，自然界含有的氮元素一直在惰性氮和活性氮之间循环，两者达成了动态平衡。化肥工业的发展使得大量惰性氮转变成了活性氮，其中很大一部分活性氮不可避免地进入了江河湖海，导致地球水体富营养化，蓝藻大爆发，迅速耗光了水里的氧气，大量水生生物因此而死亡。

再比如，自然界的碳元素也是一直在循环着的，固体的碳和空气中的二氧化碳依靠这个碳循环维持着微妙的动态平衡，保证地球温度不会发生大范围的波动。农业的发明虽然暂时打破了这个平衡，但地球强大的自愈能力还是能够让碳平衡重新回到起点，这就是为什么 17 世纪初期的那次小冰期很快就结束了。但是，自工业化开始以来，人类不计后果地大规模开采化石能源，地球的碳平衡再次被打破。这一次的变化幅度非常大，地球是否能够依靠自身的力量恢复原状？谁也没有把握。

还没等科学家们想出对策，新的问题就又来了。工业的介入迅速提升了农业效率，再加上医疗卫生条件的改善，全球人口总数终于在19世纪初期首次突破了10亿大关，又在20世纪初期突破了20亿大关。换句话说，人类这个物种用了几十万年的时间才突破10亿，但下一个10亿只用了100多年的时间就完成了。自那之后，全球人口总数继续像马尔萨斯所预言的那样加速增长，到1974年时便再次加倍，突破了40亿大关。就这样，第一波工业革命带来的农业红利迅速地被新增人口吃光了。要不是因为一个名叫诺曼·博洛格（Norman Borlaug）的人，马尔萨斯已经可以从棺材里坐起来，宣布自己胜利了。

被商业改变的农业

博洛格是美国公立大学系统培养的新一代育种专家，他于上世纪50年代去墨西哥做研究，培育出一种高产抗病的矮秆小麦，帮助墨西哥人解决了粮荒问题。当时印度也正面临着饥荒的威胁，走投无路的印度农业部大胆引进了这个新品种，强行推广至全国，很快就让印度小麦的平均亩产翻了一番。此事被后人命名为“绿色革命”（Green Revolution），博洛格则以“绿色革命之父”的名头获得了1970年度的诺贝尔和平奖。

如今一提起绿色革命，大家首先想到的都是博洛格的矮秆小麦，但实际上这种小麦对水肥条件的要求非常高，必须和化肥以及灌溉技术绑在一起加以推广，否则产量反而比普通小麦还要低。换句话说，矮秆小麦是专门为工业化时代的农业定制的。与此类似的就是现代化养殖场里的速生鸡品种，当一切条件都满足时它们长得飞快，但如果放到野外的话肯定竞争不过普通的家鸡。

可是，一旦农民种过一次新品种，尝到了高产的甜头，就再也不愿意种回以前的品种了，这就意味着化肥和灌溉技术都必须同步更新，整个农业体

矮秆小麦是“绿色革命”的代表

系就会被新品种带着往前走。从这个意义上讲，绿色革命犹如一剂毒品，人类尝过一次就上了瘾，再也放不下了。

改革开放之后，绿色革命之风也吹进了中国，同样取得了惊人的成效。据张瑞龙回忆，70 年代末期时大理农民还是按工分发粮食，分到手的一大半是粗粮（玉米），大米很少，肉更是稀罕物，十天半个月才能吃上一次，还经常是过期的腌肉。自 90 年代中期开始，普通大理人吃饭就已经不是问题了，基本上想吃啥都能随时吃上。

不过，促成这一进步的不光是粮食单产的提高，更重要的原因是粮食贸易的飞速增长。比如现在大理人吃到的大米大都是从四川甚至东北运过来的，大理人则用卖大蒜挣到的钱去换。大蒜是一种需要大水大肥的农作物，洱海边最适合种，所以大理产的大蒜质量好、利润高，每亩大蒜最多可以获利 2 万元。但也正因为大蒜的这个特点，使得洱海的水位和水质一降再降，严重影响了大理的旅游资源开发。过量施用化肥还会让地里野草疯长，虫害频繁，

菜农在打农药

于是大理农民对除草剂和杀虫剂的使用也越来越多，同样污染了周边环境。当地政府不久前出台了新政策，严禁大理农民在洱海边种大蒜，种植其他农作物也严禁使用化肥农药，必须改用农家肥和生物防治技术，哪怕为此牺牲产量也在所不惜。

但是，据我个人观察，不少大理农民仍然在偷偷使用化肥农药。一位在洱海边种大葱的农民告诉我，他承包的那块地原来每年需要施500元的化肥，如今则需要施2000元的有机肥，产量却比用化肥低20%，由此造成的损失只能由他个人承担。有机肥是附近养鸡场拉来的鸡粪，每袋40公斤，每亩地要用60袋之多，使用起来远不如化肥方便，无形中又增加了不少劳动力成本。他打算再种个一两年，如果情况没有改善的话他就不种了。

上面这个故事是粮食贸易的一个经典案例。谁也不知道粮食是从什么时候开始成为商品的，但粮食贸易的飞速增长肯定是从“二战”之后才开始的。那场战争不但建立了世界贸易新秩序，而且还完善了全球交通体系，使得粮食的大范围跨境运输成为可能。如今全球粮食生产总量的23%进入了粮食国际贸易领域，大多数中等以上发达国家的农民都不再是自给自足的小农户了，而是变成了粮食这种商品的生产者和消费者。这一变化不但改变了农业的格局，而且还改变了人类的饮食方式，影响极其深远。

比如，既然粮食是商品，那就必须满足商品经济的两个基本特征：低成本和高销售。种粮成本和土地形态、地理位置、环境条件等先天因素密切相关，要想降低粮食的生产成本，单一化和专业化是必经之路。于是我们看到越来越多的土地年复一年只种同一种农作物，种植品种单一化已经成为现代农业的常态。据统计，地球上原本有7000种可吃的植物，如今超过95%的人类食物只来自30种农作物，人类食物的来源变得越来越窄了。这么做虽然降低了生产成本，却加剧了病虫害的暴发，于是农民们不得不大量使用农药，剂量也越用越高；如此种法也不利于土壤肥力的恢复，于是化肥越用越多；畜牧业也为了降低成本而不断增加养殖密度，最后不得不依靠抗生素来预防病虫害，目前全球养殖业每年消耗15万吨抗生素，约占抗生素总消耗量的一半……就这样，现代农业逐渐走入了一条环境死胡同。

写到这里必须指出，环境恶化的锅不能全由粮食贸易来背，这是不公平的。比如，有人认为粮食的远距离运输增加了碳排放，这个结论不一定是对的。设想一个东北人冬天想要吃香蕉，他必须自建温室大棚，花钱买煤来为温室加热，甚至需要加装灯泡来提高光合作用效率。但同样一根香蕉，在热带地区的果园里却能够以极低的碳排放代价生产出来，只要花在运输上的碳排放不是太离谱（比如用轮船、火车而不是飞机运），这个东北人买进口香蕉要远比买本地生产的香蕉更环保。

再比如，古时候兵荒马乱，一些老百姓为了躲避战乱，拖家带口钻进了深山老林，在陡峭的山坡上修筑梯田，种粮为生。这些梯田虽然很适合拍照，但因为坡度太大，一场大雨就能把表层土壤尽数冲走，从可持续的角度来看，梯田是最不适合开展农业的地方。如今这个世界安全了许多，老百姓不必再东躲西藏了。如果能想办法让这些人改变生活方式，依靠旅游、种树或者养蜂为生，用发展副业挣到的钱从市场上买粮食吃，把梯田还给大自然，反而是更环保的做法。

更重要的是，大规模粮食贸易相当于一种互助行为，对于解决全球饥荒问题起到了决定性的作用。比如，19世纪中期爱尔兰暴发土豆疫病，直接导致上百万人被饿死。20世纪80年代，埃塞俄比亚同样爆发饥荒，死亡人数更多，但国际社会很快伸出援手，摇滚歌星们更是用一场横跨欧美两地的“援非义演”（Live Aid）让全世界普通老百姓都知道了这件事，大家捐钱买来粮食运到非洲，避免了饥荒的进一步升级。

随着气候变化的加剧，谁也不敢保证自己永远不会碰上天灾人祸，粮食的全球贸易体系就成了人类最后的一根救命稻草。问题在于，这根救命稻草如果用得太快太勤，很可能就会失效了。比如那次埃塞俄比亚饥荒，背后的原因是该国人口增长过快，当地农民的耕作方式又不可持续，只要气候条件稍有变化，饥荒就来了。在没有粮食跨国援助的古代，埃塞俄比亚人只有一条路可走，那就是彻底改变耕作方式和人口政策，防患于未然。但如今他们有了外国援助，失去了改革的动力，人口依然在飞速增长，农业体系也一直维持现状。类似的情况在很多发展中国家都发生过很多次，逼得那些地广人稀的富裕国家不断开垦新的土地，反正种出来的粮食总会有人买。但是，如果一直这么做下去的话，早晚有一天“地主家也没有余粮了”。

如果此时来一场全球范围的天灾，问题就严重了。比如1815年印尼坦博拉（Tambora）火山喷发，释放出的大量火山灰使得1816年成为历史上著名的“无夏之年”。虽然英国画家约瑟夫·特纳（Joseph Turner）用画笔记录了火山灰导致的无数个美好的日落黄昏，但过低的气温给全球农业带来重创，光是欧洲就饿死了数万人。所幸一年之后火山灰散去，气候恢复原状。如果类似的事情再次发生，而且延续个几年的话，人类就没有办法自救了。

当然了，拯救同胞乃人性之所在，我们不可能见死不救，粮食的全球贸易体系是不太可能更改的，因此我们必须未雨绸缪，尽一切可能帮助广大发展中国家建立可持续的农业体系，并控制人口的无序增长。与此同时，发达国家也不是高枕无忧的，因为高度商业化的食品工业已经给发达国家带来了严重的健康灾难。

想象一下，如果人类是一种严格自律的动物，只吃对自己健康有利的食物，吃到合适的量之后便胃口尽失，那我们就不会出现那么多健康问题了。可惜的是，人类的祖先诞生于非洲大草原，严酷的生活环境使得人类自带的平衡系统朝着“多吃”的方向发生了倾斜，因为下一顿饭不一定能按时吃上。这个先天设置上的小误差虽然给今天的人类带来了无穷无尽的烦恼，却给食品工业带来了无限商机。试想，如果每个人都只吃自己身体需要的食物，那食品制造商就没法扩张了，资本是不会对一个没有扩张潜力的行业感兴趣的。

那么，如何才能让消费者尽可能多地吃你生产的食物呢？答案就是迎合他们对口味的需求。非洲大草原独特的地理位置和生态环境让我们的祖先养成了很多特殊的口味，几乎所有的口味都被资本家们利用过了。

比如，非洲大草原上很难找到甜食，但甜食又是最高效的能量来源，所以我们的祖先养成了嗜甜的习惯，甚至不惜冒着被蜇的风险去掏蜂窝；再比如，脂肪是能量密度最高的食品，吃一块脂肪顶两块同等重量的碳水化合物，所以祖先们养成了对肥肉的偏好，脂肪的香气会让大部分人流哈喇子；还有，蛋白质更是优质的营养，所以我们对美拉德反应产生的特有香气同样是无法抗拒的，因为这是蛋白质和碳水化合物在高温下发生的反应，凡是具有这种香气的食品里面肯定富含蛋白质，而且是烧熟的，不含病菌，当然要不惜一切代价赶紧吃进肚子里；最后，非洲大草原极度缺乏矿物质，所以很多食草动物都有吃土的习惯。对于人类来说这太脏了，但人类很快就意识到，凡是具有咸味的食品里面都富含人类所需的矿物质，所以人类又养成了嗜咸的习惯。看看超市货架上那些琳琅满目的包装食品吧，它们肯定至少采用了上述四种手段中的一种，并将其强化，目的就是为了让消费者尽可能地多买。餐馆厨师做的菜之所以大都是重油重盐的重口味，原因也在这里。

但是，祖先们养成的口味只适合非洲大草原，在现代社会很容易被骗，其结果就是今天生活在富裕国家的人们热量摄入越来越多，体重越来越大，营养却摄取不足。至今还有很多人相信胖子们只是一群意志力不够强的人，没有意识到狡猾的食品商人才是背后的主谋。至今仍有很多人以为胖人是不会缺乏营养的，这个看法同样大错特错。真正的营养指的是健康生活所需的基本物质，尤其是蛋白质、维生素和纤维素。但是，食品生产厂商可不在乎这个，他们要的是销量。如今的蔬菜个头越来越大，颜色越来越鲜艳，口感越来越宜人，但其中含有的营养物质却越来越少，这就是食物商品化所带来的负面结果之一。

这方面的极致案例就是味精的发明。味精之所以会有鲜味，是因为味精的主要成分谷氨酸钠代表着蛋白质的主要成分——氨基酸。自然界中凡是带有鲜味的食物肯定都是富含蛋白质的，人类应该尽量多吃。但自从味精被发明出来以后，自然界的游戏规则就被打破了。今天的你如果喝到一碗很鲜的汤，很可能不是因为汤里含有丰富的蛋白质，而是因为大厨味精放多了。喝多了这样的汤不但补充不了蛋白质，还会因为钠离子摄入过量而诱发高血压。但味精生产商可管不了那么多，他们的终极目的只是满足消费者的味蕾，其余的一概不管。

1 万年前人类发明的农业，就这样一步一步地走到了人类的对立面。人类赖以为生的食物，渐渐变成了人类最大的杀手。

结 语

人类刚发明农业时，全球人口仅为 400 万左右，如今这个数字超过了 70 亿，增加了 1800 倍。早期农业生产力低下，几乎每个人都必须下地干活，否则就会有人饿肚子。但如今全世界至少有一半人口已经不再直接从事粮食生产了，比如前文提到的大理农民张瑞龙就是如此。他在洱海边开了家客栈，传扬古老的大理白族甲马文化。对他本人来说，这是一次幸福的改行，他再也不用每天起早贪黑地去维持一家人的温饱了，而是把全部精力放在了自己喜爱的传统文化上，从一个体力劳动者变成了脑力劳动者。

随着农业技术水平的提升和国际粮食贸易的发展，像张瑞龙这样的人肯定会越来越多，也许这就是农民的归宿。未来将有越来越多的人不再直接和大自然打交道，而是把注意力转向自己的内心，用艺术来填补空闲的时间。

与此同时，全球动植物却正经历着一场浩劫。联合国环境规划署的最新报告指出，在约 800 万个动植物物种当中，约有 100 万个物种正面临灭绝的风险。植物方面，有人研究了英国皇家植物园未公开的数据库，发现在过去的 250 年里有 571 种植物已经确定灭绝，平均每年灭绝 2 种，这个速度比大自然的正常速度快了 500 倍，甚至比地球历史上发生过的 5 次物种大灭绝事件的速度还要快。动物方面，5 万年前地球上尚有大型动物 350 种，农业开始后这个数字急剧下降，目前仅剩下 183 种，是地球最近这几亿年来的最低点。

气候变化还会使这一趋势变得更加严重，而农业活动排放的温室气体大约相当于人类活动总排放量的 1/3，在所有细分行业中排名第一。

不少人相信，人类对地球生态系统的影响力已经超过了大自然本身，这一影响甚至已经可以从地质层上找到明显的标记物，于是一批地质学家建议把 20 世纪中期正式命名为人类世（Anthropocene）的起点，我们已经名副其实地成了这个地球的主人。

既然如此，我们就必须负起责任，为子孙后代创造一个更加美好的生活环境，让太平盛世尽可能长地延续下去。但是，目前的食品生产体系存在太多的问题，既无法满足我们对于健康的需求，又对环境产生了不可逆转的破坏。如果任其发展下去的话，我们甚至都熬不过 21 世纪。

所幸很多有识之士早就意识到了这一点，正在想尽一切办法改变现状。我从中挑选了几个典型地区，分别去现场做了考察。本篇讲述的就是这些先驱者的故事，以及他们所做的那些具有前瞻性的事情。

未来的粮食

粮食是人类生存的基础，也是农业生产的主攻方向。全球绝大部分优质良田都用来种植谷物粮食了，人类未来的粮食安全和环境质量主要取决于粮食生产的可持续性，后者的关键就在于我们能不能保护好地球上最宝贵的资源——土壤。

托管与超越

7 月末的一个早晨，我搭乘当天唯一的直达航班从北京飞到了齐齐哈尔，我这个关于未来农业的考察就从这里开始。

我要去的地方是位于齐齐哈尔市以西 70 多公里的龙江县，出了机场还要再坐一个小时的车才能到达。车窗外是一望无际的大平原，似乎永远没有尽头，除了公路两边有一点点闲置土地，其余的地方种满了玉米和水稻，除此之外几乎看不到任何其他农作物。黑龙江省真不愧是中国的粮食第一大省，已经连续多年稳坐产量和输出量双第一的宝座。

黑龙江省之所以有今天这样的地位，和名字里的这条江有很大关系。黑龙江发源于俄罗斯境内，江水因富含腐殖质而颜色发黑，故得此名。黑龙江在向东流入大海的过程中因为地势的原因而被迫向北转了两个弯，构成了中国雄鸡的鸡冠和鸡嘴。因为地处北半球的寒带，纬度高的河段总是最先结冰，最晚解冻，于是来自上游的水经常被坚冰堵得溢出河道，把周围大片土地变成沼泽，黑水中携带的腐殖质就这样一遍又一遍地沉积到了东北平原上。因为天气寒冷，大量腐殖质来不及被分解就被埋在了地下，于是这块土地上的有机质越积越多，颜色也越来越深，东北黑土地就是这么来的。

从生态学的角度来看，只要气候条件不是太糟糕，像这样大片平整的冲积平原一定是最高产的地块，野生动植物资源肯定也是最丰富的。当人类发明出农业之后，这些地块的价值很快就被发现了，于是地球上几乎所有符合这个条件的土地都被开发成了农田，而且大都被用于种植粮食作物。一来粮食的需求量最大，需要大面积土地；二来粮食的价格管制最严，不太可能卖高价，所以种粮成本必须压得很低才行，而且还必须要有一定的规模才能赚到钱，只有像眼前这样的大块黑土地才能同时满足这两个条件。

就这样，人类把地球上生产力最高的平原土地全部拿来种粮食了，并顺带着把野生动植物赶进了深山老林之中，所以如今欧亚大陆上的所有温带平原都已被开发，只有在一些极其偏远的山沟里才能看到真正原始的自然风光。幸亏非洲和美洲开发得晚，还能找到少数依靠政策保留下来的平原型自然保护区，让今天的人类一窥地球往昔的热闹模样。

地球上还有几处类似东北这样的大块优质土地，比如美国中西部的玉米带、阿根廷的潘帕斯草原、巴西的亚马孙雨林和乌克兰的中亚大草原。我去参观过前三个，全都像黑龙江这样种满了粮食作物。只不过他们不种水稻，而是更喜欢种经济价值高的玉米和大豆，其中绝大部分大豆最终都出口到了中国。我亲眼见过的最震撼的农业景象就是阿根廷潘帕斯草原上的大豆田，因为那片草原实在是太平整了，只要站直身子就能向四面八方望出去十几公里，目力所及之处全是大豆苗，那种整齐划一的景象甚至会让人感到一丝恐惧。

龙江县这里因为是玉米和水稻间种，所以视觉效果还算正常。不过我要找的采访对象魏刚却是个只种玉米的人，他于 2013 年和几个朋友一起成立了超越合作社，采用土地托管的方式把周边农村的玉米地集中起来统一管理，最大限度地发挥规模效应，增产增收。

众所周知，中国是一个以小农户为主的国家，普通农民每家通常只有几亩地，种粮食根本挣不到多少钱，所以很多人选择进城打工，把地留给家里的老人种，管理相对粗放，效率很低，对环境也不友好。几年前国家鼓励土地流转，农民们把自己的地流转给某个种粮大户，由后者统一管理，每年付给农民一定数量的租赁费。这么做虽保证了农民的收入，但土地流转出去后就和农民没关系了，种什么、怎么种以及卖给谁等等问题，全部由那个种粮大户说了算。很多热爱土地的农民不喜欢这样的方式，觉得自己离土地越来越远，心里不踏实，于是最近几年国家又开始推行土地托管制度，即农民仅把土地的管理权托付给某个农业合作社，由后者负责耕种管收售，但前期投资由农民自己出，卖粮收入也全归农民，托管方只收取少量的管理费，相当于为农民打工。这么做让农民对自己的土地有了更大的发言权，因此也就对土地的使用和管理更加上心，但如果这块地因为天灾而减产，损失将由农民自己承担。

两种方式虽然在经济上各有利弊，但最大的好处都是能够把土地集中起来，交给职业农民去管理。如果说在农业技术水平极不发达的上世纪70年代，包产到户还能算是灵丹妙药的话，那么在21世纪的今天，这味药不但不再灵验，甚至已经变成了“毒药”，魏刚本人的经历就是一个绝佳的案例。他是个卖农资出身的“80后”，深知细碎的地块和分散的小农户对于提高农业机械化水平来说意味着什么。超越合作社成立6年以来，他说服了387户农民加入合作社，再加上一些其他来源，总的托管面积已经达到了42万亩。有了量之后，他就可以放心大胆地上设备，只有这样才能做到既增加产量又降低成本。去年合作社平均每亩地为农民节约成本100元以上，平均单产则增加了15%，两者合起来使得托管农民每亩地的收入比未托管农户增加了300元。

在我的要求下，魏刚亲自带我参观了合作社的农机仓库，里面停放着上百辆各种型号的农机车和农机具，国产品牌和进口品牌都有，从播种、施肥到打药、收割等等一应俱全，在我这个外行看来绝不输给任何一家中等规模的美国大农场。

不过，魏刚并没有花太多时间炫耀自己的农机车队，他心里念念不忘的

魏刚在检查玉米的长势

只有一件事，那就是如何才能提高土壤的有机质含量。“我这儿每亩地平均要施 160 斤化肥，还要花钱搞人工灌溉，每亩地能产 1400 斤玉米。我以前觉得这个效益还行，可有一年我去佳木斯一家农场参观，才发现和人家相比差远了！”魏刚对我说，“人家每亩地只施 80 斤化肥，也不用人工灌溉，每亩地就能产 1800 斤！专家告诉我，原因就是人家那地是正宗的黑土地，土壤有机质含量最高可以到 8%，而我的地还不到 2%，差距就在这里了。”

确实，我一来就注意到这里的土壤颜色很浅，一点也不像我想象中东北黑土应该有的颜色。而且这里的土壤非常干燥，裸土很多，稍微起一点风就尘土飞扬，把蓝天都染黄了。尘土飞起来眯人眼睛倒是小事，可那都是宝贵的土壤啊！如果一直这么吹下去的话，早晚有一天这里的土壤就会消失殆尽，到那时农机具再多也没有用武之地了。

魏刚解释说，龙江县靠近内蒙古，降水量本来就不足，再加上过去几十年农民粗放管理，采用了很多不可持续的做法，渐渐把这块土地种成了半沙漠的状态。所以他近几年来一直在尝试采用保护性耕作的方式，试图提高土壤的有机质含量，减缓土壤侵蚀的速度。

但是，前文说过，植物是不能直接吸收有机质的，为什么要提高土壤的有机质含量呢？这么做为什么能减缓土壤的侵蚀速度呢？这就要从土壤的形成开始讲起了。

土壤是活的

要想了解土壤的形成过程，世界土壤博物馆（World Soil Museum）是个不错的去处。这座博物馆位于荷兰瓦赫宁根大学（Wageningen University）土壤学系的大楼内，参观者可以借助全球几十个不同地点采集到的真实土壤样本，帮助自己学习土壤的基本知识。

原来，在地球生命的早期，陆地表面是由一块块坚硬的岩石组成的，没有土壤，因此也就没有生命。经过多年的日晒雨淋，岩石表层被分解，释放出其中含有的微量元素，一种简单的生命终于可以在上面落脚了，这就是地衣。地衣是藻类和真菌的共生体，其中真菌负责腐蚀岩石，继续释放其中含有的微量元素，藻类则利用这些微量元素进行光合作用，为真菌提供养料。这两种微生物密切合作，大大加快了岩石的风化速度，逐渐形成了最初的土壤层，为高等植物的生长创造了条件。随后，高等植物的出现又为动物的生存提供了可能，这两种生物的合作再次加快了岩石分解的进程，土壤就是这样在各种生命形式的通力合作之下被一点一点地生产出来的。

上述过程在今天的土壤里仍在进行着，只不过主要发生在土壤基底部的岩石层（Bedrock）附近，我们平时是看不见的。生活在那里的微生物继续以岩石为原材料，以土壤中的有机质为能源，为地球生产新的土壤。现有土壤的表层也在继续生成新的土壤，但机理完全不同。那里除了已经破碎成细小颗粒的岩石碎片，还混有大量的残枝烂叶，它们就是土壤有机质的主要来源。这些有机质是各种小动物的食物，其中包括大家熟悉的蚯蚓，以及体积更小的线虫等等。动物们吃剩下的食物残渣再被各种细菌和真菌彻底分解，释放出其中含有的钙、镁、钠、硫、铜、碘、锰、钼、锌等微量元素。它们和岩石颗粒相结合，成为新的土壤，继续为植物的生长提供支持。

从这个过程可以看出，土壤绝不像表面看上去的那样死气沉沉，而是充满了生机，更像是一个活的生命体。成千上万种不同的生物在土壤里生活，

位于荷兰瓦赫宁根大学的世界土壤博物馆

微量元素不断地在植物、动物和微生物之间往来穿梭，维持着微妙的动态平衡。

这其中，微生物的作用至关重要。如果没有这些微小的生命，所有的微量元素都会被固定在土壤有机质或者岩石碎片当中，无法被植物吸收利用。于是，为了招募微生物来为自己服务，很多植物都会通过自身的根系向土壤中释放富含蛋白质和碳水化合物的营养物质，其总量甚至可以占到植物光合作用总量的1/3以上。这些营养物质就是土壤有机质的另一个重要来源，它们为土壤微生物提供能量，帮助它们继续分解土壤中的有机质和岩石颗粒，释放其中含有的微量元素，变成植物的肥料。

农业的发明打破了微量元素在土壤中的动态平衡，进入到植物中去的微量元素以农产品的形式被人类收割带走，最终留在了城市里。久而久之，农村土地里的微量元素肯定会出现短缺。土壤微生物虽然可以继续分解土壤中的岩石颗粒，释放其中含有的微量元素，但一来这个过程太过缓慢，满足不了农作物的需求，二来这些微生物同样需要有机质作为能量来源，如果土壤中的有机质含量一直偏低的话，这些微生物也就没办法继续为我们生产新土壤了。

中国古代农民是最早认识到这一点的人，他们通过施粪肥的方式补充土壤失去的有机质，以此来维持土壤肥力。但粪肥毕竟是有限的，如果能想办法把农作物收获后剩下的秸秆全部还田，只把种子带离土地，效果肯定会更好，而这就是魏刚打算在自己的土地上尝试的新方法，以此来代替当地农民原来的做法——焚烧。

烧秸秆是全球农民的普遍做法，发展中国家尤甚。此法导致了严重的空气污染，就冲这一点就该严加禁止。但是，如果只从肥料的角度考虑，既然最终目的都是要把有机物变成无机物，那秸秆焚烧和秸秆还田的效果应该是一样的，焚烧还更快呢。同理，如果土壤里的微量元素已经很少了，农民又等不及，那么人为补充一些化肥也应该是合理的，为什么会有那么多人反对呢？

答案就在于土壤里的营养元素不但要充足，而且还要容易被植物吸收，否则还是没用。“绝大部分优质土壤都是带负电的，能够和带正电的阳离子相结合，后者正是植物需要的矿物质。”世界土壤博物馆馆长史蒂夫·曼特尔（Steve Mantel）指着馆内展出的土壤样本对我解释说，“遇到这样的土壤时，植物根系会释放出氢原子，和土壤交换这些带正电的金属阳离子，营养元素就是通过这样的方式被吸收进植物体内的。也就是说，土壤肥力取决于土壤的阳离子交换能力，这个能力越高，土壤就越肥沃。”

如果化肥施得太多，土壤就会带上正电，导致其阳离子交换能力下降，影响植物根系对营养物质的吸收。另外，当植物从化肥中吸收到了足够多的营养之后，就会停止生产根系分泌物，这就进一步降低了土壤有机质的含量，使得土壤中的微生物无法正常工作。除此之外，化肥的溶水性特别好，很容易被雨水冲走，或者随着灌溉之水渗透到地下，无法被作物吸收，所以化肥的真实利用率非常低。一项发表在《科学》杂志上的研究显示，全球农民施用的尿素最多有 70% 被浪费掉了。它们要么变成氨气，挥发到大气中，要么被雨水冲走，最终流进了河里，两种方式全都污染了环境。

换句话说，化肥很像举重运动员使用的类固醇，短期内确实很有效，但长期使用对身体有害。相比之下，有机质中含有的营养元素是在微生物的作用下缓慢释放到土壤中去的，这就相当于一种缓释化肥，能够持续不断地为土壤增加肥力，还不容易污染环境，整体效果要比化肥好得多。

正因为如此，很多环保主义者坚决反对使用化肥，号召广大农民改用农家肥，采用所谓“有机”（Organic）的方式从事农业生产。曼特尔认为这些人的本意是好的，但有机农业不是万能药，化肥也不能一棍子打死。“世界上很多地方的土壤质量已经变得非常差了，如果不用化肥的话，当地人就没办法喂饱肚子，所以关键问题不是禁止化肥，而是提高化肥的使用效率。”曼特尔对我说，“退一万步讲，提高土壤有机质含量固然很重要，但有机质从哪里来呢？只有先施化肥，让这块地先有一定的产出，然后再想办法通过秸秆还田等措施慢慢积累有机质，最终降低这块地对化肥的依赖。”

著名的美国农业生态学家戴维·蒙哥马利（David Montgomery）教授显然也是同意这个看法的。他在那本关于保护性耕作的名著《耕作革命》（*Growing a Revolution*）中指出，所谓“传统”的农业并不一定是可持续的，否则就无法解释两河流域、古罗马、玛雅和复活节岛的生态灾难。在他看来，那些地方的农业生态系统之所以崩溃了，原因就是当地农民采用了一项传统的农业技术——犁耕，最终导致土壤被严重侵蚀。为了修正古人犯下的错误，蒙哥马利在这本书中提出了全新的保护性农业三原则：第一，采用免耕技术，尽可能减少对土壤结构的扰动；第二，种植覆盖作物并保留作物残茬，确保土壤一直被作物覆盖；第三，用不同的作物进行轮作，确保一定程度的物种多样性。

在这三原则当中，免耕技术是核心。美国目前已有 1/3 的耕地采用了免耕技术，巴西南部和阿根廷的大农场甚至已经100%是免耕的了。我在数年前参观过一家阿根廷大豆农场，发现整个土地都是平的，完全没有中国农村常见的垄沟。土地表面完全看不到裸土，而是被一层厚厚的残枝烂叶所覆盖。揭开烂叶子，下层土壤颜色乌黑发亮，而且非常湿润，抓在手里能攥出水来。

我原以为在东北也能看到这样的土壤，但起码魏刚管理的这片玉米地全然不是这样的，不但地表有垄沟，说明曾经犁过，而且有大量黄色的裸土，看上去相当干燥。为什么当地农民不采用人家早已使用很多年的免耕技术呢？这就要从犁地的初衷开始讲起。

从犁耕到免耕

提起犁耕，在很多人心目中这就是传统农业的象征。事实上，犁（及其使用方式）的进步正是历史学家衡量一个地区农业发展水平的最佳指标。比如使用金属犁的文明肯定要比使用木制犁的文明更先进，用牛马来拉犁耕地的农村肯定要比用人力拉犁的农村更富裕，等等。

自从5000年前被发明出来之后，犁耕法便迅速传遍了整个世界，说明这项技术确实有很大优势。古代农民在播种前几乎都会用犁把土地翻耕一遍，一方面将土翻松，便于出苗，另一方面也可以将上一季留下的作物残茬和新长出来的杂草清理干净。有些农民还会在翻耕土壤的同时把肥料埋进土里，播种、除草、施肥三件事一起干了。

就这样，来自世界各地的农民把地球好不容易积攒起来的表层土壤翻耕了无数遍，谁也没觉得不妥，直到1934年全球大旱，北美大平原爆发了严重的沙尘暴，漫天黄沙一直持续了3年，逼得当地居民不得不背井离乡，去其他州给别人打工，这就是美国历史上著名的“沙碗事件”（Dust Bowl）。这次事件终于让美国科学家们开始质疑耕地的做法，怀疑这种耕作方式造成了土壤水分的丧失和耕层土壤的流失，最终引发了沙尘暴。

沙尘暴袭击村镇（美国得克萨斯，1935 年）

根据蒙哥马利在《耕作革命》一书中所做的总结，犁耕最大的问题就在于它破坏了土壤原有的结构，把原本埋在地下的有机质翻到地表，加快了微生物分解腐蚀有机质的速度。这么做虽然可以在短时间内提高土壤肥力，但却会让土壤的有机质含量迅速下降。比如，自欧洲移民到来之后，北美大平原地区的土壤有机质含量从 6% 迅速下降到 3% 以下，原因就是欧洲农民开始耕地了。

土壤有机质具有很强的保水能力，当土壤失去有机质时，附着在上面的水分也跟着跑掉了，此时如果恰好遇到旱灾，沙尘暴就是必然的结果。

好在美国人反应迅速，时任总统罗斯福迅速签署了土壤保护法令，委托美国农业部设立了水土保持局，研究如何保护美国宝贵的土壤资源。上世纪 40 年代，美国科学家相继发明了直播机和除草剂，开始尝试免耕作业，北美的土壤有机质含量终于得到恢复，“沙碗事件”再也没有出现过。通过这件事，美国科学家们终于意识到有坡度的耕地并不是土壤侵蚀的主要因素，土壤裸露才是。

可惜的是，“免耕”这个概念至今尚未在中国得到广泛普及，很大原因就在于中国人一直迷信精耕细作，甚至将其视为中国传统文化的象征。那些早已习惯了精耕细作的中国农民甚至在搬进城市改行当了园丁之后仍然在不停地翻耕土壤，这个做法使得中国城市空地上出现了大量裸土，一到刮风天就尘土飞扬。

但是，这么多年精耕细作导致的后果就是中国的土壤有机质含量非常低，最差的西南地区只有 0.6% 左右，中原地区约为 0.8%～1%，东北人引以为豪的黑土地其实平均下来也只有 2%～3% 而已。相比之下，采用免耕法的阿根廷潘帕斯草原和美国中西部玉米带已经达到了 4%～5% 的水平，其结果就是人家用比我们少得多的化肥，生产出了比我们多得多的粮食。根据农业农村部所做的统计，中国玉米和大豆的平均亩产大约只有美国的 50%～60%，但单位土地面积所用的化肥总量却是美国的 2.6 倍。

更糟的是，有机质含量的下降使得土壤的保墒能力大幅降低。根据美国科学家的研究结果，土壤有机质含量每提高 1%，1 公顷土地的蓄水能力就可以提高 76 立方米，相当于额外接纳了 7.6 毫米的降水量。因为中国土壤的有机质含量非常低，再加上翻耕将大量土壤直接暴露在空气之中，使得中国土壤的侵蚀现象非常严重，不知还能坚持多久。

写到这里必须强调，“免耕”不是简单的“不耕”，要想采用免耕法，需要有相应的农业技术予以配合。比如，免耕法首先需要解决播种的难题。传统的开沟器是铧式的，土壤先被分到两边，播种后再由一个 V 形覆土器将分开的土收拢回来盖住种子。后来有人发明了免耕播种机，用了一种圆盘式开沟器，两片圆盘先将土层切出一条缝，种子掉进去后再由另一个装置将这条缝挤合，整个过程对土壤的干扰很小，近乎免耕，播种的问题就这样解决了。

作为一名卖农资出身的新式农民，魏刚肯定不会被农机方面的问题难住。他的仓库里不但有免耕播种机，还有产自美国大平原公司的垂直深松机。顾名思义，这种新型机械在作业时所有设备的运动方向均垂直于地表，无须翻动土壤便可实现深度达50厘米的垂直深松。深松后地表依然平整，植被覆盖完整，这样可以最大限度地减少土壤跑墒，节约宝贵的水肥资源。

相比之下，除草的问题则要困难得多。地表的残茬覆盖对杂草生长有一定的抑制作用，但还是需要使用除草剂才能彻底根除杂草。科学家们先后研制出了各种类型的选择性除草剂，可以除掉某一类杂草而不伤苗，但效果均不理想，直到抗除草剂转基因作物品种的出现才使得免耕条件下的除草问题得到了根本解决。如今美洲大陆种植的玉米和大豆几乎全都用上了这项技术，可惜中国至今仍未批准使用，所以魏刚的玉米地里能看到很多杂草，对产量有一定的影响。

不过，最令魏刚头痛的是如何处理秸秆。玉米收获之后会留下大量秸秆，按照蒙哥马利提出的保护性耕作三原则，最好的做法就是全部还田，并覆盖于地表，避免土壤直接暴露在外。但魏刚认为这个方法对自己不适用，因为东北气温低，如果秸秆堆积在地表，温度提不上来，很可能好几年都烂不掉。另外，很多玉米害虫的虫卵会躲在秸秆里过冬，堆积秸秆的做法很可能会增加病虫害的风险，得不偿失。

为了找到更适合自己的处理办法，魏刚决定和中国农科院合作，共同开展田间试验。他专门开辟出一块地作为试验田，研究人员将其分成了同等面积的7块，分别试验了秸秆移出田外、全秸秆碎混还田、全秸秆粉碎覆盖还田、宽窄行全量秸秆条带覆盖还田、留高茬全秸秆还田和秸秆全量深翻还田等6种免耕技术，还有一块地采用了当地常规的耕作方式，作为对照组。

农科院一名长期驻守在这里的研究生现场为我解释了这些试验的设计思路和目的，感觉他们确实为适应当地情况下足了功夫。比如，既然东北气温低，秸秆腐烂速度太慢，那就先将其剁碎，然后和土壤进行不同程度的碎混，看看能否提高地温，加速秸秆腐烂的速度。再比如，玉米秸秆非常坚硬，将其切碎需要耗费大量的化石能源，因此他们决定尝试全秸秆还田，看看差距有多大。他们甚至想出了一个宽窄行的办法，即把玉米种成行距分别为40厘米和 90 厘米宽窄行，然后把秸秆堆在宽行里进行还田，看看这样做是否更有效。

这个试验需要不间断地连续做好几年才能出结果，但据魏刚透露，初步研究显示全秸秆碎混还田的方式效果最好。这个方法需要先把秸秆切成碎片，然后和表层土壤进行混合。这么做虽然能加快秸秆的腐烂速度，保墒能力也还不错，但这毕竟不是真正意义上的秸秆全覆盖免耕法，因为如此处理后的地表仍然会有一层裸土，宝贵的土壤仍然会被大风吹走。

"我可以为了提高土壤有机质含量牺牲 5 年的产量，但不能牺牲太多，农民还要挣钱的。"魏刚对我说，"我也知道秸秆全覆盖效果更好，但这么做头几年的产量损失太大，农民是不会同意的。"

基于同样的理由，魏刚也不会尝试不同作物的轮作，或者在冬季休耕期间种植覆盖作物，因为这两个做法都需要钱，当地农民是不会出的。但在蒙哥马利提出的保护性耕作体系里，这是非常重要的两个环节，因为轮作（尤其是谷物和豆科植物轮作）可以增加土壤肥力，同时防止病虫害。种植覆盖作物（比如苜蓿）同样可以增加土壤的有机质含量，同时满足了土壤常年被植被覆盖的要求，减少水土流失。

从这个例子可以看出，可持续农业需要一定的经济基础作为支柱，同时还要求农民们不过度追求产量。但中国人口压力太大，经济基础薄弱，这两条要求都无法满足，这就是中国农业可持续发展的最大障碍。

身为行业中人，魏刚其实已经做得非常好了。一个原因在于他的合作社规模大，有足够多的资本进行可持续耕作试验；另一个原因在于他年轻，头脑灵活，敢于尝试新鲜事物。但最重要的原因在于他非常热爱种地，喜欢跟土地打交道。采访期间，他开着自己那辆四轮驱动的皮卡带着我在地里转了大半天，对沿途看到的每一条沟渠和每一眼机井都如数家珍，显然他平时也经常这么做。他还会经常停下车，走进玉米地，用随身携带的铲子挖出玉米植株，考察根须的发育情况，看看有没有什么需要注意的地方。如果中国能出现更多像他这样的职业农民，中国的可持续农业就有希望了。

但是，无论怎样，魏刚毕竟是商人，他的工作方式已经和一名美国中等规模的农场主差不多了。和他相比，那些没有把自己的土地流转或者托管出去的农民就没有这么好的条件了。所幸中国有一批非常敬业的农业科学家，他们才是这些小农户最可靠的帮手。为了讲好他们的故事，我来到了河北省曲周县，中国农业大学在北京之外建立的第一个实验站就建在这里。

大政府与小农户

曲周县是邯郸市的下辖县，距离邯郸火车站有一小时车程。来接我的司机李师傅原来是曲周县的一位农民，为了多挣点钱开上了出租车。“我家里有3 亩多地，但我舍不得流转出去，一直自己种。”李师傅对我说，“好在种地其实并不忙，播种和收割的时候回家忙一阵就行了，平时的时间正好出来开出租。”

按照官方定义，李师傅就是一个小农户，全世界像他这样的小农户约有25 亿之多，地球上 60% 的可耕地都是由他们负责耕种的。但是，和第三世界国家那些自给自足的典型小农户相比，像李师傅这样的中国小农户有些特殊。据统计，中国农民的家庭年终总收入当中只有约 1/5 来自农业，其余的全靠进城打工，所以这些小农户种起地来三心二意，应该称他们为“兼业农民”。

因为时间有限，又不指望依靠农业来挣钱，所以这些“兼业农民”的最大特点就是种地不讲效率，不注意节约资源，怎么省事怎么来。比如，曲周当地农民以往每个种植季都要浇地 5～6 次，生怕浇少了庄稼被渴死，反正抽地下水所需的电费不算贵，他们交得起。再比如，当地农民施起肥来更是大手大脚，因为他们觉得反正化肥便宜，施多了总比施少了好。就这样，曲周县的种粮成本一直居高不下，化肥、农药、除草剂越用越多，产量却不见提高。

中国农业大学教授张福锁

“如果单纯按照土地面积来计算，我们的粮食年平均单产还是可以的，不比农业发达国家差多少。但人家每年只种一季，我们种两季，我们每季的单产只有人家的 60%，两季加起来甚至还比人家多一点呢。”中国农业大学国家农业绿色发展研究院院长、中国工程院院士张福锁对我说，“但这么做的结果就是我们的土地一直在不停地种，地力严重透支，只能依靠化肥农药上的高投入来维持一定的产出，资源浪费严重，环境代价太大。”

就拿曲周县所处的华北平原来说，这地方平均年降水量约为 600 毫米，足够满足一季粮食作物的生长需要。但因为人口不断增长，粮食不够吃，于是当地除了每年夏季种一季玉米，又增加了一季冬小麦，地表水立刻就不够用了，只能去抽地下水，其结果就是华北地区地下水位正以每年 1 米的速度在下降，水质也越来越差。

据统计，目前华北地区农业用水占社会总用水量的 70%，而仅冬小麦一项就占了农业用水的 70%，由此可见，一年种两季的做法才是华北地区严重缺水的主要原因。既然如此，有没有办法大幅度增加粮食单产，然后改为每年只种一季呢？理论上这是能够做到的，但这就需要提高广大小农户的技术水平，和发达国家看齐。

“现在很多人有一种误解，觉得搞农业一定要靠大农场，通过规模化来降低新技术的使用成本，只有这样才能有效益。”张福锁对我说，“但我们的经验表明，中国农村的科技基础相对薄弱，完全可以通过简单的技术培训，大幅度提高中国小农户的生产效率。”

张福锁举了两个例子，都很适合中国的小农户们学习改进。第一，中国过去种玉米讲究“稀植大棒”，每公顷最多只种4万株，每株希望能结两个玉米棒子，一旦缺苗或者苗不齐，产量就低下来了。但美国孟山都公司在中国推广玉米种子的时候带进来一项新的密植技术，每公顷可以种7万棵植株，每株只结一个玉米棒子，但总产量却比我们的高。张福锁团队借鉴了这一思路，这几年一直在全中国推广基于群体设计的密植技术，即把整片田当作一个群体来考量，通过密植和空间结构的调整，提高群体的光合作用效率，使得中国的玉米平均亩产有了显著提升。

第二，中国玉米产量不高的另一大原因是容易倒伏，抗不了风灾。相比之下，美国玉米的茎秆看着很细，其实非常硬，抗倒伏性能好。而且美国玉米叶子不多，主要集中在玉米棒子附近，光合作用的效率更高。造成这一差别的除了育种，施肥的时机也很重要。中国化肥一直是全世界最便宜的，所以中国农民习惯于过量施肥，而且为了省事，往往在播种时就把化肥施进去了，结果造成了玉米植株早期生长速度过快，无效叶片太多，茎秆不硬，根系发育不良。为了改变这一状况，张福锁团队开始在农民中提倡“水肥后移”，即把浇水和施肥的时间都往后移。以前每个种植季要浇4～5遍水，现在只浇2～3遍就可以了。实践证明这么做既节约了成本，又解决了叶片过密致使病虫害加重和容易倒伏的问题，植株根系也长得更好，更容易吸收土壤中的营养物质，于是化肥使用量也跟着降了下来，产量反而有所提高。

“这两项技术说起来似乎很简单，但也都花了好几年时间才推广下去，因为中国农民喜欢坚持自己的老经验，什么新技术都要观望观望才敢亲自尝试。”张福锁说，“另外，中国小农户的学习能力千差万别，导致新技术的到位率较低，和试验田的差距较大。同样在华北地区，我们的玉米试验田产量已经可以达到每公顷 14～15 吨了，农民的产量只有 6～7 吨。”

据张福锁介绍，发达国家都是专业农民，技术水平高，可以种出品种潜力 80% 的产量，中国农民只能种到 40%～50%。其中水稻和小麦稍好一点，玉米最差，差距非常明显。但是，在张福锁团队的努力下，中国小农户的农业生产技术水平迅速提高，曲周县的部分高产玉米亩产已经可以达到每公顷 14 吨了。

他们到底是如何做到这一点的呢？答案就是科技小院。小院的前身是成立于 1973 年的农大曲周实验站，当年这块地方是全国著名的盐碱地，农大科学家响应政府号召，建了这个实验站，探索治理盐碱地的方法，获得了成功。此后这个占地 1080 亩的实验站便一直保留了下来，成为农大的科技推广中心，兼做研究生的培养基地。

2006 年，张福锁教授决定改变以往以实验室为主的科研模式，带领自己的研究团队进驻曲周实验站，在生产实践中开展科技创新和人才培养。不久之后，张教授发现当地农民为了避暑，往往天还没亮就下地干活，等到学生们吃完早饭从实验站坐车出发赶到村子里时，农民们已经回家休息了。于是，张教授决定改变策略，让研究人员直接住到村子里的农家小院，和小农户们同吃同住同劳动。

2009 年，第一个农大师生进驻的农家小院在曲周县白寨乡开张了。师生们和农民一起下地劳动，遇到问题就地解决，真正做到了零距离、零时差、零门槛和零费用地服务于广大小农户，极大地提高了农业新技术的到位率。张福锁还特别注重商业的力量，把遍布农村的企业技术推广人员纳入这个体系中来，事实证明效果很好。

10 年之后，像这样的科技小院已经建成了 121 家，涉及 2100 万小农户、

1200 名科研人员、6.5 万名村干部和 14 万名工业界代表。我这次专程去参观了其中的 4 个科技小院，每个小院至少有 2 名农大学生常驻。他们的生活条件还可以，但平时都得自己买菜做饭，出门也得像当地人那样骑电动车，远不如待在学校里那样轻松舒适。但是，这段经历对于双方来说都是极为宝贵的。因为学生们的存在，当地小农户遇到的问题全都得到了专业而又及时的咨询服务。像保护性耕作、测土施肥、水肥一体化和可降解地膜等当前最先进的可持续农业技术都得到了很好的推广。与此同时，学生们在课堂上学到的农业新知也可以在实践中加以检验，便于他们毕业后开发出最适合中国国情的新技术。

全世界像这样的成功案例并不多，著名的《自然》杂志专门做了一组专题报道，指出这个模式之所以能够在中国取得成功，关键在于中国的政治制度，否则很难想象一所大学有能力动员这么多的人力物力去帮助小农户。

"中国过去很穷，吃不饱饭，政府只能以粮为纲，没工夫考虑环境问题。现在情况不一样了，政府高度重视农业的环境污染问题，出台了一系列政策，鼓励中国农业向绿色可持续发展的方向转型。"张福锁说，"我认为中国农业的单位面积产量至少还有 30% 的潜力可挖，资源效率至少还有 30% 的潜力可挖，环境减排还有超过 50% 的潜力可挖，所有这些目标都需要有广大小农户的支持才能完成。"

结　语

2006 年，曲周县政府新拨了 300 亩试验田给农大曲周实验站，试图通过实验站建立一个适用于华北平原的可持续高产高效农业生产体系。实验站站长江荣风教授亲自开车带我参观了这 300 亩试验田，感觉比魏刚农场的试验田专业多了。这里不但研究了各类免耕技术的优劣，还专门研究了不同施肥方法对产量的影响，以及不同轮作方式对于保持土壤肥力的作用，研究范围相当广泛。

初步研究结果表明，实施保护性耕作的土地一开始可能会有少量减产，

农大曲周实验站站长江荣风教授在检查试验田

但只要坚持5年，产量就会恢复，然后便可以实现少肥增产的目标。目前该试验田已经可以做到节约化肥50%～70%，产量提高20%～50%，灌溉用水也减少了50%以上。科学家们正在通过科技小院将这些成果推广给广大小农户，希望能早日见到成效。

这些研究成果不但和农民有关，也和我们普通人的日常生活息息相关。先不说别的，就说大家最关心的空气污染问题，其实也和农业的生产效率有点关系。根据农大所做的研究，华北平原、长江流域和珠江三角洲的氨排放对这些地区的大气PM2.5浓度“贡献”约为8%～11%，而大部分氨排放本质上都来源于氮肥的使用和畜禽养殖中粪便的不合理管理。因此，少施氮肥将有助于缓解中国的大气污染现状，提高老百姓的健康水平。

总之，粮食生产和我们的日常生活息息相关。我们未来的生活状态很大程度上取决于未来的粮食将会以怎样的方式生产出来，以及我们愿意为之付出怎样的环境代价。

未来的瓜果蔬菜

瓜果蔬菜属于高附加值农产品，允许种植者们采用更加昂贵的可持续农业新技术。因此这个领域率先开始了精准农业的尝试，取得了不错的效果。

良道探秘

从昆明市中心出发，沿着高速公路向西北方向开20分钟，就进入了五华区的地界。开车的是一位30多岁的年轻人，名叫田柏青，他是云南良道农业科技有限公司（以下简称“良道”）的一名高管，同时也是公司创始人明毅的侄子。这家公司从事有机食品的生产已有十多年了，在昆明、大理和楚雄等地有多处种植基地，被公认为高原有机农业的典范。几年前良道在昆明五华区建了一个有机蔬菜示范种植园，我的下一个考察目标就是那里。

田柏青在日本留过学，学的就是农业技术，所以他在良道主要负责有机蔬菜的种植。“日本人搞有机，目的是为了保护环境，因为人家的食品管理很规范，普通蔬菜也很安全。”田柏青对我说，“反之，在中国搞有机，主要原因在于中国人对普通蔬菜的安全性有担心，希望吃到安全菜。”

确实，一提起有机蔬菜，很多人的第一反应就是不施化肥不打农药，有害物质的残留少，吃起来更安全。这一点就是像良道这样的有机蔬菜供应商之所以能够在中国存活下来的主要原因，因为有机蔬菜的价格通常是普通蔬菜的数倍。

“有机绝不仅仅是不施化肥不打农药这么简单，还有很多其他要求，满足这些要求其实并不容易。”田柏青对我说，“中国的有机认证体系不够健全，检测的项目数量只有日本的1/3，所以中国市场上出现了很多假有机，本身不符合标准，却仍然打着有机的旗号卖高价。我们这些李逵的存在，让李鬼们活得更好了。”

说话间，车子驶离了高速公路，沿着一条土路往山上开去。山道两边全是杂木林，非常荒凉，似乎很久都没有人进去过了。田柏青数次停下车，去路边摘野果给我吃，似乎是想为我展示一下这里的环境保护得多么好。

“这座山上原本有600亩果园，但已经废弃了很多年。我们之所以把它租下来建有机农场，就是看中了这里与世隔绝的环境。”田柏青解释说，“有机认证的一大要求就是有机农田不能和普通农田挨得太近，否则很难保证有机蔬菜里不混进去一点化肥农药。”

这个要求似乎不难实现，但在今天这个人口压力巨大的中国，几乎每一寸可耕地都被利用起来了，要想找到一块与世隔绝的可耕地并不容易。这个废弃果园坐落在群山之中，周围被一大片半原始的森林所环绕，距离果园最近的农田位于山脚下，化肥农药都不太可能扩散到上面来，搞有机的人只要能租到这块地，就算成功了一半。事实上，我后来又去参观了良道的大理蔬菜种植基地，发现那块地原本是一片位于洱海边上的洼地，因为经常被水淹而变成了湿地，难以耕作。在被良道租下来之前，那块地已经很久没有被使用过了，同样符合有机农业的标准。

我们在山路上又开了十多分钟，终于到达了良道农场的总部。这里有个员工生活区，主体部分是一座两层的木制办公楼，设计师显然动了心思，将其打造成了一个现代化的森林别墅，外表简朴庄重，内部却很精致舒适。二楼还有一个专门用来接待访客的瑜伽馆，朝南的一整面墙全是玻璃窗，访客们可以一边做瑜伽一边欣赏云南的自然风光。中国的有机农业往往和传统文化联系在一起，良道自然也不例外。这里经常接待来自全国各大城市的灵修团，访客们在山里住几天，打打坐，练练瑜伽，呼吸一下新鲜空气，临走前再买几箱有机蔬菜带回去吃，这可算是当今中国有钱有闲阶层的标配了。

我在办公楼周围转了一圈，在地上发现了一只死鸟，显然刚死不久，身体还没有腐烂。“这应该是今天早上在玻璃上撞死的，我们这儿很常见。”田柏青说，“山里的鸟没见过玻璃，不知道躲避。”看来，为了让屋内的人享受到充足的自然光，同时又不被蚊虫困扰，鸟儿们只能自认倒霉了。

稍事休整，田柏青带我去参观农场的菜地。因为整个农场建在半山腰，地无三尺平，所以菜地被分成了很多小块，最大的不过1～2亩，最小的只有几分。好在这里原来是个果园，部分山坡已经被修成了梯田，只需稍加整理就可以改种蔬菜了。不过，因为地势较高，灌溉用水一直是个大问题，为此农场专门修建了好几个蓄水池，但因为今年夏天云南遭遇大旱，几个月没下雨，蓄水池几乎全都见了底。蔬菜的需水量大，没有水就没办法种，所以好多地块都荒了。

我去仅有的几块还在种的菜地里转了转，发现这里种的叶菜比较多，也有一部分茄子、青椒等茄科蔬菜，品种还算丰富。不知为何，所有品种的种植密度都很低，植株与植株之间距离非常大，再加上几乎所有的菜地都被“精耕细作”了一遍，地表全是翻上来的裸土，从远处看整块地颜色发黄，一点也不像菜地。

“有机农业的核心是尊重传统，敬畏自然。一块地应该越种状态越好，否则就是不可持续的，所以良道对于蔬菜的品种、密度、种植方式和轮作方式等等都有要求。”田柏青对我说，“就拿青菜来说，昆明普通菜农一年能种7～8茬，我们只种5～6茬，目的就是让土地有时间休养生息。”

我找到一块包菜田，掰开一片叶子，发现上面爬满了小虫子。如果这是一块普通菜地，负责管理的农民见到这样的情景一定会非常尴尬，并会想尽一切办法开脱，但田柏青却一点也不以为意，反而主动去检查另外几棵包菜，发现了同样的情况。

“我们不用任何化学农药，只用有机杀虫剂，但效果不是很好。”他平静

良道昆明农场的一块新开垦的农田，作物间距极宽

地说，“我们还曾经试验过用胡蜂来防虫，效果虽然不错，但没想到胡蜂会蜇人，好几个人都被蜇伤过，从此不敢再用了。”

我后来在良道的大理农场发现了类似的情况。那里种的包菜同样布满了小虫子，密密麻麻的甚是吓人。大理农场负责产品销售的李勇峰告诉我，因为虫害严重，再加上有机肥的效力不如化肥，大理农场种的包菜平均亩产只有 1000 公斤，附近农民用普通方法种的包菜亩产能够达到 8000 公斤，两者相差 7 倍。

有机蔬菜不但产量低，成本也更高。比如，有机种植只能用生物制剂类的杀虫剂，成本比化学杀虫剂高得多。再比如，有机肥也比化肥贵得多，良道为了防止牲畜粪便里的抗生素对环境造成负面影响，甚至不允许用养鸡场的鸡粪做有机肥，于是他们到处收集鸽子粪，因为养鸽子的一般不喂抗生素。还有，有机农场需要的劳动力也比普通农场多，比如良道大理农场雇用了 20 多名农民工，农忙季节还要加人，但因为大理是旅游胜地，当地年轻人都不愿务农，所以大理农场雇用的最年轻的农民工也有55岁了。虽然这些大爷大妈的工资稍低，但劳动效率更低，这无形中又增加了运营成本。于是，有机农场只能靠卖高价来维持运转。可是，因为云南本地人大都不买有机菜，只有少数有钱人和大城市来的移民愿意为“有机”这两个字掏腰包，所以良道的有机蔬菜平均售价只是普通蔬菜的3倍，很难捞回本钱。好在良道的创始人明毅还在做别的生意，多年来一直靠其他收入弥补良道的亏空。在目前的价格体系下，光靠有机农场卖蔬菜是很难自负盈亏的。

这就涉及一个核心问题：消费者为什么要花高价买有机食品呢？

有机农业的优缺点

从一些媒体报道来看，有机食品爱好者们的理由大致有3条。

第一，他们相信有机食品的有害物质残留少，吃起来更放心。这是有一定道理的，尤其在中国更是如此，因为食品污染的主要源头在土壤，而中国土壤的安全状况不容乐观。根据环保部（2018年3月更名为生态环境部）发布的调查公报，全国土壤总的超标率接近20%，约有3亿亩耕地受到污染。其中主要的污染类型为无机污染，包括镉、汞、砷、铅等重金属和一些有害无机化合物，主要来自冶炼、电镀、染料等工业排放的废水、污泥和废气等。普通农田很难保证完全避免这些污染，但经过专业机构认证的有机农场在选址上有很高的要求，相对来说可以放心。

问题在于，有机农业本身并不是一方净土，有机肥和有机农药同样可能带来污染。和很多人想的不一样，有机农业也是要用农药的，而且因为有机农药药效差，用量要比普通农药大得多，总体危害一点也不小。按照定义，只要是来源于大自然的化合物都可以被用作有机农药，但很多来自大自然的化学物质都是对人体有害的，比如一种产自热带豆科鱼藤属植物根中的鱼藤酮（Rotenone）毒性就非常大。这种物质曾经被当作有机杀虫剂使用了很多年，但科学家发现它针对的靶点是所有生物的线粒体，属于广谱毒药，如果人体接触到这种毒药同样会生病，甚至可能致命，所以欧美国家早在十多年前就已经禁止使用它了。但是包括中国在内的很多发展中国家至今仍然在用鱼藤酮，比如水产养殖业一直用它来杀死不需要的小杂鱼，这一点不能不让人担心。

与农药类似，有机肥如果使用不当，同样会导致污染。有研究显示，有机农产品中的大肠杆菌含量是普通农产品的10倍以上，主要原因就是使用了被污染的粪肥。有机蔬菜当中的抗生素含量也很高，原因同样和饲养场产出的粪肥有关。目前有机肥的主要来源就是禽畜饲养场，所以说有机农业并不一定就是没有污染的。而普通农业如果做得好，同样可以做到无污染。换句话说，食品污染和是否有机之间并没有必然联系。

第二，他们认为有机食品更有营养，味道也更好。对于这个问题，科学家们已经研究了半个多世纪，没有发现任何证据支持这个结论。一家总部位于英国的独立研究机构曾经分析了专业期刊自1958年以来发表过的162篇相关论文，发现有机和非有机食品在几乎所有主要营养成分上都没有差别，唯一的不同就是非有机食品含有更多的氮元素，有机食品则含有更多的磷，不过这点小差别不足以对食品的营养价值造成任何影响。另外，用有机方式生产的肉蛋奶中含有更多的反式脂肪酸，当然这点差别同样不足以说明有机食品对人体更有害。

人们之所以对有机食品的营养成分抱有不切实际的幻想，很可能是对有机肥产生了误解。前文说过，有机肥的好处主要是环境方面的，植物并不能直接吸收有机肥中的腐殖质，而是必须等到腐殖质彻底被分解后才能吸收其中含有的无机盐，后者和化肥本质上是一样的。当然了，化肥如果使用不当，导致氮、磷、钾等无机盐的比例失调，有可能会对植物的生长发育带来不好的影响，但有机肥同样会有这个问题。事实上，只要施肥方式得当，无论是有机肥还是化肥，种出来的农产品营养都差不多，没有本质区别。

至于说食品的口味，首先这是个非常主观的概念，和人们对于食品的心理期待有很大关系。其次，食物的口味和品种的关系最大，如果品种相同，口味的差别是很小的。此前有不少科学家都做过随机双盲实验，同样的品种用有机和非有机两种方式种植，然后让食用者在事先不知道哪个是哪个的情况下盲品，结果没有一个人能品得出两者的差别。

所以说，如果你只是为了获得更丰富的营养或者更好的口味而去购买高价的有机食品，那么你很可能是在浪费钱，不如去购买标有“无公害”或者“绿色”标签的食品更划算。

第三，他们认为有机食品的生产过程对环境更友好。这是个复杂的问题，需要认真对待。有机农场确实在很多方面值得普通农场学习，比如强调不同作物的轮作和间作，以及有机肥的广泛使用等。但与此同时，因为过于强调遵从古法，有机农场在另外一些方面却并不环保，是不可持续的耕作方式。另外，有机农业拒绝一切高科技的态度也和保护环境的初衷背道而驰，比如对转基因技术的排斥就是一例。目前广泛使用的转 Bt 基因技术可以减少农药的使用，而 Bt 基因的产物 Bt 毒蛋白一直是有机农业允许使用的有机杀虫剂，因此有机行业对于这项新技术的排斥是毫无道理的，反而会破坏环境。

更重要的是，有机农业产量太低。有人计算过，如果大家都改种有机，在其他条件不变的情况下，全世界将会增加 5 亿饥民，所以有机农业最大的问题就是需要征用更多的土地才能满足现有人口对食物的需求，这件事比过度使用化肥农药更不环保。比如，良道在昆明和大理的这两家农场原本都是荒地，如果不用来搞有机农业，而是将它彻底还给大自然，肯定比现在这样的低效率耕作要环保得多。

总之，农业从本质上讲绝不是一个天然的过程，一块地无论怎样耕种都会产生负面影响，有机也不例外。既然如此，那就应该想办法提高耕种的效率，用尽可能少的土地面积和化学品投入获取尽可能多的长期回报，这才是最环保的做法。从这个意义上讲，有机农业相当于奢侈品，少数富人愿意为此买单，这没问题，但如果强行将其推广至全世界，无论是对自然环境还是对普通消费者来说都没有任何好处。

话虽这么说，其实“有机”和“无机”并不是互相排斥的两种耕作方式，有机农业的部分思路完全可以和相应的“无机”农业技术结合起来，把未来农业变得更加安全、更加健康、更加环保，下面就是其中的几个案例。

新平励志样本

我的下一个目的地是云南省玉溪市新平县平甸乡磨皮村，距离昆明有5个小时的车程。沿途经过了无数个水库、池塘、河流和小溪，几乎全都见了底，看来旱情确实相当严重。云南过去也经常闹旱灾，但最近这十几年旱灾爆发得有点过于频繁了，主要原因就是气候变化，这才是人类将要面临的最大的环境威胁，因为绝大部分的农业生产都是靠天吃饭的，尤其是灌溉用水大都依靠降雨，没了雨水很多农田就得绝收。

磨皮村是个彝族村，建在一座小山之上，上山的公路显然是新修的，又宽又平。公路两边种着成片的柑橘树，叶子绿油油的，和周围的几座秃山形成了鲜明的对比。

“这个村原来是种甘蔗和烤烟的，收入很低，属于省级贫困村。2014年褚时健的夫人马老太（马静芬）把村里的地租下来改种柑橘，全村很快就脱贫致富了。”开车带我来参观的云南省洪顺甘霖农业科技有限公司（以下简称“甘霖公司”）总经理胡幼棠对我说，“去年我们公司和马老太展开合作，为这片果园提供了全套的以色列进口滴灌设备，没想到今年就遇到了大旱，这套设备正好派上用场。”

我很早就听说过滴灌技术的大名，知道这是以色列人发明的一种节水灌溉法。在我的印象里，所谓滴灌就是在浇水的皮管子上扎几个洞，让水慢慢滴出来渗进土里，减少蒸腾作用带来的损失。但到了实地一看，我才发现真

磨皮村柑橘种植园里的滴灌设备

实的滴灌远比我想象的要复杂得多。

首先，这片果园位于一个山坡上，总面积2800亩，上坡和下坡有300多米的高差，如果只是在皮管子上扎几个眼儿的话，下坡肯定滴得更快，这就会导致上下坡灌溉不均，影响柑橘的品质均一性。以色列的滴灌设备考虑到了这一点，每个出水口都用了一种特殊的加压设计，保证上坡和下坡的压力是一样的，出水速度就能保持一致了。

其次，为了提高操控的灵活性，同时也为了减少工作量，这套设备在各个节点上安装了数个控制阀门，每个阀门都通过一个局域网和总控制室相连接，工作人员可以通过手机来操控任意一个阀门的开关，这样就可以根据不同地块的墒情来调整灌溉的力度，最大程度地节约用水。

第三，因为每个滴头的口径都非常小，所以灌溉用水都要事先过滤。这个村的水源来自山下的一个小水库，需要先用抽水机把水库里的水抽到山上来，储存在公司自建的一个水池里。浇水前先把水从水池里导入总控制室，里面有一套复杂的过滤系统，能够把直径大于某个尺寸的杂质全都过滤掉，过滤之后的水才能进入滴灌系统，否则很容易堵塞滴头。

第四，滴头的分布也很有讲究。甘霖公司根据当地情况，采用了双管的方案，每棵柑橘树的左右两边各有一根水管负责供水，滴头与滴头之间的距离设定为 40 厘米，算下来每棵树都能分到 10 个滴头，保证大部分根系都能吸到水。甘霖公司还在果园里安装了数个土壤湿度测量装置，随时把土壤的墒情数据传回控制室，方便工作人员及时做出调整。未来这项工作甚至可以做成全自动的，让计算机根据土壤墒情随时主动地调整灌溉时间。

第五，滴灌绝不仅仅是节水这么简单。如果把化肥加到水里，让营养元素随水进入土壤，就能实现水肥一体化，最大程度地节约肥料。像磨皮村的这片柑橘园，当地农民原来用的是大水漫灌，施肥采用的也是人工播撒固体化肥的方式，这么做不但浪费水，而且化肥也很难撒得均匀，容易出现土壤板结的情况。采用甘霖公司提供的滴灌式水肥一体化技术之后，每棵树的用水量从原来的每次 80～100 公斤减少到 25 公斤，用肥量从原来的每次每棵树 60 克减少到 30 克。既节约了成本，又保护了环境。

读到这里很多读者也许会问，这样一套“高级”的灌溉系统肯定很贵吧？一个贫困村怎么舍得花这笔钱呢？确实，这套系统不便宜，所以甘霖公司采取了租赁的方式，磨皮村每年只需花 80 万元就可以用上这套滴灌系统了。甘霖公司还派了两名技术人员常年驻守在村子里，出了任何问题都可以随时就地解决。

当然了，即使是租赁，光凭一个县级贫困村也是不太可能出得起这笔钱的。所以这件事真正的幕后推手就是马静芬女士。因为褚时健的名气大，褚橙品牌效益非常好，再加上产品本身的质量也过硬，根本就不愁卖，这就为高新技术的实施创造了条件。马静芬看中了磨皮村之后，以每亩地 800 元的价格租了 30 年，当地村民不但可以拿到租金，还有机会成为果园的承包管理户，再挣一份承包收入。拿到地后，马静芬成立了新平励志果业有限公司，任命自己的侄子马睿担任总经理。马睿在国外生活过很多年，见识多眼界宽，知道未来农业应该走高科技之路。在两位管理者的带领下，公司采用了包括滴灌技术和水肥一体化技术在内的多项农业新技术，按照现代农业的方式来经营公司自创的沃柑品牌，经济效益非常好。

柑橘是一种高附加值农产品，走的是市场经济路线，所以马睿一直按照管理工厂的方式来经营这片果园，把柑橘当作一种工业产品来对待。按照这个标准，柑橘的品质均一性就成了非常重要的一项指标。要想实现这个目标，首先品种必须均一稳定，其次必须提高输入端的一致性，滴灌和水肥一体化就是在这个大背景下被采纳的。这两项技术保证了每一棵果树的生长条件都极为相似，最终的采摘时间和果实品质才会趋向一致。这家果园去年收获了5500 吨柑橘，需要好几百辆大卡车才能拉得走。如果柑橘的成熟时间不同，果实大小差异太大，那就没办法统一采摘统一发货，成本立刻就上去了。在马静芬的支持下，马睿团队于 2015 年开始拿出 40 亩地试用了这套滴灌设备，效果很好，于是今年他们将这项技术推广至整个果园，没想到正赶上了云南大旱，马静芬的远见让这家公司获得了巨大的竞争优势。

说到远见，以色列人绝对是这个时代的榜样。以色列工程师发明的滴灌技术不但帮助本国农民解决了缺水的问题，还让一大批以色列人获得了丰厚的经济回报。为了更好地了解这项技术的来龙去脉，我专程去了趟以色列，我想知道为什么是以色列人最早发明了滴灌技术。

滴灌的前世今生

滴灌的起源已经被写过好多次了，很多人都知道这项技术的发明人叫西姆查 · 布拉斯（Simcha Blass），是个出生在波兰的犹太裔水利工程师。他年轻时响应号召移民以色列，和几位同行一起开创了以色列国家自来水公司，为所有居民提供淡水。上世纪 30 年代时，一位以色列农民找到他，提醒他注

以色列农艺师拉姆 · 李萨易

意一棵生长在沙漠里的大树。经过一番研究，他发现原因是一根埋在地下的输水管道在那棵树附近破了个小洞，水一滴一滴地漏了出来。他把这件事记在心里，直到 50 年代他退休后终于有了空闲时间，这才发明出了世界上第一个滴灌喷头。

但是，实际情况远比上面这个简单叙述要复杂得多。“滴灌技术的发明得益于两个重要条件，缺一不可。”以色列农艺师拉姆 · 李萨易（Ram Lisaey）对我说，“一是‘二战’后塑料制造工艺的进步，使得布拉斯的想法得以实现。二是以色列独有的基布兹（Kibbutz）社区，为滴灌技术的推广提供了平台。如果没有基布兹的助力，这项技术不可能传播得如此广泛。”

滴灌技术专利的拥有者是一家名为耐特菲姆（Netafim）的以色列公司，李萨易在这家公司负责亚太地区的销售推广和技术支持。他拿出布拉斯最早发明的滴头模型给我看，原来那就是一个螺旋形的细塑料管，安装在主输水管的一侧。当水在主输水管里流动时，其中一部分水会从这根细螺旋管里分流出去，很像是主高速公路旁边分出来的一条小岔路。如果这条岔路修得足够复杂，行驶在岔路上的车速肯定会大大降低，水的流动也是如此，这才有可能从螺旋管上的一个开口一滴一滴地滴出来。如果直接在主水管上开个小孔，因为水速太快，滴灌就变成喷灌了。

李萨易又拿来一个现代的滴头给我看，那是一个用硬塑料制成的小方块，里面的构造复杂得像迷宫。如果把这个小方块安装在主输水管的一侧，水流进这个迷宫后速度大幅下降，便能从开口滴出来了。

换句话说，所有滴灌喷头的原理都是一样的，就是通过在主输水管旁边加一个分流装置，通过复杂的管道设计把分流装置里的水速降下来，以实现滴水的目的。

虽然原理说起来很简单，但要想做到在不同的水压条件下保持滴速一致，需要在滴头里面加装一个用硅胶薄膜制成的压力补偿装置，而滴头本身的制造成本又必须控制得极低才行，这就对滴头的结构设计和制造工艺提出了很高的要求。没有基布兹的帮助，这个要求是很难实现的。

基布兹可以简单地定义为"混合了共产主义和锡安主义思想而在以色列建立的乌托邦社区"，或者可以更简单地定义为"以色列的人民公社"。基布兹的历史可以追溯到以色列建国初期成立的农业合作社，当时以色列一下子涌进来大批来自东欧社会主义国家的犹太移民，粮食不够吃了，于是这批新移民便组成了很多基布兹，希望依靠集体的力量渡过难关。比如耐特菲姆公司的前身就是一个名为哈泽里姆（Hatzerim）的基布兹，最早是由 125 名男青年和 5 名女青年组成的。他们来到以色列南部的内盖夫（Negav）开荒种地，但这地方是个年降水量只有 100 多毫米的沙漠，条件异常艰苦。干了两年后大家投票，只有 63 人选择留下，其余人都受不了跑掉了。留下的这 63 人最终成功地在这片沙漠里种出了粮食，解决了自身的生存问题。事后证明这件事对于以色列来说非常重要，因为这个国家的建国理念和地理位置决定了周围没有一个盟友，一切都必须自力更生。以色列之所以花了这么多精力在沙漠上发展农业，原因就在这里。

布拉斯发明了滴灌之后的头几年里一直找不到买家，因为当时没人认为水资源会宝贵到需要花那么大的投资去节约一点点水的地步。最终是哈泽里姆基布兹花了350万美元买下了该专利，并成立了耐特菲姆公司，开始生产滴灌设备。“哈泽里姆有两个优势让他们脱颖而出。”李萨易对我说，“第一，他们非常清楚这项技术的价值，因为这些人本身就是沙漠农民，深知水的重要性。第二，以色列的基布兹自成一体，所以他们可以很容易地联系到其他基布兹，动员大家一起来推广这项技术。”

事实上，哈泽里姆很快就把滴灌专利免费转让给了另外两家基布兹，分别是位于以色列中部的马佳尔（Magal）基布兹和位于以色列北部的伊夫塔赫（Yiftah）基布兹，三家基布兹联合起来向全世界推广这项技术，终于让滴灌走向全球。如果当初买下滴灌专利的是一家私人公司的话，是不太可能做到这一点的。

后来的故事证明，哈泽里姆当初的决定太英明了。随着世界人口爆炸，以及气候变化不断加剧导致的降雨量不均衡，淡水资源迅速成为制约人类发展的因素之一。总部位于美国奥克兰的太平洋研究院自2010年起开始研究全球因为争夺淡水资源而引发的极端暴力冲突事件，目前已经积累了279个案例。根据他们的估算，到2050年时全球淡水资源需求量还要比现在再提高20%～30%，其中70%的淡水都将被农业生产消耗掉，缺水的情况只会变得越来越糟。

面对这场全球性的淡水危机，很多国家采取的应对措施就是加紧抽取地下水，但沙特阿拉伯的例子证明这绝对是不可持续的做法。这个国家曾经于上世纪80年代决定依靠抽取地下水来发展自己的农业，结果到2012年时沙特的地下水资源就已经用掉了80%，水井一直打到了1000米深的“化石水”层。走投无路的沙特政府不得不于2016年终止了小麦种植，回到用石油换粮食的老路上去了。

另有一些国家选择了海水淡化这条路。据统计，目前全世界已建成了2万多座海水淡化厂，大约有3亿人靠它生活。但这项技术消耗了大量的化石能源，加剧了气候变化，同样是不可持续的做法。

各种因素叠加在一起，使得各国农业部门都对节水提出了更高的要求。作为节水效果最好的农业技术，滴灌迅速成为全球农业投资的热点。据李萨易介绍，目前耐特菲姆公司在全世界的市场占有率为35%，但中国只有3%，主要原因是盗版太多，这个不用多解释。次要原因是中国都是小农户，投资农业科技的意愿和能力都有限。相比之下，耐特菲姆在印度的市场占有率达到了90%，主要原因在于印度旱季时间太长，旱情要比中国严重得多，所以印度政府非常重视节水问题，为小农户提供了很多补贴。印度各大银行也响应政府号召，为小农户提供了大量低息贷款，所以印度在这方面反而走在了中国前面。

这件事意义重大，因为滴灌技术不仅能节约灌溉用水，还有很多其他优点。

危机意识与精准农业

全球农民在使用滴灌技术的过程中逐渐发现，滴灌不仅适用于沙漠农业，还可以应用于很多其他场景，因为这项技术可以大幅度提高农业生产效率。"植物根系不但需要水，还需要氧气。"李萨易解释说，"以前农民采用大水漫灌，水在沉入地下的过程中有1/3的时间会导致根系缺氧，1/3的时间导致根系缺水，只有1/3的时间水氧比例达到最佳。滴灌就没有这个问题，可以让植物根系始终保持在最佳状态。"

在李萨易看来，滴灌就是一项非常典型的精准农业技术。所谓"精准农业"，就是采用各种技术手段让植物始终处在最佳生长状态，同时又让所有的外部输入（比如水肥、农药等）尽可能高效地被植物吸收利用，把浪费减少到最低，上文提到的励志果业的水肥一体化系统就是精准农业的绝佳案例。

因为越来越多的人看到了精准农业的好处，滴灌技术得以迅速普及到了全世界。耐特菲姆公司在哈泽里姆基布兹建了家滴头生产厂，最近几年一直在满负荷运转，就连目前似乎并不缺水的瑞士也下了订单，希望能为将来可能发生的水危机早做准备。我专程去参观了这家工厂，发现这家只有350名员工的工厂每天可以生产700万个不同规格的滴头，去年的年产量超过了200亿个，组装成的滴灌水管长度可以绕地球120圈。这350名员工当中有80%都是研发人员，传统意义上的工人极少，车间里几乎看不到人，因为绝大部分工序都已实现了自动化，生产效率非常高。

为了多赚点钱，这家工厂甚至把自己变成了一个旅游景点，几乎每天都有来自世界各地的游客专程前来付费参观。当然了，大家不仅是来参观滴头的生产工艺，更想看的是基布兹成员们的日常生活。根据导游利尔·马克（Lior Mark）的介绍，这家基布兹目前有1000多名正式成员，大家共用一个银行账户，每人每月只发2000新谢克尔（以色列货币，约合4000元人民币）零花钱，但所有其他开销，包括衣食住行和教育养老等等全都按需分配。

“以色列建国初期一共有280个基布兹，现在只剩下40个还在实行共产主义制度，其余的全都私有化了。”马克告诉我，“这40个基布兹的共同特点就是非常有钱，比如哈泽里姆目前光是账面上的现金就有4.8亿美元。”

事实上，当初哈泽里姆之所以愿意花350万美元买下滴灌专利，就是因为当时的基布兹领导人意识到光靠农业没法维持这种共产主义生活，必须在农业之外找到一个新的经济增长点。正好当时以色列的塑料工业发展势头很猛，于是那位领导人决定买下滴灌专利，靠发展塑料工业赚到的钱来维持基布兹的正常运转（滴灌喷头的主要成分就是塑料）。事实证明这是个英明的决策，如今的哈泽里姆基布兹成员每天只需工作几个小时，其余时间大都用来发展个人的艺术爱好，过上了真正的乌托邦式生活。

我后来又去参观了一个已经私有化了的古夫洛特（Gvulot）基布兹，发现那家基布兹除了不再按需分配，其他方面都和哈泽里姆差不多，成员们依然住在一起，集体劳动集体生活集体决策，类似于一家股份平均分配给全体成员的大企业。

“以前那种按需分配的基布兹浪费非常严重，我们不像哈泽里姆那么有钱，没法维持那样的状态，只能实行私有化，每名成员必须先付钱才能享受这里提供的衣食住行和教育养老等各种服务。”古夫洛特基布兹的CEO对我说，“但我们又不是那种传统意义上的私有化，因为资本家逐利的本性会让一切都变了味，所以我们实行的是一种中间状态的私有化制度，基布兹平时的基本运作由一个核心团队负责管理，但其他所有重大决策都是由全体成员共同商量后再决定的。”

虽然性质有所不同，但这两家以农业为基础的基布兹有个共同特点，那就是非常重视发展高科技。除了大家耳熟能详的原因，还有另一个隐秘的原因。

“因为传统农业不够酷，所以现在的年轻人越来越不愿意种地了。”李萨易对我解释说，“所以我们一直非常重视发展农业高科技，有时在外人看来甚至会觉得有些过，但我们的真正目的是希望把农业变得像互联网公司那样酷，以此来吸引年轻一代投身其中。”

从我自己的采访经历来看，这绝不是以色列独有的问题。如今全世界的年轻人似乎都不愿当农民了，这已成为农业现代化的最大障碍。以色列人的解决方案说明，居安思危真的是写在犹太人血液里的一种品质。

从这个角度来看，滴灌技术之所以被以色列人首先发明出来，原因也就不难理解了。

首先，以色列是个移民国家，早期移民大都是来自各个国家的精英，起点相当高，这就为整个国家日后的发展打下了良好的基础。其次，以色列人虽然背景各式各样，但因为都是犹太人，彼此相当团结，正好可以发挥出人民公社制度的潜力。这个制度如果执行得好，有助于提高全体成员的劳动积极性和主人翁精神，并做出有远见的决策，哈泽里姆基布兹的故事就是明证。

第三，以色列把创新当成了国策，制定了各种政策法规加以扶持。这个国家非常重视教育，国内高校众多，质量也是全世界数一数二的，这就为全民创新提供了丰厚的土壤。所有这一切使得一大批具有创造力的年轻人投身于发明创造的行业中来，整个国家充满了活力。

第四，也是最重要的一条，就是以色列人强烈的危机意识。这个国家本身资源匮乏，加之四面树敌，始终面临着亡国的危险。所以几乎每一个以色列人都有很强的危机意识，这让他们从小就学会了未雨绸缪，凡事都先做好最坏的打算。这么做的结果反而让这个国家变成了沙漠中的一颗明珠，就拿农业来说，这个总面积只有 2.1 万平方公里的沙漠小国如今已经变成了农业出口大国，去年的农业出口总额超过了 24 亿美元。

以色列人遇到的问题，人类迟早有一天也会遇到。从这个意义上说，以色列人只不过比我们先行了一步而已，他们的今天就是我们的明天。

精准农业 2.0 版

从原则上讲，以色列人应对粮食危机的基本思路就是发展精准农业，以最小的投入获得最大的产出。但滴灌并不是最好的选择，因为那些埋在地下的滴灌水管既不方便农民观察灌溉效果，也不容易做到精准施肥。再加上滴灌水管是用塑料制成的，容易被冻坏，所以滴灌技术对于环境温度是很敏感的，适用范围有限。

还有没有比滴灌更加精准、更加普适的农业技术呢？答案是肯定的，这就是设施农业。北京三环内就有一家设施农业示范基地，创建者是隶属于农科院的中环易达（AgriGarden）设施园艺科技有限公司（以下简称“中环易达”）。基地的主体部分是一个比足球场还大的玻璃温室，但里面完全不像大家熟悉的蔬菜大棚，而是更像一座现代化工厂的生产车间，地上布满了各式各样的管线，温度和湿度全都被控制得非常精准。车间的地板上摆放着一排排书架，层层叠叠直达屋顶，架子上种满了绿色蔬菜，但却看不到一点土壤。原来这些蔬菜都是长在水里的，这就是大名鼎鼎的无土栽培。

“设施农业和传统农业或者有机农业都不一样，这是一种完全人工的种植方式，管理者借助工业手段为农作物提供其生长所需的一切条件，包括水、温度、湿度、光照和营养等等。”中环易达的技术工程师陈轩对我说，“设施农业之所以成立，原因就在于科学家们已经掌握了植物新陈代谢的秘密。植物并不在乎营养元素到底是来自农家肥还是化工原料，它们需要的只是溶于水的无机盐离子而已。于是我们只要把这些无机盐按照一定比例配好，溶在水里提供给植物就行了。事实证明这么做植物反而吸收得更快，能量效率也更高，因为植物不需要很长的根须了。”

陈轩是个留美硕士，专业就是植物学。据他介绍，无土栽培可以说是世界上最精准的农业栽培技术，因为管理者可以随时监控培养液中的无机盐含量，及时调整各种营养成分的比例和酸碱度，让植物始终处于最佳生长状态。这一点即使是东北黑土也很难做到，因为植物生长除了需要氮、磷、钾，还需要很多微量元素，即使是最肥沃的土壤中往往也会缺少其中的某几样成分，导致植物生长达不到最佳状态，但无土栽培完全没有这个问题，所以这是一种比最好的土壤还要好很多倍的植物培养基。

无土栽培在节水方面的成绩同样十分突出。因为整个环境都是封闭的，除了叶面蒸腾的消耗，几乎所有的水都可以被利用起来。中环易达的试验结果显示，无土栽培要比最好的土壤栽培节水 70%～94%。如果仅从水资源的角度来衡量，滴灌根本不是无土栽培的对手。

植物生长当然还需要有光，于是科研人员在温室里加装了红蓝两色的 LED 人工冷光源，延长了植物的光合作用时间。该公司用这种方法种植叶菜，每年可以收获 15～18 茬，是普通日光温室的 5 倍，大田种植的 12 倍。

当然了，如果仅从能源利用的角度来考量，这个做法的可持续性是存疑

垂直农场（日本）。垂直农场是一种新型室内种植方式，它的出现在于解决资源与充分利用空间，能有效地扩大农作物生产面积和产量

的。但人工光源最大的用处在于为高纬度地区的冬季温室，以及像地下室或者外太空这类特殊场合的温室提供光照，北京的这个温室很可能是不需要的。不过有研究显示，植物在不同的生长期需要不同波长的光照，如果红蓝光比例调整得好的话，可以增加蔬菜的维生素含量，或者改善蔬菜的口味。

像这样种出来的蔬菜，售价一定很高吧？中环易达董事长魏灵玲博士告诉我，他们生产的叶菜售价只相当于普通蔬菜的2～3倍，比有机蔬菜便宜。“菜市场卖1～2块的菜，我们卖3～4块，但我们的菜品质好，而且没有残留和污染，既新鲜又安全。”魏灵玲说，“因为我们的菜绝对不打农药，也没有任何重金属或者抗生素残留，吃起来更加放心。”

确实，真正用于生产的无土栽培温室都是全封闭的，虫子进不去，所有的营养液也都要先消毒后才能提供给植物，完全不需要打药，重金属和抗生素残留自然也不可能有，肯定要比有机蔬菜干净得多。但无土栽培的理念和有机种植正相反，整个生产过程都是有机的反面，不可能拿到有机认证。而普通老百姓大都只认有机标签，不认无土栽培，所以这里生产的菜卖不出高价。

“无土栽培菜在南方卖得还行，广东市场上已经可以占到20%左右了。”魏灵玲说，“广东人本来就喜欢吃绿叶菜，再加上他们的意识比较超前，所以卖得好。北方相对差一些，主要是消费者的意识还没跟上。”

确实，如果不考虑情怀，只比较产品质量的话，无土栽培菜无疑要比有机蔬菜好得多。但目前无土栽培菜的市场表现远不如有机蔬菜，这个市场还需要慢慢培养。

虽然现状尚不能令人满意，但这个产业潜力大，吸引了很多投资商，政府也很支持。作为一家示范基地，中环易达的主要目的就是为那些投资者提供技术支持，帮助他们选择最合适的技术和产品。

“如今设施农业非常热门，金融地产和互联网资本都进来了，钱并不是个很大的问题。”魏灵玲说，“我们最大的困难就是技术体系还不够健全，缺乏专业人才。中国的农业大学毕业生不愿意去种菜，我们只能想办法培训农民，争取把他们变成专业的农业技师。”

据魏灵玲介绍，设施农业搞得比较好的国家有日本、美国、以色列和荷兰等，其中排名第一的无疑是荷兰。别看荷兰土地面积不大，但如果按照产品价值来计算的话，荷兰是仅次于美国的全球第二大农产品出口国，其中贡献最大的就是荷兰的温室蔬菜。中环易达的合作方之中有很多来自荷兰的公司，他们使用的很多温室技术也都来自荷兰。

像荷兰这样一个总面积只有4万多平方公里的弹丸小国，究竟是如何做到这一点的呢？我再次出发，去寻找答案。

食谷的秘密

我的下一个目的地就是荷兰的瓦赫宁根大学，这所大学是公认的全球农

荷兰瓦赫宁根大学

业大学三强之一，另外两强分别为康奈尔大学和加州大学戴维斯分校，均为美国的大学。美国之所以成为全球农业最强国，与那两所大学的贡献是分不开的。同样，荷兰农业之所以领先于世界，也和瓦赫宁根大学有很大的关系。

瓦赫宁根大学的前身是1876年成立的一所农学院，1918年正式升级为公立大学。学校位于荷兰中部的一处谷地之中，这地方的土壤条件相对较好，形态多样，是荷兰的农业基地。“二战”结束前一年，被德国占领的荷兰经历了一次大饥荒，饿死了将近2万人，因此荷兰成为西方世界最后一个经历过饥荒的国家。痛定思痛的荷兰人决定大力发展农业，力争做到粮食自给自足。从这一点来说，荷兰和以色列非常相似，两者都是具有强烈危机意识的国家。

像荷兰这样土地贫瘠的小国，要想自力更生，只有走高科技和集约化的道路。于是荷兰政府大力扶持瓦赫宁根大学，很快将其打造成全世界最顶尖的农业大学，不但为荷兰培养了一大批农业技术人才，还吸引了很多农业研究所和科技创新公司在学校周围建立研发基地。为了打通教学和科研之间的壁垒，瓦赫宁根大学和聚集在学校周围的一批研究机构合并，改名为“瓦赫宁根大学及研究中心”（Wageningen University & Research，以下简称“瓦大”）。后来有人模仿硅谷的叫法，把学校所在的这块谷地称为“食谷”（Food Valley），瓦大在食谷的地位就相当于斯坦福大学在硅谷的地位，两者都是全球科技革命的领军者。

因为政策对头、执行到位，荷兰很快就实现了粮食自给自足的目标。但是，居安思危的荷兰人意识到未来的农业不但要追求高产，更需要保护环境，走可持续发展的道路。于是，荷兰人根据自身条件，选择大力发展设施农业，提高种植技术的精准度，以此来减少农业对环境的破坏。经过多年的积累，瓦大在这方面的科研实力冠绝全球，我特意去参观了该校的温室，里面真像个万花筒，研究什么的都有。我还看到了几株香蕉树，他们居然想把这种热带地区最常见的农作物搬到温室里来。我当时还质疑这个做法到底有无必要，几天后就看到全球香蕉产业面临真菌污染威胁很可能要绝收的报道。如果真是这样的话，那么温室就成了香蕉最后的避难所。

正因为背后有瓦大的强力支持，荷兰的设施农业强大到了其他国家根本追不上的程度。就拿最常见的西红柿来说，全球产量最高的国家当然是中国，但生产效率最高的则是荷兰，其单位面积的西红柿产量竟然是中国的37倍！事实上，这个数字比世界排名第二的西班牙也高出了将近30倍，其他国家已经很难望其项背了。除此之外，荷兰的辣椒和黄瓜的单位面积产量也排名世界第一，梨排名世界第二，胡萝卜排名世界第五，土豆和洋葱排名世界第六。瓜果蔬菜领域荷兰如果自认第二，那就没人敢说自己是第一了。

更令人称奇的是，荷兰的瓜果蔬菜不仅产量高，资源消耗量反而更低。比如荷兰人每生产1公斤西红柿只需消耗8升水，中国的这个数字是荷兰的30倍。再比如，荷兰纬度很高，冬季气温低，日照时间短，本来不适合发展温室，但聪明的荷兰人利用地热来为冬季温室保温，用风力发电来为温室提供人工光照。这两条措施加在一起，使得荷兰的温室蔬菜卖得比大田蔬菜还要便宜。

值得一提的是，荷兰人并不想独占这些新技术，而是一直试图向全世界推广，因此该校把招生范围扩大至全球，从第三世界国家招募了大批留学生。目前一共有来自全球125个国家的留学生在该校学习，中国留学生占比10%，是人数最多的，联合国粮农组织新任总干事屈冬玉就是该校的博士毕业生。

为了更好地帮助学生把自己学到的知识用于实践，瓦大主办了一个面向全球大学生的城市温室设计挑战赛，参赛者需要根据主办方提供的一处真实场景设计一个实用性的农业温室。去年的第一届挑战赛选择的是阿姆斯特丹的一处废弃监狱，今年则选择了东莞虎门滨海湾新区的一块旧农地。作为此次挑战赛的协办方，碧桂园准备将这块地方升级改造成一个城市农业公园，向民众展示精准农业的魅力。

“高科技温室生产的蔬菜价格肯定会贵一些，但问题在于目前很多大田的生产方式不可持续，产出的蔬菜农药残留多，质量很差，这些问题都没有在价格上体现出来。”瓦大植物系专门负责设施农业的斯贾科·巴克（Sjaak Bakker）教授对我说，“目前荷兰最好的高科技温室虽然需要一定的前期投资，但因为产品质量高、产量大、污染小，只要坚持种下去，经济上一定是划算的。”

“中国在这方面起步晚，水平有待提高，等未来我们的产量上去了，情况肯定会变好的。”魏灵玲对我说出了她对未来农业的设想，“未来地球人口爆炸，粮食肯定紧缺，大田就应该全部拿来种粮食，而那些沙漠、盐碱地、住宅阳台、地下室、废弃厂房甚至地下室、山洞等等闲置空间则应该用来种瓜果蔬菜，这才是效率最高的做法。”

关于最后这一点，瓦大食品生物研究院的刘珍博士有自己的看法。“目前人类生产出来的粮食至少有1/3是被浪费掉的。而蔬菜水果的浪费情况最为严重，有45%的产量都没有进到人的嘴里。”刘珍对我说，“从营养的角度看，如果这些浪费能够避免的话，仅靠现有的土地就能多养活20亿人。”

刘珍所在的研究机构的主攻方向之一就是蔬菜水果的采后保鲜技术，瓦大有专门的实验室用于这方面的科研。比如，为了研究如何减少瓜果采摘过程中的机械伤，瓦大添置了一台快速 3D 成像设备，可以在不到 0.1 秒的时间里判断出瓜果表皮是否有损伤。类似这样的研究可以帮助科学家们设计出最合理的采摘和码放工序，这就是为什么如今的荷兰水果从树上到仓库只需经过一道工序，而中国平均需要 10 道。工序越多，瓜果遭受机械伤的可能性就越大，浪费也就越严重。

再比如，瓜果蔬菜是活的，即使被采摘下来之后依然在呼吸发热，所以降温就成了采后保鲜最关键的一环。瓦大的研究表明，不同的产品对于温度有着不同的要求，比如在一般情况下，大部分番茄品种最适宜的保存温度是 12℃，但刘珍告诉我，中国的运输商要么不做任何处理，任由番茄过热腐烂，要么把运送番茄的冷藏车设定在 4℃，导致番茄被冻坏。

“西方国家的食品浪费主要发生在消费端，而中国主要发生在供应链的前端，所以这方面的提升空间是很大的。另外，很多食品浪费是隐性的，比如蔬菜如果采后处理不当的话，大量维生素就会损失掉。你以为买到的是营养，其实只是水而已。”刘珍对我说，“问题在于，保鲜技术的研究往往需要很长的时间，但技术含量却不算高，很难发论文。而中国的科研体系一直是以论文为导向的，因此没人愿意在这方面花时间。中国至今没有建立一个研究采后保鲜技术的研究机构，导致中国在这方面的技术水平非常落后。”

刘珍在中荷两国都做过科研，一语道破了两者的关键差别。农业是一个实用性很高的科研领域，如果不把科研和生产实践结合起来，那就一点用处也没有了。瓦大在这方面做得非常好，是全世界学习的榜样。

结　语

说到减少食品浪费和损失，其实农药就是为了这个目的而被研发出来的。但是，老百姓似乎都对农药谈虎色变，觉得这是邪恶的科学家们制造出来的

德国拜耳公司的农药研究专家斯特凡·赫尔曼（Stefan Herrman）在检查样本

毒药，会把人慢慢毒死，因此减少食品中的农药残留就成了很多人心目中的头等大事，从菜市场买来的蔬菜水果恨不得先用刷子刷好几遍才敢吃。

我趁着这次去荷兰采访的机会，顺便去了趟德国，参观了生命科学领域很重要的一家创新型企业拜耳（Bayer），我想看看农药都是怎么研发出来的。

我自己曾经在制药企业工作过，对药品研发的过程相当熟悉。我惊讶地发现，农药的研发和人用药的研发过程差不多，甚至还要更加复杂。比如拜耳也有一个包含270万种不同化合物的分子库，大部分新农药都是从这个库里筛选出来的。每一种有潜力的化合物都必须经过无数次检验与风险评估，判断它到底有没有用，会不会对人体有害，只要有一点不满意就会被淘汰，这些步骤和人用药的研发过程一模一样。不同的是，农药最终是要释放到环境中去的，所以农药的研发者还必须考虑环境影响，所以科学家们还要拿鸟类、昆虫和水生生物等各种非标靶生物做实验，看看这种药是否会对生物多样性造成负面影响。问题在于，世界上的动植物种类实在是太多了，所以这项实验从理论上讲就是个无底洞。如果在这方面要求太过严格的话，研发时间和经费都会变成天文数字。

根据拜耳公司提供的数据，如今市面上一种新农药的平均研发成本为

2.86 亿美元，大约是人用药的 1/3；平均研发时间约为 11 年，和人用药差不多；专利保护期和人用药一样，都是 20 年。可是，农药的价格要比人用药低多了，这就是为什么新型农药越来越少的原因。

可惜的是，无论研发者们多么小心谨慎，农药仍然无法逃脱骂名。比如最近 30 年欧美等地的蜜蜂种群数量有所减少，很多人立刻把矛头对准了农药。但是，联合国粮农组织的研究表明，蜜蜂种群数量的减少和很多因素都有关系，包括土地利用方式的改变、农作物种类的变化、病毒病菌的传染和养蜂人数量的改变等都会对蜜蜂种群产生影响，农药只是其中的一种因素而已。事实上，欧洲在上世纪 90 年代初期发生的蜜蜂种群数量急剧下降事件，和苏联东欧集团解体导致的大量养蜂人改行有很大关系。随着养蜂人数量的回升，欧洲的蜜蜂种群数量已经开始上升了。

但是，不管怎样，农药毕竟对某一类生物是有一定毒性的，如果仅从环保的角度来看，肯定是越少用越好。问题在于，人类同样也是要吃饭的，难道我们就看着农民辛辛苦苦种出来的粮食被虫子吃掉吗？农业和环保之间的矛盾到底应该如何解决呢？

采访结束的前一天，拜耳的工作人员带我去参观了一家位于科隆郊区的私人农场。农场主名叫伯恩德·奥里格斯（Bernd Olligs），今年已经 51 岁了。他是第六代农民，家里拥有 115 公顷的土地，还和另外 4 人一起管理着 400 公顷的农场。他和拜耳签订了协议，公司有什么新产品都会先在他这里试用，所以他的农田里各种杀虫剂、除草剂用得很多，在环保人士看来一定是不合格的。但是，我去参观的时候却发现农田里的生物多样性非常丰富，天空不断有鸟儿飞过，土壤里的虫子也随处可见。最妙的是，这里的各种小昆虫非常多，随便走走就会碰飞好几只。

奥里格斯告诉我，他事先仔细测量了农场的土壤肥力，找出了一些肥力较低的边角地块，然后他在这些地块上种植了很多当地野生植物，其中很多都是开花植物，吸引了不少昆虫前来定居。

德国农民伯恩德·奥里格斯展示野生动植物避难所

“这些地块本来产量就低，种粮食也挣不了几个钱，我索性将它们还给大自然，变成野生动植物的避难所。”奥里格斯对我说，“不过，我并没有任由野草生长，而是精心挑选了一些有助于益虫生长的本地野生植物，所以这里的野蜂和瓢虫非常多，它们的存在不但有助于保护物种多样性，还有助于提高农作物的产量。”

奥里格斯的农场让我想起了几天前采访瓦大土壤博物馆时馆长曼特尔对我说过的一段话：“我认为最环保的做法就是根据不同的土壤条件选择不同的发展模式。对于那些地处穷乡僻壤的低产农田，尤其是容易造成水土流失的梯田，就应该还给大自然，用于保护物种多样性。对于那些平原上的低产田，则应该采用休耕的办法休养生息，等哪天这块地养肥了，再重新发展农业不迟。对于现有的高产田，那就必须继续发展现代农业，采用目前所能掌握的最先进最高效的可持续农业技术，尽一切可能提高产量和生产效率，以此来喂饱国民。”

仔细想想这段话，我觉得曼特尔馆长把“精准农业”这个概念的内涵说尽了。

那天在瓦大采访结束后，我乘车离开荷兰前往德国，一路上随处可见郁郁葱葱的原始森林，以及保护得很好的湿地公园。荷兰不但是一个农业强国，同时也是一个环保强国，因为他们的农业效率高，有足够的资本把大片大片的土地都留给了大自然。荷兰老百姓既能吃得安全健康，又能随时走进大自然，享受美好环境带来的愉悦。

这，才是未来农业的最高境界。

未来的蛋白质

蛋白质将是未来食品行业最棘手的问题，解决这个问题不但需要高科技，更需要大智慧。

昂贵的蛋白质

据说21世纪最贵的是人才，这话对不对我不知道，但21世纪最贵的食物肯定是蛋白质，这是毋庸置疑的。

蛋白质是最近这几十年才贵起来的。当人类还处在打猎采集阶段时，碳水化合物才是最贵的食物。尤其是糖，祖先们只有去捅蜂窝才能吃得到，但他们仍然愿意用命去换，由此可见那时的糖有多珍贵。直到1万年前人类发明了农业，学会了如何大规模种植谷物，碳水化合物的价格这才终于降下来了，脂肪成了最贵的食物，尤其是美味的动物脂肪，因为养一群肥猪要比种一亩小麦难多了。再后来，现代科学诞生，动物脂肪成了人人喊打的健康杀手，蛋白质这才迎来了属于自己的时代。

从生物化学的角度讲，蛋白质贵得很有道理。三大营养物质当中，碳水化合物唯一的功能就是提供能量，脂肪的主要功能也是如此，唯有蛋白质，不但可以提供能量，还承担着很多重要的生理功能，比如酶的主要成分就是蛋白质，肌肉的主要成分也是蛋白质。另外，蛋白质不像碳水化合物和脂肪那样可以很方便地储存起来留到明天再用，所以我们每天都必须摄入一定量的蛋白质，否则就只能消化自己的肌肉了。换句话说，如果我们只能靠一种食物来维持生命，那么蛋白质是唯一合理的选择。

蛋白质贵的另一个原因就是它的无可替代性。碳水化合物可以在人体内转化成脂肪，脂肪也可以随时代替碳水化合物，为新陈代谢提供能量，两者是可以互换的。随着碳水化合物变得越来越廉价，脂肪的价格自然也就升不上去了。但无论是碳水化合物还是脂肪都不能变成蛋白质，人体每日所需的蛋白质只能从食物中获取。所幸地球上几乎所有的蛋白质都是由同样的20种氨基酸组成的，这就为蛋白质在不同生物间的循环利用创造了条件。人类从食物中摄入的蛋白质，无论它来自植物、动物还是真菌，都会被分解成这20种氨基酸，再被重新组装成人体自己的蛋白质。仅从这一点便可证明进化论是正确的，地球上的所有生命均来自同一个祖先。

原则上讲，组成蛋白质的这20种氨基酸都是可以相互转化的，但对于人类来说有9种氨基酸除外，只能从食物中获取，所以它们被称为人体必需氨基酸。评价一种食物蛋白的好坏，主要就是看它是否含有这9种人体必需氨基酸。绝大多数动物来源的蛋白质都符合这个条件，而且氨基酸比例也和人体所需的差不多，所以动物蛋白被认为是质量较高的蛋白质。来源于植物的蛋白质往往缺少其中的某几样氨基酸，比如大多数豆类都缺乏蛋氨酸，所以一个人如果只吃豆子的话是活不长的。大豆和土豆是两个极其特殊的例外，这两种植物性食物中均含有所有的9种人体必需氨基酸，所以电影《火星救援》里讲到的那个故事理论上是有可能发生的。

虽然大部分植物性食物的蛋白质质量都不高，但这并不等于说一个人必须吃肉才能活下去，因为不同的植物性食物缺的氨基酸是不一样的，搭配起来就全了。比如大部分谷物中都含有蛋氨酸，所以如果一个人在吃米饭或大饼的时候配上一点扁豆或者鹰嘴豆就没问题了。事实上，这就是印度和中东地区的居民最常见的吃法，他们依靠谷物和豆子的搭配，已经安全地生活繁衍了几千年。我们中国人则学会了用大豆做豆腐，当然就更没问题了。

所以说，动物性食物之所以更吸引人，并不是因为氨基酸齐全，而是因为蛋白质含量高。比如我们平常所说的“瘦肉”里的蛋白质含量最高可达

50%，比植物性食物当中蛋白质含量最高的豆类还要高5倍以上，这就是为什么我们的祖先进化出了对肉食的偏好。很多原始部落都把肉视为最珍贵的奢侈品，比如18世纪的欧洲探险家们惊奇地发现，一些非洲原住民会用一大筐香蕉去市场上换一只鸡，即使这筐香蕉够一家人吃一个星期，而那只骨瘦如柴的鸡连一顿饭都不够。还有一些原始部落会用不同的词语去描述普通的"饱"和吃肉的"饱"，两者不是一个概念。比如在巴布亚新几内亚原始部落的语言体系里，"肚子饿"和"嘴巴饿"是两个不同的词，前者只要吃点西米（Sago，一种从树干里挖出来的食物）就可以熬过去了，但后者必须靠肉来满足。我曾去过那个国家，发现当地人的主食西米几乎就是纯淀粉，只含有极少量的蛋白质。一个人必须吃掉大量西米才能满足身体对蛋白质的刚需，其结果就是热量摄入过剩。一位当地人告诉我，判断一个陌生人家境是否富裕，只要看一眼他的身材就知道了。身材虚胖的人大都是只吃得起西米的穷人，只有那些吃得起肉的富人才会成为身材匀称的正常人。

上面这个故事也许是个极端案例，但背后的道理是相通的。现代社会的胖人之所以越来越多，很大原因就是食品中蛋白质的含量越来越低，现代人也开始"嘴巴饿"了。比如，美国人饮食中蛋白质热量的占比已经从上世纪中期的14%～15%降低到现在的12.5%，这个看似微小的变化足以让美国人每顿饭都要吃进去比自身需求多那么一点点的食物，如此日积月累，结果就很明显了。

正因为肉食是如此重要，以至于很多原始部落都有针对肉的禁忌，远比针对植物性食物的禁忌要多得多。大家熟悉的有印度教对于牛肉的禁忌，以及部分欧洲民族对于马肉的禁忌等。历史学家们认为，除了少数文化因素，大部分食物禁忌的源头都是经济问题。比如牛吃的是草，不但不和人争食，还可以挤奶和耕地，牛粪除了作为肥料，还可以用作取暖做饭的燃料，用途极为广泛，所以由畜牧改为农耕的印度人把牛视为宝物，不再像他们的猎人祖先那样杀牛吃肉了。同样的理由也可以解释马肉禁忌的起源，因为马的饲料转化率非常低，养马吃肉很不合算，但马却是个很好的交通工具，所以禁食马肉对于广阔的中欧大草原来说是最合理的做法。

从上面这几个例子可以看出，人类虽然天生酷爱吃肉，但在农业尚不发达的古代，肉绝对不是每天都能吃得上的食物。事实上，除了少数王公贵族，传统农耕社会的绝大部分成员只有在节假日或者婚丧嫁娶等特殊场合才能吃上肉。正因为如此，吃肉这件事逐渐和其营养价值脱钩，变成了富贵的象征。

随着科技的发展，尤其是营养学的进步，人们终于明白了蛋白质的重要性。作为蛋白质的主要来源，肉的身价再次得到了提升。19 世纪时，一位名叫卡尔·冯沃特（Carl von Voit）的德国科学家宣称一个劳动者每天至少要吃 150 克蛋白质才能满足需要，这个说法迅速传遍世界，得到了很多人的支持。比如日本政府就是相信了这个理论才开始鼓励日本民众吃肉的，他们把肉看成了国富民强的工具，认为只要想办法让日本的年轻一代多吃肉，日本就能变得像西方国家那样强大了。

所幸科学家们很快纠正了这个错误。美国疾控中心（CDC）颁布的新版健康指南认为，一个人每天只需吃进自己体重（公斤数）乘以 0.8 那么多克的蛋白质就可以了，来源不限（当然最好含有 9 种人体必需氨基酸），男女不限，和运动量的多少也关系不大。比如一个体重 60 公斤的人每天只需摄入 48 克（大约相当于 1 两）蛋白质就足以保持健康了，吃多了不但没用，还会给肾脏带来额外的负担。

最近又有一大批关于吃肉与健康关系的论文发表了出来，普遍的结论是红肉（牛、羊、猪）和加工肉类（火腿、香肠等）摄入过多会增加患直肠癌和心血管疾病的风险，应该减量或者改为白肉（鸡或鱼）。但是，民众对此警告的普遍反应是：红肉多好吃啊！癌症心脏病什么的轮不到我吧。还有一批科普作家则教育公众说，红肉里含有人体所需的维生素 B_{12}，以及最容易被人体吸收的铁元素，所以还是应该继续吃。但他们没有告诉读者的是，人体对于维生素 B_{12} 的需求量极少，只要偶尔吃一次肉就足够了，而且多余的 B_{12} 还可以储存起来。对于那些严格的素食者来说，则可以通过适当吃些腌菜来补充，因为维生素 B_{12} 的真正来源不是肉，而是微生物，腌菜里有很多。如果你实在不想吃腌菜的话，买点维生素药片就行了。

同样，人体也并不需要那么多铁元素，正常的均衡饮食完全能够满足需要。事实上，铁元素摄入过多是有害的，红肉吃多了之所以对健康不利，部分原因就是铁元素摄入过量。

吃肉派和素食派争论了很久，谁也说服不了谁。但不管怎样，肉类食品已经全面占领了人们的餐盘，想躲都躲不掉。随便走上任何一条中国城市的街道，你肯定会发现肉食的广告，因为几乎所有的餐厅都靠招牌肉菜来吸引顾客，你很少会看到一家餐馆宣传自己拍黄瓜做得好。

美国同样如此，甚至有过之无不及。1900 年美国人饮食当中有 2/3 的蛋白质来自植物性食物，如今这个比例正好倒过来了。曾经有位素食推广者引用了一个数据，称 1943 年时全美国只有 2% 的人自称是素食主义者，现在这个比例上升到了 5%，说明美国的素食者越来越多了。但后续调查发现，如今美国自称素食的人当中有 60% 在填写调查表之前的 24 小时内偷偷吃过肉，这说明他们的信念一点也不坚定。如果把这部分“假素食者”抛开的话，美国的真素食者比例仍然停留在 2% 的水平，这么多年来一点变化也没有。

为什么会这样呢？我去上海中食展走了一趟，试图寻找其中的原因。

廉价的肉食

2019 中国国际进出口食品及饮料展览会（简称“中食展”）于 5 月底在上海国家会展中心召开，我去的时候正赶上展览的最后一天，但现场依然人山人海，非常热闹。我花了 3 个小时在展厅各处转了一圈，发现人数最多的是肉类展区。先不说别的，光是免费品尝烤肉这一项就足以秒杀所有其他展区的促销活动了。

据我观察，来参展的肉类公司大都来自美国、巴西、阿根廷和澳大利亚这几个地广人稀的国家，展出的品种则集中在牛肉、猪肉和鸡肉这“老三样”上，无论是公司多样性还是品种多样性都远逊于其他类型的食品，这说明肉类生产是一个高度垄断的行业，集约化程度非常高，只有这样才有可能生产出物美价廉的肉来。

具体来说，要想生产出廉价肉，有3个因素必不可少。第一个因素是品种改良，这是所有农业项目的共同特征。就拿鸡来说，1957年时美国养鸡场的一只鸡养到56天时的平均体重为0.9公斤，1978年时这个数字变成了1.8公斤，2005年时这个数字又变成了4.2公斤！这个变化背后的主要原因就是科学家们培养出了速生鸡品种，饲料转化成肉的速度越来越快。这一方面节约了时间成本，另一方面也节约了饲料成本，因为鸡每多活一天就会多消耗一点饲料，这在生产商眼里属于浪费。

根据《经济学人》（*The Economist*）杂志所做的统计，1985年大型养鸡场的饲料转化比约为2.5：1，即每消耗2.5公斤谷物饲料才能换回1公斤鸡肉。如今这个比例已经达到了惊人的1.3：1，快要接近理论极限了。饲养业的集约化为新品种的研发和扩散创造了条件，其结果就是如今大家吃到的肉食大都来自少数几个高产品种，所谓“本地土×肉”已经越来越少见了。这么做虽然提高了生产效率，降低了肉价，但禽畜的抗病能力会变得非常弱，从长远来看不见得是件好事。

第二个因素就是饲养密度的大幅度提高。这方面的案例有很多，但文字在这个问题上是非常无力的，建议读者去网上找一张现代饲养场的照片看一看就全明白了。增加饲养密度的一个显而易见的原因是为了节省建筑费、空调费等硬件消耗，但更主要的原因是为了不让饲养动物四处走动，因为走动也是要“浪费”饲料的。可是，这么做的结果就是很多动物变得焦躁易怒，身体机能严重退化，同时饲养场则必须大量使用抗生素，以此来预防可能出现的传染病。

第三个因素最为关键，那就是养殖户必须能够获得廉价的饲料。从前农业不发达，农民生产出来的粮食自己吃都不够，只能拿剩菜剩饭来喂猪喂鸡。后来农业技术进步了，谷物第一次出现了剩余，这才有人直接拿粮食来喂养牲畜，这就是“精饲料”的起源。

这个先例一开，就好像堤坝决口一样，从此就变得一发不可收拾了。仅举一例：如今全球可耕地的71%是用来种植饲料作物的，11%用来种植生物质燃料和工业用原料作物，剩下的18%才是直接种植人类食品的土地。

但是，对于人均可耕地面积明显不足的中国来说，土地的这种用法太奢侈了，根本做不到。问题在于，中国人实在是太喜欢吃肉了，目前的人均年消费量已经超过了60公斤，是50年前的15倍，其中约有2/3是猪肉。据统计，中国人吃掉了全球一半以上的猪肉，这些猪可绝不是用泔水或者猪草能喂得出来的，必须得用精饲料。为了加快猪的生长速度，多长瘦肉，饲料中的蛋白质含量还必须很高才行，大豆就这样迎来了属于自己的时代。蛋白质分子的含氮量非常高，只有会固氮的豆科植物才有能力生产出那么多蛋白质。大豆榨油后剩下的豆粕蛋白质含量非常高，是最好的精饲料。中国之所以每年都要进口将近1亿吨大豆，原因就在这里。如果没有这1亿吨大豆，中国人要想维持现有的饮食水平几乎是不可能的。假如我们打算自己种的话，这1亿吨大豆将占用1/3的现有耕地，这同样是一件不可能完成的任务。

因此，这些大豆只能靠进口。目前中国主要从美国、巴西和阿根廷这3个美洲国家进口大豆，其中美国的占比曾经是最高的，但最近一段时间由于中美经贸摩擦的关系，美国大豆的份额降到了10%左右，而巴西的份额则跃升至75%。今年巴西出口大豆的80%是运往中国的，可以说中国人的“肉欲”是被巴西人满足的。

巴西人去哪里种大豆呢？答案就是亚马孙热带雨林。为了扩大大豆种植面积，这些年巴西人不断地放火清理雨林，最近爆发的亚马孙森林大火就是这一做法的必然结果。

巴西人清理雨林的另一个目的就是为了扩建养牛场，这样就可以直接出口牛奶和牛肉了。牛本来是吃草的，1900年时的一头奶牛平均每天要吃15公斤干草，每年能产2000升牛奶。但今天一头奶牛每天吃5公斤干草，外加15公斤精饲料，每年能产1万升牛奶，这就是为什么如今就连发展中国家的孩子们都能每天喝上一杯牛奶的真正原因。

从这个角度讲，饲养业的集约化和农业技术的进步降低了肉食的成本，满足了普通老百姓对优质蛋白质的需求，实在是功德无量。

但是，牛却是地球环境的最大杀手之一。荷兰瓦赫宁根大学资深农业政策顾问弗兰斯·坎帕斯（Frans Kampers）教授告诉我，如果从蛋白质转化的角度来看，牛是最不环保的家畜，因为牛的蛋白质转化率只有10：1，即牛吃10份植物蛋白才能生产出1份动物蛋白，其效率远低于猪（5：1）、鸡（2.4：1）、昆虫（1.7：1）和饲养鱼类（1.4：1）。

除此之外，养牛业对温室气体的“贡献”也是整个饲养业里最大的。根据联合国粮农组织的估算，全球畜牧业产生的温室气体占人类活动产生的温室气体总量的14.5%，其中养牛业（包括肉用和牛奶）的排放占到整个畜牧业排放总量的65%，原因是牛反刍时产生了大量甲烷气，其温室效应是二氧化碳的25倍。这样算下来，养牛业对于全球气候变化的影响力和全世界的交通运输行业（海陆空全算上）不相上下。如果全世界的牛组成一个国家的话，这个“牛国”的碳排放仅次于中美两国，比欧盟还多。

换个说法：你午餐时吃下去的那个牛肉汉堡包对于气候变化所做的“贡献”和你开了500公里车差不多。汉堡包里的那块牛肉饼之所以如此廉价，主要原因就是牛肉生产过程对环境的负面影响没有算在成本里面。

猪在这方面稍好一点，养猪业的碳排放只占畜牧业温室气体排放总量的9%，主要原因就是猪不反刍。但猪在中国却是个大问题，因为中国人养了太多的猪。目前中国的污水排放总量当中约有一半来自农业，其中养猪带来的排放占比高达80%，也就是说，中国的环境面源污染当中有40%来自猪的排泄物。猪肉在中国之所以如此廉价，同样是因为养猪带来的环境污染并没有全部计入成本。

和牛、猪相比，鸡肉是最环保的肉类，不但饲料转化率高，而且碳排放和水源污染等问题也远比牛和猪要小。难怪有人将鸡比作电动车，意思是说如果你想保护环境，却又不愿放弃吃肉的话，那么吃鸡肉也许是最好的折中方案。

但是，这个建议却遭到了动物保护主义者的反对。他们指出，一头牛产的肉和 185 只鸡相当，如果为了少养一头牛而用鸡代替，那就要多杀 184 条生命。如果你对所有生命一视同仁的话，这是一种不能接受的交换。从全球的角度来看，根据联合国粮农组织的估算，目前全世界每年平均要杀掉 3.05 亿头牛和 666 亿只鸡，但这些牛的温室气体排放总量却是鸡的 5 倍之多，所以环保主义者强烈建议用鸡来代替牛。但这么做就意味着每年需要多杀死好几百亿条生命，动保主义者是无法接受的。

这不是孤例。事实上，环保主义者和动保主义者在很多方面都是对立的，双方的矛盾很难调和。比如，为了减少碳排放，环保主义者希望能进一步扩大养殖场规模，减少放养比例，因为吃草的牛会排放出更多的甲烷气，吃精饲料的牛则要少得多。但动保主义者的建议则正相反，他们希望能增加放养的比例，提高动物的生活质量。

再比如，动保主义者希望能用牛奶（包括奶酪）蛋白代替肉蛋白，因为挤奶无须杀生。但环保主义者经过计算后发现，牛奶的碳足迹远大于鸡肉，所以他们觉得应该反过来，用更多的鸡肉来代替牛奶。

归根结底，动保主义者是站在动物福利的角度考虑问题的，他们希望大家都不再吃肉，彻底变成素食主义者。而环保主义者是站在环境的角度考虑问题的，全素生活并不是保护环境的最佳策略，因为在很多情况下禽畜的存在无论对人类还是对环境都是有好处的。“家禽家畜能够把环境中的低质量蛋白质变成人类能够使用的高质量蛋白质，这是对粮食生产过程的一种有益补充。”坎帕斯教授对我说，“另外，像草原这样的地方也离不开放养的牛羊，它们的存在对于草原生态系统的健康是有促进作用的。”

坎帕斯教授曾经作为第一作者撰写过一份题为《食物转化 2030》（Food Transitions 2030）的报告，展望了 2030 年全球食物体系可能发生的变化。这份报告重点强调了循环农业的概念，希望能让未来农业远离化石能源，成为一个具备自我循环和自我更新能力的封闭体系，不再影响到地球的自然生态系统。在这样一个封闭体系里，畜牧业肯定是不可或缺的重要一环。

对于这个观点，动保主义者当然是不能同意的。于是，这两个貌似应该团结在一起的派别却一直在争论不休，围观群众不知该听谁的。相比之下，肉类生产商却空前地团结，因为就像前文所说，全球最常见的肉类就只有猪牛鸡羊这几种，肉食行业很容易结成联盟，枪口一致对外。再加上肉企通常都财大气粗，比如美国肉类企业联合会及其附属产业的总价值在 9000 亿美元左右，对美国经济的影响相当于美国 GDP 的 6%，所以他们非常强势，每年的公关费和广告费都是以亿美元计的，无论是瓜果蔬菜生产商还是各级环保组织都不是它们的对手。于是，消费者一直被它们牵着鼻子走，相信吃肉是补充蛋白质唯一的办法，素食者要么是身体纤弱的怪咖，要么是偷偷吃肉的伪君子。

作为消费者，也许我们应该换个思路，先问一个简单的问题：目前这样的情况是否能永远持续下去呢？答案显然是否定的。根据多家机构的预测，到 2050 年时人类对肉食的需求量将比现在增加 70% 以上，一方面是因为人口的增加，另一方面是因为消费习惯的改变，绝大部分穷国一旦变富，国民所做的第一件事便是增加肉类消费。可问题在于，除非把热带雨林全部砍光，地球上已经没有多余的土地可以用来生产那么多动物饲料了。如果再把“畜牧业每年消耗地球淡水资源的 1/4”这个因素考虑进去，未来的肉食价格肯定要比现在高出很多。要知道，目前的肉价之所以相对低廉，原因是各国政府对畜牧业普遍实行的高补贴政策，以及肉制品在定价时没有把环境成本计算在内所致。

另外，为了最大限度地降低成本，全球畜牧业正面临着品种越来越单一化的问题，导致高产品种对传染病的抵抗力持续下降，最近暴发的猪瘟就是一例。以后类似这样的事情只会越来越多，未来畜牧业的不稳定性肯定要高于粮食和蔬菜。

既然如此，未来的人类还能像今天这样大口吃肉吗？“我认为不会了。”坎帕斯教授信誓旦旦地对我说，“未来的肉价肯定会持续走高，我预计到2050年时肉将会变得极为昂贵，欧洲国家的普通老百姓每周只能吃得起一次肉。”

“其余6天吃什么呢？”我问。

“3天吃素，另外3天吃人造肉。”坎帕斯回答。

无价的人造肉

“人造肉”这个词去年还默默无闻，今年却成了家喻户晓的新概念，主要原因就是美国人造肉公司“超肉”（Beyond Meat）今年5月2日在纳斯达克挂牌上市，首日股价便暴涨163%，公司市值达到39亿美元，成为自2008年国际金融危机以来上市首日表现最佳的美国公司。几天后，另一家人造肉公司“不可能食品”（Impossible Foods）也宣布了新一轮3亿美元融资到位，公司估值达到20亿美元。

此次“超肉”公司也来到了上海，我有幸品尝了一块他们生产的人造肉汉堡包，味道和口感确实和真的牛肉汉堡差别不大了，相似度可以打80分。在我看来唯一的不同在于人造肉汉堡的“肉味”在嘴里停留的时间有点过长了，这很可能是因为他们添加的一种模仿肉味的香料难以被唾液分解。

展览会结束几天之后，互联网上出现了一大批关于人造肉的中文报道，将“超肉”公司比喻成“一家做素鸡的外国公司”。不少读者留言说，中国早就有豆腐了，还要“超肉”干什么？

"超肉"公司生产的植物肉汉堡

这个说法是有道理的。前文说过，大豆蛋白属于优质蛋白，中国人发明的豆腐不但在口感上有点像肉，营养上也几乎可以代替肉制品，"人造肉"这个概念最早可以说是由中国人发明的。中国佛教徒之所以能一直保持着吃素的传统，靠的就是豆腐。相比之下，印度的素食者必须时刻注意谷物和豆子的搭配，技术难度要比中国大多了。但是，因为印度僧侣属于高种姓，社会地位相当高，如果他们吃素的话，地位低的民众就更愿意模仿，所以印度的素食传统保持得非常好，直到今天都是印度社会的主流。相比之下，古代中国是官僚社会，僧人的地位低，越是地位高的王公贵族就越喜欢大鱼大肉，所以中国的素食传统非常脆弱，素食者主要集中在佛教徒群体当中，普通老百姓还是更喜欢吃肉。这就是为什么印度素食在口味上和肉几乎没有关系，但中国的素食必须做得更像肉才行。

中国有很多专门做素食的公司，总部位于深圳的齐善食品有限公司是最具代表性的一家。他们家做的素肉味道也很像肉，但仔细品尝还是能尝出大豆特有的腥味，只不过中国人吃惯了豆腐，不觉得这是什么大不了的事情，但西方人就受不了了，所以“超肉”制作的牛肉汉堡用的是豌豆和绿豆蛋白，没有用大豆蛋白。另外，中餐口味重，齐善生产的素肉里面加了很多中式肉菜常用的作料，更符合中国人的口味，但对于一个不习惯吃中餐的人来说，不一定会喜欢。

“我们做的素肉目前还做不到完全替代真肉，我们也不打算强迫那些喜欢吃真肉的人改吃素肉，我们只是为了让消费者多一种选择而已。”齐善品牌部门负责人周启宇对我说，“另外，我们希望能借助我们的产品，向公众宣传一种健康的生活理念，比如我们生产的素肉低脂低钠，不含胆固醇，比真肉更健康。”

据周启宇介绍，齐善 30 年前刚刚成立时走的是出口路线，主要为东南亚的佛教徒群体提供一种口味更加丰富的素斋饭。但这些年国内的佛教徒群体人数激增，他们产品的出口 / 内销比已经从过去的 10∶1 变成现在的 1∶10 了。

和低调的齐善相比，美国“超肉”公司一直在高调地宣称自己的最终目的就是要让那些喜欢吃肉的人改吃他们生产的人造肉，以此来减少畜牧业对地球环境造成的破坏。一直关注环保议题的比尔·盖茨和莱昂纳多·迪卡普里奥等富翁之所以投资人造肉公司，原因也在这里。

事实上，这就是新一代人造肉公司和老牌素肉公司最大的区别。前者的终极目标是拯救地球，增进人类健康只是手段而已；后者的主要目的是拯救生命、净化心灵，环保只是次要目的。

当然了，地球是不需要拯救的，环保主义者拯救地球的最终目的也是为了拯救人类自己。但是，此前已经有无数案例证明，人类是一种缺乏远见的生物，善于追求即时快感。这就好比吸烟的危害再大，也挡不住烟民们追求那种“赛神仙”的快感，因为烟草造成的危害是若干年之后才会发生的事情，烟民们没这个远见。同理，畜牧业影响的是未来的环境，但眼前这碗红烧肉实在是太香了，根本无法拒绝。因此，要想让人类为了保护未来的环境而牺牲近在眼前的幸福，简直比登天还难。

就拿吃肉来说，环保主义者们相信，要想让那些肉食爱好者少吃肉，光靠环保教育恐怕是不行的，唯一的办法就是制造出一种口味和真肉一模一样的人造肉来。生产人造肉有两个不同的思路，一个是利用肌肉干细胞在实验室里培养人造肌肉，但这个思路成本太高了，短期内也不太可能降得下来，和环保的初衷背道而驰，本文不再讨论。

另一个思路是目前的主流，就是以植物蛋白为原料，通过各种物理化学手段让其具备肉的味道和口感。研究表明，肉在烹饪过程中会产生上千种不同的风味物质，要想通过植物制品将这些风味完全模仿出来是不现实的，但其中最主要的几种风味物质还是可以模仿出来的，其结果完全能够做到以假乱真。

比如，肉食特有的鲜味来自谷氨酸、肌苷酸和鸟苷酸，第一种分子是味精的主要成分，第二种分子大都源自鱼类和海鲜，第三种分子在蘑菇中的含量非常高，所以不少植物肉产品都用蘑菇来提味儿，总部位于香港的"绿色星期一"（Green Monday）公司生产的"新猪肉"（Omnipork）就是其中之一。这家公司是比较少见的一家模仿猪肉风味的植物肉公司，其特征就是原材料当中用了大量香菇，猪肉特有的鲜味模仿得非常到位。该公司的创始人杨大伟告诉我，他们公司正打算以"新膳肉"的名字进军内地市场，希望厨师们以它为原材料，做出仿真的小笼包、饺子、麻婆豆腐和狮子头等原本以猪肉馅为主的中式菜肴。

再比如，肉类在烹饪时，其中含有的蛋白质会和碳水化合物发生美拉德反应，生成一种香味物质。有研究认为，富含血红素（Heme）的红肉中含有大量的铁元素，后者会促进美拉德反应，这就是为什么红肉比白肉更好吃的原因之一。于是"不可能食品"公司把血红素基因转入酵母菌基因组中，通过对大豆的发酵，生产出了一种豆血红蛋白（Leghaemoglobin）。添加了这种蛋白的人造肉不但颜色更像真肉，而且味道也更像烤牛肉了。此前这款人造肉只在指定的饭馆里有售，直到2019年9月才正式摆上了美国各大超市的肉食货架，因此我还没有机会尝到它，不知效果如何。

还有一种味道也十分重要，这就是脂肪加热后产生的香气。所有的真肉当中肯定都含有脂肪，这是肉香的重要来源。目前市场上的大部分人造肉都用椰子油、葵花油和芥花籽油等植物油来代替动物脂肪，效果应该说还是不错的。植物脂肪通常不含胆固醇，这也是人造肉的卖点之一，吸引了不少对健康更加敏感的顾客。

不过，脂肪在真肉中的最大作用却是提升肉的口感，一块牛排或者一块烤鸡到底嫩不嫩，决定因素就是肉中的脂肪含量，以及脂肪在肉块中的分布状况。人造肉中添加合适比例的脂肪并不难，难就难在如何让脂肪均匀地分布在肉中，让脂肪的香味和润滑性随着咀嚼而逐步释放出来。要想做到这一点，必须完整地重建肉的纤维结构，而这才是真肉最难模仿的地方。目前市场上的人造肉大都是肉馅，几乎没有大块的牛排或者猪排，原因就在这里。

如何才能以植物蛋白为原料重构出肉的纤维结构呢？这就是目前全球食品工业界最热门的研究课题，瓦赫宁根大学的阿泽杨·范德古特（Atze Jan van der Goot）教授是这方面的先驱者之一。不久前有媒体报道说他造出了植物牛排，于是我专程去他的实验室参观，不巧实验正好告一段落，所有的仪器设备都停了，没能亲眼看到牛排的制造过程。

范德古特教授的两位同事接待了我，为我讲解了这种植物牛排的研发过程。范德古特原来的研究方向是乳品蛋白，十多年前他指导的一名硕士生试图用一台特制的流变仪研究剪切力对奶酪结构特性的影响，却错把实验原材料酪蛋白酸钠（Sodium Caseinate）拿成了酪蛋白酸钙（Calcium Caseinate），因此实验宣告失败。另一名研究生正巧路过这里，看到了垃圾桶里失败的实验样品，随口咕哝了一句："这玩意儿的纤维结构很像鸡肉嘛！"这句话被范德古特听到了，他让那名硕士生重做了一遍那个实验，发现那台流变仪确实可以让酪蛋白酸钙分子相互连接，组成类似肉的纤维结构。范德古特将那台仪器做了一些改进，终于研制成功了第一台剪切机（Shear Cell），并将它用于植物蛋白上，从而成功地研发出了后来的植物牛排。

范德古特实验室的一位来自中国的博士生彭郁告诉我，已经有不少公司看中了这项技术，正在谈合作。按照范德古特的设想，未来的公司不但可以卖植物牛排，还可以卖剪切机。消费者可以根据自己的口味，用植物蛋白作为原料，添加一些特殊的香味物质，在自己的家里制造出牛排、猪排或者鸡排来。

不过我没能尝到这种牛排的样品，没法判断范德古特发明的这项技术到底好不好。在他的公司正式投产之前，恐怕我们只能吃到植物碎肉饼，吃不到红烧植物肉了。

虽然只是碎肉饼，但目前的市场价格却不低。230克一袋的“新猪肉”在香港的零售价为43港币，大约相当于每斤售价人民币80元。“超肉”在美国的售价相当于每斤150元人民币，不但远高于中国市场牛肉汉堡的零售价，而且也比当地零售市场至少贵30%。当然了，任何一款新产品刚推出时卖得比较贵是可以理解的，毕竟市场还没有打开，等将来产量提高了应该会降价。但从人造肉产品的原材料价格和工艺的复杂程度来看，降价的空间其实并不大，更何况还要加上高昂的研发费用，未来很可能无法降到和真肉持平的价格。如果真是那样的话，人造肉厂家想要替代真肉保护环境的目标恐怕是难以实现的。

不过，如果我们把目标定低一些，不求完全取代，只求部分代替，那么人造肉产品的前途还是很光明的。毕竟从环保的角度讲，完全取消畜牧业既不现实，也无必要。只要能部分替代真肉，减少畜牧业的规模，人造肉就算达到目的了。想想看，在人造肉产品出现之前，我们的选择其实是很少的，如果一个普通人想要依靠素食来喂饱肚子，同时满足自身的蛋白质营养需求，并不是一件容易的事情。尤其是在缺乏豆腐传统的西方国家，素食反而要比汉堡包贵很多，所以碎牛肉饼成了穷人最好的选择。

瓦赫宁根大学海藻研究所的玛利亚·巴尔博萨博士和她的海藻研究所

从这个意义上说，人造肉是无价之宝。

结　语

如果单从蛋白质生产效率来看，大豆还不是最高的，豆科植物毕竟要把很多能量用于生产根茎叶，这么做耗费了大量能源。相比之下，水生植物不需要支撑自己的身体，所以不需要浪费能量合成纤维素和木质素，其蛋白质生产速度是豆科植物的好几倍。

在瓦赫宁根大学采访期间，我特意去参观了他们的海藻研究所，玛利亚·巴尔博萨（Maria Barbosa）教授为我展示了他们研制的海藻试管培养技术，每公顷土地每年可以生产30吨海藻，蛋白质含量高达50%，效率比大豆高几十倍。有家食品公司用海藻为原料生产出了一种富含蛋白质的能量棒，我当场尝了一口，有很浓的海腥味，大概我以后是不会买来吃的。

“历史证明，人类的口味是一直在变的。”这家公司的推销员对我说，“古代欧洲人不吃土豆，现在土豆成了主粮；以前人们喜欢精细的白面包，现在喜欢粗糙的全麦面包；过去很多人不喜欢绿菜花，现在很多沙拉里都有它。只要我们能把道理讲清楚，我相信未来是会有人喜欢我们的产品的。”

仔细想想，他的话还是有些道理的。人类虽然普遍缺乏远见，但也已经是哺乳动物当中应变能力最强的物种了。对于大多数受过高等教育的人来说，只要他们真心明白了某件事背后的道理，还是愿意做出一定程度的牺牲的，否则就没办法解释为什么有那么多人愿意为了节能减排而降低自己的生活标准，或者为了地球的未来而减少自己的生殖欲望。

不过，当今世界科学昌明，技术成了人类的新上帝。更多的人仍然选择相信技术，希望未来的新技术能让人类在不牺牲任何个人利益的情况下保护环境。但我越来越相信，技术不是万能的，很多时候技术只能做到某个程度，很难再往前走了，人造肉就是个鲜明的例子。人类不能总是指望依靠发明新的技术来解决所有的现实问题，人类自身也得与时俱进。

就拿农业来说，我这次采访还看到了很多新颖的农业新技术，比如无人机撒药、卫星传感精准施肥和养殖昆虫提取动物蛋白质等。但这些新技术只能解决一部分问题，没有一项技术可以做到一劳永逸。可惜时间不等人，我们必须及时更新我们的观念和意识，主动改变我们的饮食习惯和生活方式，只有这样才能实现人类健康和地球环境双赢的局面，让我们这个种群更好地延续下去。

这才是真正的大智慧。

参考资料：

Raoul Robinson, *Agriculture-Farming and Us: The Influence of Agriculture on Human*

Behaviour, Share Books, 2007.

David Montgomery, *Dirt: The Erosion of Civilizations,* University of California Press, 2012.

David Montgomery, *Growing a Revolution: Bringing Our Soil Back to Life*, W. W. Norton & Company, 2017.

Marta Zaraska, *Meathooked: The History and Science of Our 2.5-Million-Year Obsession with Meat*, Basic Books, 2016.

Bee Wilson, *The Way We Eat Now: How the Food Revolution Has Transformed Our Lives, Our Bodies, and Our World*, Basic Books, 2019.

Jared Diamond, "The Worst Mistake in the History of the Human Race," *Discover Magazine*, May 1, 1987.

David Christia, *Big History: Examines Our Past, Explains Our Present, Imagines Our Future*, DK, 2016.

Colin Tudge, *Feeding People is Easy*, Pari Publishing, 2007.

Frank Viviano, "A Tiny Country Feeds the World," *National Geographic*, September 2017.

第二章

人类未来用什么

人类文明曾经被材料改变过很多次，

未来仍然会继续如此

引言：未来的材料

钢筋混凝土、塑料和纤维是人类使用量最大的3种材料，对环境造成的污染也是最大的。人类对于材料的生产和使用方式到了必须加以改变的时候。

进入正题之前，先给大家讲一个关于工具的故事。

这个故事来自一本名叫《太阳的阴影》（*Shadows in the Sun*）的旅行日记，作者韦德·戴维斯（Wade Davis）是加拿大不列颠哥伦比亚大学（University of British Columbia）的人类学教授。他写过15本书，内容大都是他在各个原始部落的冒险经历，因此他被誉为“真实世界里的印第安纳·琼斯”。

这本《太阳的阴影》讲的是住在加拿大北方的因纽特人的故事。上世纪50年代，加拿大政府试图把分散在各地的因纽特人集中起来，迁入政府出资建造的移民村。一位因纽特老人不愿意搬家，于是他的家人把他的工具全都藏了起来，逼老人跟大家一起走。但是，倔强的老人用自己的粪便制作了一把刀，用这把刀杀死了一只狗，用狗的胸骨制作了一副雪橇，把狗皮剥下来制成了一副挽具，然后老人指挥另一只狗拉着这副雪橇逃离村庄，消失在茫茫冰雪之中。

戴维斯很喜欢这个故事，曾经在“技术、娱乐、设计”（TED）大会上讲过一次，收获了将近400万的点击量。曾经有人质疑这个故事的真实性，他回答说：“不论真假，这是个很好的寓言故事，表现了因纽特人坚毅的性格。”

2019年，美国肯特州立大学（Kent State University）的人类学教授麦庭·艾伦（Metin Eren）听到了这个故事，他也怀疑这个故事的真实性，决定亲自做个小实验来验证一下。他模仿因纽特人的饮食习惯，连吃了一个星期高蛋白、高脂肪的食物，然后他收集了自己的粪便，用干冰将其冻成硬块，磨成了一把刀。可是，当他试图用这把刀切猪肉时，却发现刀口一碰到猪皮就融化了，好像手里拿着的不是一把刀，而是一支棕色的蜡笔。

艾伦教授把实验结果写成一篇论文，发表在2019年10月出版的《考古学杂志》(*Journal of Archaeological Science*) 上，结果被“搞笑诺贝尔奖”(Ig Nobel Prize) 评为2020年度材料科学大奖。其实艾伦教授的这项研究比戴维斯讲的那个故事更像寓言，因为它深刻地揭示了人和材料之间的紧密关系，值得我们好好琢磨一下。

首先，这个故事告诉我们，材料在很多时候是比食物更重要的东西，因为材料具有极强的不可替代性，这一点和食物非常不同。比如，因纽特人生活在北极冰原上，那里几乎没有任何植物，所以因纽特人既没有面包也吃不到米饭，甚至连蔬菜都没有，但他们依然能靠吃生肉活下来，而且他们的身体也慢慢适应了这种变化，反而吃不惯米饭、面包了。可是，由于北极地区除了冰雪几乎啥都没有，因纽特人缺乏制造工具所需的原材料，生活质量受到了很大影响。比如那位因纽特老人的亲戚们只需把老人的工具藏起来就能把他困住，因为他找不到制造工具的原材料，几乎任何事情都做不了。

正常情况下，因纽特人会用海象牙或者兽皮和低纬度地区的人们交换工具，一把钢制小刀的价值要比一件毛皮大衣大多了。同理，古代社会不同部落之间最先开始交换的东西并不是美食，而是制造工具所需的特殊材料。比如，非洲最早的贸易网络就是为了交换黑曜石 (Obsidian) 而搭建起来的，这种石材只有在火山附近才能找到，在原始人学会提炼金属之前，黑曜石是制造切削刀具的最佳材料，无法替代。再比如，人类走出非洲之后建立的第一个贸易网络是为了交换铅和锡，这两种金属都是制造青铜所必需的原材料，同样无法替代，而且储量稀少。

说到古人建立的贸易网络，最知名的案例无疑是丝绸之路。这是古代欧

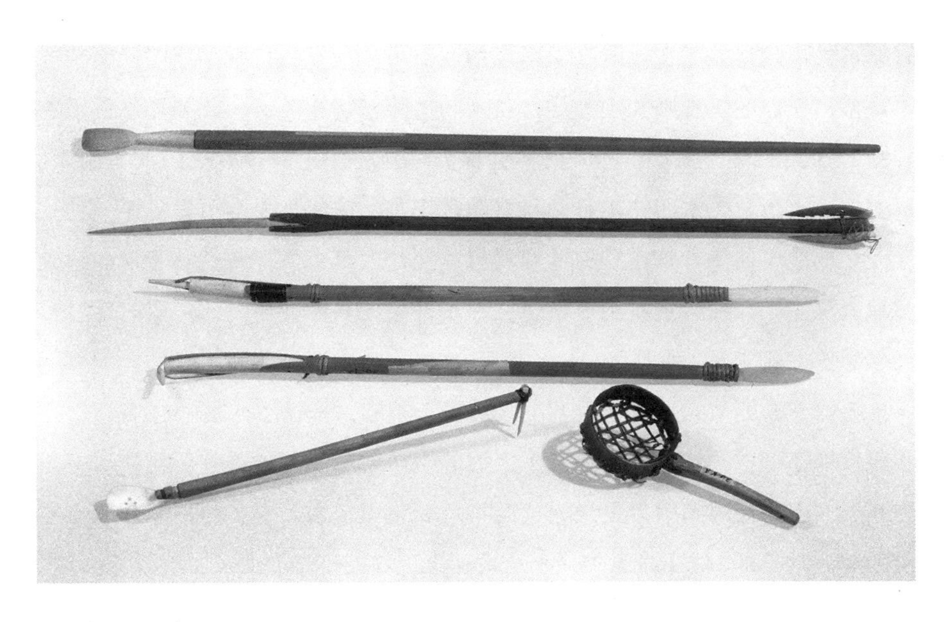

因纽特人的冰勺　布鲁克林博物馆藏

亚大陆上建立的距离最长、规模最大、持续时间最久的贸易网，原因就是丝绸是一种无法替代的奢侈品，西方人做不出来，只能和中国人交换。东西方文化的相互交融，正是借助这条丝绸之路才得以实现的。

无数类似案例表明，正是由于人类对一些特殊材料的需求，开启了不同族群之间大规模物质交换的序幕。如果没有这种物质交换，也就不会有文化交流，人类就无法相互学习，互相借鉴，人类文明肯定不会进步得这么快。

其次，这个关于工具的故事还告诉我们，制造工具的材料的性能往往和温度密切相关，而温度则和人类的技术发展水平紧密相连。在这个故事里，低温改变了材料的性能，但在人类的材料史上，高温才是更重要的因素。祖先们通过高温煅烧，把软泥巴变成了硬砖块，盖起了世界上第一幢结实的房子，彻底改变了人类的居住环境；祖先们还在这一过程中摸索出了陶器的制作方法，制造出人类历史上第一套厨房用具，彻底改变了人类的饮食方式；

青铜器的出现得益于古人对高温的理解和追求，人类的日常生活因此而精致了许多；铁器的出现则和人类烧窑技术的进步密切相关，从此人类掌握了一种威力强大的杀人武器，先天的体力优势不再是决定战争胜负的关键因素。事实上，由于地壳中的铁矿石蕴藏量非常丰富，铁成为人类历史上第一种几乎完全取决于使用者技术能力的原材料，任何人都可以拥有铁器。从此，人类从资源主导型社会过渡到了技术主导型社会，从体力为王的荒蛮时代过渡到了靠智力取胜的文明时代。

随后，人类又先后发明了瓷器、玻璃、棉布、丝绸、水泥、橡胶、塑料和化纤等新型材料，极大地提高了人类的生活质量。制造这些新材料不但需要高温，还需要用到很多更加先进的物理和化学技术，人类的整体科技水平也因此不断提高，终于把人类送上了地球之王的宝座。

第三，在这个关于因纽特人的故事里，粪便属于可再生材料，只要这位老人有海豹肉吃就行了。但实际情况往往正相反，很多材料都是不可再生的，总有用完的那一天。比如用于制造钢筋混凝土的矿石的储量是有限的，用于制造塑料和化纤的石油和天然气的储量也是有限的。随着地球人口的持续增长，争夺原材料的战争愈演愈烈，已经成为国与国之间发生争端的主要原因之一。

更加令人担忧的是，有些原材料虽然是可再生的，或者因为储量极为丰富而暂时不用担心枯竭，但因为用量实在太大，给自然环境带来了不可挽回的损失。比如，人类对木材的需求导致大量原始森林被砍伐殆尽，很多陆地动植物因此而灭绝；再比如，人类对一次性塑料制品的滥用导致大量不可降解的塑料制品进入海洋，严重影响了海洋生物的健康。最糟糕的是，材料的生产和使用过程排放了大量温室气体，这是全球气候变化的主要原因之一。

虽然这些危害我们早已知道，但材料的生产和消耗仍然与日俱增，因为人类社会不能没有经济增长，而经济增长一直没能和物质生产脱钩，所以人类暂时还离不开材料。2020 年 12 月 10 日出版的《自然》杂志刊登了以色列魏茨曼科学研究院（Weizmann Institute of Science）的科学家撰写的一篇论文，论文研究发现人造物质总量已经超过了地球上的活生物量，地球从 2020 年起正式从一个所有生命共同拥有的家园变成了人类一家独大的超级工厂。

造成这一结果的原因是双向的：一方面，随着生产力的飞速提升，人造物质正以每年超过 300 亿吨的速度增加；另一方面，由于人类占用了太多本属于野生动植物的领地，导致地球上的活生物量反而略有下降。于是，人造物质占地球活生物量的百分比从 20 世纪初时的 3% 左右变成了 2020 年的超过 100%。

这些人造物质主要包括钢筋混凝土、砖石、沥青、塑料、人造纤维和各种金属，制造这些物质的原材料大部分来自地下，其中只有不到 10% 被循环利用了，其余的终将有一天会变为垃圾。

要想彻底解决材料带来的问题，必须把经济增长和物质生产之间的联系断开。英国萨里大学（University of Surrey）经济学教授蒂姆·杰克逊（Tim Jackson）和加拿大约克大学（York University）环境学教授皮特·维克多（Peter Victor）在 2019 年 11 月 22 日出版的《科学》杂志上发表了一篇重磅论文，分析了经济增长和物质生产“断联”的可能性。

文章用二氧化碳排放量作为衡量物质生产强度的指标，发现 1965 年全球国内生产总值（GDP）当中每 1 美元对应的二氧化碳排放量是 760 克，而 2015 年时的这一数值降到了 500 克。也就是说，人类依靠技术革新提高了能源效率，在半个世纪的时间里把 GDP 的碳强度减少了 35%。

但是，同一时期的二氧化碳排放总量却一直在增加，这是因为人类的经济增长速度远比生产效率的提高要快得多。今天人类排放二氧化碳的速率比 1990 年时高了 60%，这个增长速度如果持续下去的话，早晚有一天会把地球变成一个大火炉。

按照两人的计算，要想把气候变化限制在可接受的范围内，人类必须大幅降低 GDP 中的碳强度，降幅必须保持在每年 14% 以上，而且要连降 30

年，难度是非常大的。要知道，此前人类GDP碳强度的降幅最大也只有3%，而且这一“成就”是在上世纪70年代石油危机时取得的。

两位科学家特别指出，要想完成“断联”的目标，必须全世界一起努力，光靠某几个国家或地区使劲是不行的。比如欧盟在1990～2017年间的碳排放总量下降了22%，GDP却增加了58%，看似“断联”成功，但这一成绩是通过把高污染行业转移到发展中国家来实现的，如果把这部分算上的话，欧盟的真实碳足迹要比统计数据高20%。

文章结尾指出，要想把GDP和二氧化碳之间的联系断开，光靠技术革新是不行的，必须从根本上改变人类的行为方式，不再把物质享受当作衡量幸福的唯一标准。

对应到材料领域，这就意味着我们必须改变我们盖房子的方式、乱扔东西的习惯，以及对服装的审美标准，因为钢筋混凝土、塑料和纤维是人类使用量最大的3种材料，对环境造成的污染也是最大的。如果再不改变的话，节能减排的目标是不可能完成的。

就在2020年9月22日召开的第75届联合国大会上，中国向全世界做出承诺，二氧化碳排放力争于2030年前达到峰值，GDP的碳强度比2005年下降65%以上，争取2060年前实现碳中和目标。这是个振奋人心的承诺，很有可能彻底改变世界的未来。要想实现这些目标，能源领域的改革当然是重头戏，但材料领域同样不可忽视。要知道，仅仅是水泥这一种材料，就占人类排放温室气体总量的8%，而中国的水泥产量占比超过了50%。

人类文明曾经被材料改变过很多次，未来仍然会继续如此，因为我们本质上都是那位因纽特老人，一旦离开了材料就不再是文明人了。同理，人类对于材料的生产和使用方式也到了必须加以改变的时候了，因为如果再不改革的话，我们也不再是文明人了。

被材料改变的人类

只用一句话就足以说明材料对于人类文明发展的重要性：人类进化史的三大阶段都是用材料的名字来命名的。事实上，人类早期文明的每一个重大变化都可以用材料来解释，有些变化甚至就是直接源于材料的革新。

石器时代

迄今为止最早的人类石器是由著名的古人类学家路易斯·利基（Louis Leakey）于上世纪 30 年代在坦桑尼亚的奥杜威峡谷（Olduvai Gorge）发现的，距今已有大约 260 万年的历史了，大名鼎鼎的石器时代从此开始。

奥杜威石器（Oldowan）是一大类刀片型石器的统称，基本上只能用来切肉，没有别的功能。不过大家千万不要小看这些粗糙的石片，它们的出现标志着人类终于从芸芸众生中脱颖而出，走上了一条通往地球霸主宝座的光辉大道。

英语里有句俗话，叫作“人如其食”（You are what you eat），大意是说，我们每个人的身体都是由我们吃进去的食物消化之后变成的，所以要好好吃饭。其实这句话用在任何动物身上都没问题，但地球上的动物之所以千差万别，原因并不是饮食差异，而是基因的不同，这就是为什么鳄鱼的牙齿就是比我们的牙齿更锋利，苍鹰的眼睛就是比我们的眼睛看得远，狗熊的毛皮就是比我们的皮肤更保暖……我们无论吃什么好吃的都无法弥补和这些动物的差距，这就是遗传限制。

与此同时，这些动物本身也会受到遗传规则的制约，再锋利的牙齿也不

古人类学家路易斯·利基和他的夫人

如钢刀好用，再锐利的眼睛也不如望远镜好使，再厚的毛皮也比不上一间有空调的房子温暖。

换句话说，生物进化本身是有上限的，生化反应再强大也合成不出钢筋混凝土，遗传规则限制了动物们的想象力。奥杜威石器的出现标志着人类祖先终于摆脱了生物的遗传限制，获得了近乎无限的上升空间。

人类获得的这种超能力并不完全来自工具的使用，因为人类并不是唯一会用工具的动物。一些猩猩会用石块砸开坚果，还有一些鸟类会用树枝从树洞里钓虫子吃。但几乎所有动物都只是把自然界早已存在的东西直接拿来用而已，顶多做一点简单的加工。比如某些鸟类会把太长的树枝咬断，做成长度适合的抓虫工具。奥杜威石器的制作过程则要复杂得多，需要先找到一块质地坚硬的石头当锤子，不断地敲打另一块质地较软的石头（称为石核，通常是鹅卵石），直到将石核的一侧敲出锋利的断口。整个过程耗时很长，不但需要精心挑选石材，还要耐心细致地敲打。人类是地球上唯一具备这种耐心和智力的生物，直到今天也找不出第二例。

从这个制作过程可以看出，石器时代的核心就是人类从大自然中找到了

阿舍利手斧　图卢兹自然博物馆馆藏

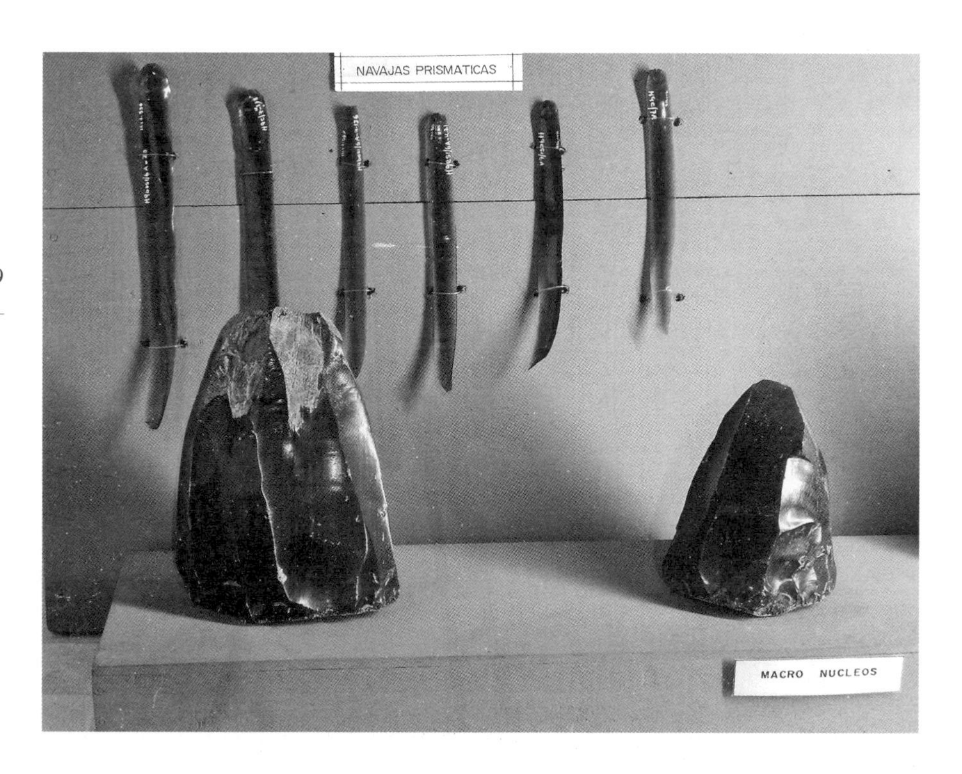

原始黑曜石和阿巴赫·塔卡利克玛雅遗址的黑曜石刀片

一种特殊的原材料，然后运用自己的智慧将其打造成一件称手的工具，用它来完成一项仅靠自己的身体无法完成的工作。

不过，石头并不是人类学会使用的第一种原材料，这个头衔应该让位给木材。木头虽然不如石头坚硬，但它便于加工，可以很方便地制成各种不同的形状。可惜木材不易保存，祖先们制造的木制工具全都消失在历史的长河中了。不过从现存的一些石器的形状可以推断，很多类似斧头的石器原来都是有木柄的，两者很可能是用皮带绑在一起的。皮带来自大型动物的毛皮，这应该算是人类学会使用的第二种原材料，可惜也因为不易保存而没有留下任何直接证据。

奥杜威石器的基本形态一直保持了将近 100 万年，其间没有发生任何重大变化，由此可见早期人类的技术革新速度是多么地慢。直到距今 170 万年左右才又出现了一种新型石器，因其最早发现于法国的圣阿舍尔而取名“阿舍利石器”（Acheulean）。这也是一大类石器的总称，主要由形似水滴的手斧组成，可切可削可砸可撬，被誉为“石器中的瑞士军刀”。这种多功能石器自出现后便迅速取代了功能单一的奥杜威石器，而发明阿舍利石器的直立人很可能因为掌握了这种新式工具而终于走出了非洲，随即迅速扩散至整个欧亚大陆。

阿舍利石器的制作难度比奥杜威石器大很多，需要用不同的石锤对同一件石核做精细加工，整套工艺包含 5～6 个工序，很多步骤都要预先设计好，顺序不能错，对制造者的智力水平提出了很高的要求。这件事充分说明，在人类社会发展的早期，大家能够使用的原材料都差不多，技术才是核心竞争力。

但有一样东西例外，这就是黑曜石。这是一种玻璃质的火山岩，火山的高温把富含硅的岩石熔化，冷凝后就成了黑曜石。这种石头敲碎后形成的断口远比普通鹅卵石锋利得多，是制作切削刀具和穿刺箭头的最佳材料。可惜这种石材只在火山口附近才能找到，因此黑曜石成为远古时期人类最宝贵的财富，直接促成了早期的部落贸易，居住在不同地域的人群终于有了相互交流的动力。

因为不同的火山口出产的黑曜石质地各不相同，有着很高的辨识度，因此黑曜石也成了人类学家研究古代贸易路线的最佳工具，在古人类学研究史上有着很重要的地位。

从工具制造的角度来看，无论是鹅卵石、黑曜石，还是木材或兽皮，其加工过程都是在做减法，既无法重新来过，也很难拼贴，所以这几种原始材料的使用范围非常有限，影响力也不大。

金属的出现改变了一切。

人类最早学会使用的金属大概是铜，时间大约在距今 1 万年前，地点是美索不达米亚地区（两河流域）。这一时期人类使用的都是天然的纯铜，有很强的延展性，可以通过简单的加热和敲打改变形状，非常适合用于制造钱币和箭镞。另一种很早就被人类熟悉的金属就是金，这种稀有金属的延展性比铜还好，可以敲打成薄片，同时又不太容易被氧化，永远保持鲜艳的颜色，所以更适合用来制造高档首饰或钱币。

那时候的人类大规模使用的金属只有这两种，因为地壳中只有这两种金属是独立存在的，其余的都必须从矿石中提炼，早期人类不具备冶炼金属的技术能力，所以历史学家仍然把这一时期称为“新石器时代”，因为石材依然占据绝对的主导地位。

还有一种新材料值得一提，这就是陶土。最早的陶制人像是在捷克发现的，距今已有 2.5 万年的历史了。据历史学家推测，人类发明陶器的原因很可能来自土坯房的建造，这种房子的墙壁是用泥砖垒成的，古人发现泥砖晒干后会变硬，遇雨又会变软，因此希望用火烤的方式加快干燥的过程，没想到当泥砖被加热到 500℃之后发生了不可逆的变化，不但变得坚硬无比，而且不再怕水了，于是古人发明了窑（Kiln），并把泥巴捏成各种形状放在窑里烧，制成了第一批适合用于厨房的陶器，彻底改变了人类的饮食习惯。

窑的出现还带来了一个副产品，这就是青铜，从此人类进入了一个崭新的时代。

青铜时代

曾经有一部人类学纪录片是这样描述铜的发现过程的：非洲大草原的夜晚，一群原始人围坐在篝火边聊天，有人随手将一块绿色的石头扔进了火堆，原本黄色的火焰瞬间出现了一道绿边，非常好看，而那块石头则迅速变成了黑色，消失在灰烬之中。第二天早上，有人去昨晚的火堆里翻找，意外发现灰烬下面出现了一块块黄色的颗粒物，铜就是这样被冶炼出来的。

可惜的是，这个传奇故事并不完全准确。那块绿色的石头名叫孔雀石（Malachite），主要成分是碳酸铜，火焰的绿边就是铜原子引起的。孔雀石燃烧后发黑是因为石头表面蒙上了一层炭，而里面的碳酸铜则在高温下变成了氧化铜。木炭在缺氧条件下会发生不完全燃烧，产生的一氧化碳可以把氧化铜中的氧原子夺走，剩下纯的金属铜。问题在于，铜的熔点是1083.4℃，普通篝火的中心温度只有600℃左右，达不到这个要求，不可能把孔雀石中的铜熔出来，因此上述过程必须在更高的温度条件下才能完成，这就是为什么铜的冶炼是在烧窑技术发展到一定阶段之后才出现的原因。

铜的冶炼彻底改变了材料的加工原则，这种金属加热后可以变成液体，灌入模具后再冷却，就可以做成任意形状的器物，非常方便。如果不喜欢最终的成品，还可以把它扔回窑里再熔一次，一点都不浪费，比起一次性的石材来说实在是太方便了。

但是，纯铜有个很大的缺点，那就是质地太软，所幸这个问题很快就因一次意外事故而被解决了。美索不达米亚的工匠们发现，如果铜矿石中混入了一点含砷的矿石，做出来的合金铜要比纯铜坚硬很多。可惜砷有毒，不少铜匠因此死于非命，于是大家又尝试了其他金属矿石，终于发现添加10%左右的锡也可以达到同样的效果。就这样，在公元前3000年左右，青铜在中东地区首次出现了。

中国最早的青铜器出现在公元前1400年的商代，主要分为加锡和加铅这两种，还有少量加锌的黄铜。商代的青铜器主要用于制造法器，著名的商后母戊鼎（原名司母戊鼎）是那个时代青铜器的代表。

西欧青铜器的出现时间只比中国早大约200年，主要用于制造兵器。公元前1600～600年间的欧洲古墓中出土过大量青铜宝剑，说明那个时期的欧洲尚武成风。青铜虽硬，但作为兵器来说硬度还是略显不足，而且青铜太脆，双剑相交很容易折断，所以曾经有不少历史学家认为青铜兵器只用于宫廷仪式，不怎么用于实战。

德国哥廷根大学（University of Göttingen）的历史学家拉斐尔·赫尔曼（Raphael Hermann）博士不同意这个说法，他研究了那段时期传下来的剑谱，发现很多招式非常奇怪，比如有一招“移花接木”（德文称之为Versetzen）很像是为了防止双剑直接撞击而采取的借力打力的招法。于是他制作了一批仿制的青铜剑，请一些专门练习古代剑法的人按照当年传下来的剑谱对打，研究剑身上留下的撞击痕迹，再和出土的古代青铜剑作对比，发现两者非常吻合。

更妙的是，“移花接木”这一招对应的撞痕最早出现在公元前1300年的意大利青铜剑身上，200年后才出现在英国的青铜剑身上，说明这个招法很可能诞生于意大利，200年后才传到了英伦三岛。

赫尔曼博士认为，自己的这项研究成果清楚地说明古代青铜剑既不是摆设，也不是为了打猎用的，而是专门用来打仗的。这是人类历史上出现的第一种专门用来杀人的武器，说明人类社会发展到了一个全新的阶段，终于开始互相杀戮了。

有意思的是，最先爆发的部落战争很可能就是为了争抢制造青铜器所需的金属锡。中国境内的铜矿和锡矿都很丰富，无须担心缺少资源，对此没有切身体会，但地中海沿岸地区严重缺乏锡矿，当地人只能派出商队四处寻找，最远甚至到达过今天的阿富汗和英格兰。英格兰岛过去曾经叫作“锡岛”，原因就是英国的康沃尔地区蕴藏着储量丰富的锡矿。

铁器与青铜器

就像当年对黑曜石的需求促成了直立人开展原始贸易一样，青铜时代对锡的需求促成了现代人类部落之间的第一次大规模贸易活动。这些商队不可能只运锡矿石，肯定还会带点其他土特产作为交换，贸易双方肯定也会顺便交流一下各自的生活，人类文明正是在这种相互交流的过程中不断发展壮大起来的。

不过，很快就有人意识到，锡矿石绝不仅仅只是一种普通商品，而是一种军需物资，于是锡矿交易便中断了。拥有这种稀缺资源的部落依靠对锡的垄断，迅速提高了自己的经济和军事实力，并依靠兵器上的优势成为称霸一方的帝国。这一时期地中海周围地区出现了好几个强势帝国，几乎全都和青铜武器的制造有关，人类重新回到了以资源定胜负的时代。

这段时期人类的农耕技术也取得了很大进步，随之而来的人口爆炸导致对青铜器的需求暴涨，锡矿渐渐不够用了。不但如此，就连铜矿的储备也开始告急，人类遇到了历史上第一次资源匮乏。更糟的是，用于冶炼青铜的木炭也快没有了，因为附近的大树都被砍光了。如今地中海周边地区几乎找不到原始森林，原因就是当年为了冶炼青铜而大肆砍伐森林，至今也没有恢复过来。

到了公元前 1200 年时，此前积累的各种矛盾终于达到顶点，地中海地区爆发了一场大混战。这场混战只用了短短 50 年的时间就摧毁了第一个人类文明中心区的大部分城市，侥幸活下来的人躲进了偏僻的山区，在那里苟延残喘。就这样，辉煌了 2000 年的青铜时代结束了，人类进入了历史上第一个黑暗时期。

关于青铜时代大崩溃的原因，历史学家们各执一词。有人认为是火山和洪水等突发灾难，有人认为是气候变化引发的旱灾，也有人认为是贵族对普通老百姓的剥削导致的农民起义，还有人认为是粮食和物资短缺引起的部落哄抢。但有一些历史学家指出，这场大混战的主角很可能是一群来自北欧或中欧某地的海盗，他们虽然来历不明，但战斗力极强，所到之处无不尸横遍野，原因在于他们手里拿着的是钢刀，身上穿着的是铁甲。当时地中海周围的帝国军队装备的依然是青铜宝剑和盔甲，一碰就碎，根本不是这些强盗的对手。

就这样，人类被迫进入了铁器时代。

铁器时代

铁这种金属早在公元前 4000 年就已经被人类知道了，因为有一部分陨石中含有纯的金属铁。掺有少量镍的陨铁比青铜还要软，不适合用来制造工具，再加上陨铁非常罕见，所以铁在那段时期没什么存在感。

地壳中含有的铁大都是以氧化物的形式存在的，需要冶炼。早在青铜时代中期就有人尝试像炼铜那样冶炼铁矿石，但铁的熔点为1538℃，当时的窑不太可能达到这样的温度，炼不成。

到了青铜时代后期，锡矿和铜矿资源不够用了，又有人想到了铁。部分历史学家认为，来自安纳托利亚（今土耳其）的赫梯人（Hittites）最先解决了这个问题，他们把木材制成炭，然后用木炭作为烧窑的燃料，获得了1000℃以上的高温，并在窑内营造了一个富含一氧化碳的环境，将氧化铁矿石中的氧原子夺走，剩下一堆布满气泡的黑色固体物质，这就是海绵铁。之后，铁匠们用锤子不断击打高温下的海绵铁，将其中含有的硅、硫、磷、锰等杂质清除出去，获得了纯的铁块，他们称之为熟铁。

因为纯铁太软，所以铁匠们试着将其放回炭炉里加热，敲打后再浸入水中淬火，如此反复几次之后熟铁就会变硬，这便被称之为“好铁”。用好铁制成的兵器可以轻松地将青铜武器击断，将青铜铠甲刺穿，这就让赫梯人获得了巨大的军事优势，统治了地中海地区长达200年。后来这项技术流传了出去，被海盗们学会了，终于酿成惨祸。

但是，还有一批历史学家相信，炼铁技术并不是赫梯人独创的，而是被很多小部落独立发明出来的。但这种方法炼出的铁质量很不稳定，要么不够硬，做不成兵器，要么因为太硬而变得很脆，同样做不成兵器，所以铁制武器一直没能普及开来，直到海盗们掌握了冶炼好铁的诀窍，这才打败了青铜武士，并在四处征战的过程中把这项技术扩散至整个旧世界。

不管事实真相是怎样的，炼铁的技术含量确实很高。查阅当年遗留下来的历史文献，不难发现古代铁匠们将炼铁视为一项神秘的工作，发明了很多高度仪式化的流程，并以此为根基形成了无数门派。比如有的人一定要在铁水中滴入几滴鲜血，有的人则喜欢用人尿。有位德国铁匠甚至要先用铁屑喂公鸡，然后用吸铁石把铁屑从鸡粪中吸出来，如此重复7次之后再送入窑中。这些奇怪的方法肯定曾经成功过一次，铁匠们不知道具体原因是什么，又不敢冒险尝试新方法，于是这些“独门秘籍”便一直延续了下来，使得铁匠成了古代最有神秘感的职业之一。一些擅长制造兵器的工匠更是被视为国宝，留下了很多有趣的传说，以及一些举世闻名的宝刀宝剑，其中少数名器甚至被认为是权力的象征，比如亚瑟王的“王者之剑”一直被认为具有某种魔力，只要一剑在手，就能统治整个不列颠。

当然了，那些宝刀宝剑的背后并没有什么神秘的力量，铸造这些名器的大师们也不具备任何超自然力。炼铁之所以会变得如此烦琐复杂，原因就在于古人并不了解这件事背后的科学原理。人类直到 18 世纪中期才终于明白，真正决定铁器硬度的不是鸡血或者人尿，而是碳元素。因为碳原子比铁原子小很多，按照一定比例掺入纯铁中的碳原子正好能够嵌进排列整齐的铁原子中间，使之不再能轻松地发生位移，这就大大提高了铁的硬度，又不至于影响其柔韧度。实验表明，碳含量在 0.0218%～2.11% 之间的铁碳合金性能最好，低于这个区间就会太软，高于这个区间则会太脆，于是这样的铁碳合金有个新名字，叫作钢。

当古代的铁匠们把烧红的纯铁放入炭炉时，炉中的碳原子便趁机嵌了进去，如果比例合适的话，炼出来的铁器表面就覆盖了一层钢，硬度和柔韧度都大大提高。那些宝刀宝剑之所以厉害，原因无外乎就是碳原子的比例刚刚好，或者掺有碳原子的钢层更厚一些而已。著名的乌兹钢（又名大马士革钢）之所以被认为是制造宝刀宝剑的最佳原材料，就是因为印度铁匠发明了一种独特的炼铁技术，让木炭中的碳原子均匀地嵌入生铁之中，把整块铁都变成了含碳量在 1%～2% 之间的钢材。换句话说，铁匠们发明的那些装神弄鬼的仪式，其作用就是提高了钢所占的比例而已，并没有什么神秘之处。

19 世纪中期，英国人亨利·贝塞麦（Henry Bessemer）发明了贝塞麦炼钢法，第一种现代意义上的炼钢法就此诞生。贝塞麦法的原理非常简单：既然炼钢过程中的碳含量不容易控制，那就先往铁水中吹空气，将其中含有的碳变成二氧化碳，彻底清除出去，然后再按照一定比例把碳元素添加回来即

贝塞麦转炉，凯勒姆岛博物馆入口外

可，这就保证了碳原子的比例永远处在最佳范围。

炼铁技术的普及彻底改变了人类社会的权力结构和运作方式，因为铁在地壳中的含量非常丰富，大部分铁矿又分布在地壳表层，不需费太大劲儿就能被开采出来，因此普通老百姓也能很容易地制造铁器了，这就大大削弱了王公贵族对平民生活的控制力，普通老百姓的话语权扩大了。很多历史学家都认为，铁的普及是民主制度率先诞生在古希腊的重要原因，人类社会重又回到了技术为王的时代。

但是，因为一些很偶然的原因，铁器的出现却在中国产生了相反的效果。前文提到，中国富含铜矿和锡矿，没有经历过地中海地区那样的原材料短缺，所以青铜时代在中国延续了更长的时间。当铁的冶炼技术传进来之后，中国的工匠们有充分的时间和耐心尝试新的冶炼方式，终于将铁矿石熔化成了铁水，可以像青铜那样进行铸造了。

有两个原因让中国铁匠们实现了这一壮举：第一，中国工匠增加了窑的高度和宽度，并放进了更多的木炭，又使用鼓风机提高木炭的燃烧效率，终于把窑内温度提高到了 1200℃。第二，因为木炭的使用量大，铁矿石被炼成了含碳量高达 3.8%～4.7% 的铸铁（Cast Iron），如此高的含碳量把铁的熔化温度降到了 1148℃。两个因素加在一起，铁终于被熔化了。

西方直到 15 世纪时才学会了用鼓风炉来炼铁，他们把炼成的铸铁叫作“猪铁”（Pig Iron），因为铁水从鼓风炉里倒出来后依次流进一个个相同的模具当中，很像是一群小猪围着母猪吃奶。

不过，这样炼出的铸铁因为含碳量太高而易碎，只有变成钢才更好用。于是中国工匠又发明了搅炼法（Puddling），即把铸铁块加热到 800℃～900℃，然后一边搅拌一边吹入热空气，把铸铁表层的碳原子烧掉，将其变为一层钢。

换句话说，中国人的做法是先往铁中掺入大量的碳，再想办法将其去除。西方人则是先生产纯铁，再想办法添加适量的碳。两种方法看似殊途同归，但却有一个根本的不同，那就是含碳量高的铁熔点降低了，于是中国工匠可以采用类似青铜器的铸造法，先将铁熔化后再灌入模具，便于大规模快速生产出统一规格的铁器。西方人则只能采用锻造（敲打）的方式生产铁器，不但生产效率低，而且产品规格不均一。

最后这点区别在生产兵器时产生了完全不同的效果。最先掌握铁器铸造技术的秦国可以迅速生产出一大批完全相同的兵器，帮助秦始皇组建了当时最强大的一支步兵队伍。秦国士兵们操纵着可以互换零件的连弩，打败了其他六国的旧式军队，建立了人类历史上第一个高度统一的强大帝国。秦始皇统一中国之后，又利用这套技术生产出一大批廉价的铁制农具，迅速提高了中国农民的生产力，使得当年的中国成为地球上人口密度最高的国家。

就这样，中国因为在一种重要原材料上取得了历史性的技术突破，走上了一条和其他国家完全不同的发展道路。

玻璃与瓷器

说到材料改变国运，还有一种材料值得一提，这就是玻璃。

人类很早就对玻璃十分熟悉了，前文提到的黑曜石就是玻璃的一种。玻璃的主要成分是二氧化硅，这也是石英砂的主要成分。这种物质的熔点高达1650℃以上，古代烧窑技术达不到这个温度，没法直接加工。但后来有人发现，只要在原料中加一点碳酸钠（苏打）和碳酸钾（草木灰），就可以把玻璃的熔点降至1000℃以下，于是大部分烧陶的窑都可以用来加工玻璃了。

古埃及人早在公元前2500年左右就学会了制造玻璃，他们用玻璃球制作首饰或者装饰品，因为这种晶莹剔透的材料很像宝石，颜色也非常丰富。之后有人尝试用玻璃制造容器，但不怎么成功，直到居住在美索不达米亚的巴比伦尼亚人于公元前200年首次发明了吹玻璃的技术，玻璃器皿才终于摆上了人们的餐桌。古罗马人非常喜欢用这种方法制造出来的玻璃杯，因为他们喜欢喝红葡萄酒，这种饮料最适合用透明的玻璃杯来装，可以一边喝一边欣赏酒的颜色。

中国人很早就知道如何制造玻璃，但这种材料在中国一直没有流行起来，因为我们有一种更好的材料可供选择，这就是瓷。瓷器和陶器的制作过程很相似，差别就在于中国景德镇的匠人在当地发现了一种特殊的高岭土，烧出来的瓷器洁白细腻，非常适合中国人的饮食习惯。比如中国人喜欢喝热茶，瓷茶具导热性差，不烫手，泡好的茶颜色清淡，只有在洁白的瓷器衬托下才更好看，所以喝茶适合用瓷茶杯，喝红葡萄酒则更适合用透明的玻璃杯。

更重要的一点在于，中国境内缺少高质量的宝石矿，所以中国文化从一开始就以玉为美，不太喜欢过于张扬的东西。相比于玻璃的流光溢彩，瓷器有一种温润内敛的感觉，更接近玉的材质，所以更易被中国人接受。事实上，古代欧洲人一直以为中国瓷就是一种玉石，不相信这是在窑里烧出来的人造材料。中国出口到西方的商品当中，除了丝绸，最贵重的东西就是瓷器，因

意大利穆拉诺岛上的玻璃制造

为西方人觉得他们买到的是珍贵的玉器。虽然他们后来终于知道了其中的秘密，但却找不到景德镇特有的高岭土，仿制不出来，所以仍然不得不继续从中国大量进口瓷器。

就这样，中国成了世界闻名的瓷器之国，中国这个词的英文（China）本意就是瓷器。大多数西方国家则更喜欢玻璃，更愿意在这上面下功夫，无论是古代欧洲的葡萄酒杯，还是基督教堂的五彩玻璃窗，工艺上都达到了很高的境界。于是，两种极具可比性的材料在欧亚大陆的东西两端各自独立发展，彼此相安无事。

假如今天的我们再回过头去重新考察这两种材料，无论是从材质本身的性能，还是从器皿的实用性来考量，玻璃和瓷器都不分伯仲，可以说各有千秋。但是，玻璃在透明性上的优势却让这种材质获得了很多额外的用处，并以一种令人意想不到的方式改变了西方社会的历史进程。

欧洲最早的玻璃制造中心是罗马，罗马玻璃也随着罗马帝国的扩张而传遍了整个欧洲。古罗马帝国衰落后，玻璃制造技术逐渐失传，大马士革成为新的玻璃之都。作为东西方贸易的中转站，威尼斯城重新从中东地区引进了

穆拉诺花瓶，约 1600 年
艾尔米塔什博物馆馆藏

穆拉诺的玻璃装饰碗，
约 1870 年

这项技艺。为了防止火灾，以及更好地保守秘密，威尼斯人于1291年把玻璃工坊全都转移到了威尼斯城北边1.5公里处的一个名叫穆拉诺（Murano）的小岛上，将其打造成一个类似景德镇的玻璃之都。威尼斯工匠们彼此之间的交流与竞争使得意大利人的玻璃制造工艺飞速提升，终于制造出了可以矫正视力的眼镜。这项发明意义重大，不但让很多近视患者重新获得了新生，还让更多的老年人在眼睛老花之后还能继续读书写字，这就大大提高了欧洲人智性生活的质量。

文艺复兴之所以首先出现在意大利，与玻璃制造工艺的进步有着很大的关系。镜子和透镜的出现推动了光学和几何学的发展，促成了透视原理的出现。文艺复兴画家们放弃了此前盛行的象征主义绘画手法，大量采用写实手法描绘大自然。这一时期的绘画看上去好像是通过一面玻璃窗看世界，从此人们更加习惯于追求真实，为科学的出现奠定了思想基础。

17世纪初期，荷兰人发明了望远镜和显微镜。这两项发明的重要性无论怎么强调都不过分，因为它们彻底改变了人类认识世界的方式。举例来说，佛罗伦萨人伽利略于1609年制造了世界上第一台天文望远镜，首次看到了月亮上的环形山，以及木星的卫星和土星的光环。此前人类大都把天体视为神灵的象征，伽利略的发现终于让人们意识到天上的星星并没有以前想象的那般神奇，而是和地球没什么两样，完全可以像其他自然现象那样被观察和理解。

再比如，荷兰人安东尼·列文虎克（Antony van Leeuwenhoek）用自己制造的显微镜第一次看到了微生物，极大地扩展了生物学的边界。几年后，英国人罗伯特·胡克（Robert Hooke）又用显微镜发现了细胞，并证明这是所有生物的基本单位，从此地球上千奇百怪的生物被纳入了同一个体系，现代生物学诞生了。

假如没有这几个人的贡献，现代科学是很难发展起来的。要知道，此前的欧洲学者们大都喜欢通过逻辑思辨来探求真理，望远镜和显微镜的发明让他们意识到这个世界远比肉眼能够看到的要丰富得多，光靠一个人关在家里瞎琢磨是不行的。于是，欧洲的学术界来了个180度大转弯，从经院哲学转向了实证主义。欧洲科学家们也不再只关心哲学辩论，而是纷纷购买科学仪器，开始做实验，通过设计良好的科学实验来研究大自然。如果没有这一思想上的转变，达尔文不可能写出《物种起源》，天文学、物理学、生物学、地质学和化学肯定也不会发展到今天这个程度。

说到化学，玻璃再次帮上了大忙。因为玻璃是一种完全透明的惰性物质，非常适合用来制造化学仪器。用玻璃制造的烧杯、烧瓶、温度计、气压计等科学仪器极大地提高了科学实验的精度，人类关于大自然的绝大部分基础知识都离不开玻璃仪器的贡献。

与此同时，中国的瓷器制造技术也越来越先进了，但除了让瓷碗和茶杯越来越好看，对于人类的生活并没有产生其他任何显著的影响。

玻璃和瓷器这两种材料的不同命运和它们背后的人关系不大，纯粹是历史的偶然。这个例子清楚地表明，科学的出现很可能只是一个偶然事件，玻璃这种神奇的材料为科学的诞生提供了催化剂，而科学的诞生又促进了材料技术的进步，人类从此进入了材料科学的时代。

材料科学的时代

材料的本质是物质，而物质的基本组成单元是原子。具有相同核电荷数的同一类原子统称为元素，不同元素之间是不可能通过化学手段相互转换的。牛顿当年不知道这一点，所以才会如此热衷于炼金术。

19世纪60年代时，化学家们已经发现了60多种元素，而且意识到可以按照化学性质的不同将这些元素分成好几组，但却搞不明白为什么会这样。1869年，俄罗斯化学家门捷列夫画出了第一张元素周期表。这张表不但把已发现的元素进行了正确的分类，还预言了几种未知元素的化学特性，而且他的预言没过几年就被证明是正确的。

虽然这项发现非常伟大，但门捷列夫当时并不知道质子和中子的区别，他本人甚至怀疑原子是否存在，只是盲目地相信这个世界一定有某种暗含的秩序，所以元素周期表是典型的概念先行的产物，和现代科学研究的基本原则背道而驰。所幸门捷列夫猜对了，元素的化学性质确实和原子核内的质子数有对应关系。或者更准确地说，和原子最外层电子轨道上的电子数量直接相关，物理学和化学终于结合到一起了。

从此，寻找新材料的科学家们兵分两路。一路人马致力于开发新元素的新特性，比如他们利用硅原子的半导体性质建立了微电子工业，并使很多稀有金属都有了用武之地；另一路人马则把注意力放在了开发常见原子的全新组合上，化工行业由此诞生，为人类提供了大量优质而廉价的塑料和化纤。

塑料和化纤等化工材料的主角是碳原子，这不是偶然的。碳的质子数为6，每个碳原子都包含6个电子，其中2个电子占据了原子核的内层轨道，4个电子占据了外层轨道，并将其填满。这4个外层轨道电子当中的每一个都能和其他原子的外层电子形成化学键，所以碳原子是天底下最喜欢“交朋友”的原子。这一特性使得碳原子成为构建新型复杂化合物的最佳选择，不但生命选择了碳原子作为有机物的骨架，化学家们也选择碳原子作为塑料和化纤的骨架。

因为碳原子太特殊了，即使不让其他原子参与，只用碳原子来构建新物质，也会制造出很多神奇的材料。举例来说，如果每个碳原子都和另外4个碳原子结合，就会形成一个极其稳定的立体金字塔式结构，这就是自然界最硬的物质——钻石。如果每个碳原子只和另外3个碳原子结合，形成一个类似六角形渔网的二维碳原子层，然后让无数个这种单层碳原子“渔网”叠加起来，其结果就是质地非常柔软的石墨。铅笔芯就是用石墨制成的，这是因为碳层与碳层之间仅靠一种非常弱的“范德华力”相连接，一蹭就掉色。

钻石和石墨是纯碳在自然界唯二的两种存在形式，人类对此早已很熟悉了。上世纪70年代，一位名叫大泽映二（Eiji Osawa）的日本理论化学家预言了一种包含60个碳原子的笼状结构，这一预言在1985年被英国科学家哈里·克罗托（Harry Kroto）、美国科学家理查德·斯莫利（Richard Smalley）和罗伯特·科尔（Robert Curl）实现了。三人在美国莱斯大学（Rice University）的实验室里首次合成出了C_{60}分子，这个貌似足球的分子直径约0.7纳米，包含12个八面体和20个六面体，看上去很像美国建筑师巴克敏斯特·富勒（Buckminster Fuller）设计的球顶建筑，因此被命名为富勒烯（Fullerene），制造出富勒烯的三位科学家获得了1996年诺贝尔化学奖。

富勒烯不但形状优美，而且异常结实，并具有很多独特的性质，潜力巨大。受此发现的启发，很多材料科学家开始研究碳基分子，希望能制造出比钻石更坚硬的物质，以及具备超导等神奇特性的特殊材料。

这些研究很快结出硕果。日本化学家饭岛澄男（Sumio Iijima）于1991年首次制造出了碳纳米管，你可以把它想象成二维的碳原子“渔网”卷成的一个三维的空心管，有点类似一根迷你的碳纤维，强度与重量之比异乎寻常地大。于是有人设想用这种材料制成一架“天梯”，将来人们去太空就可以不用坐火箭了，直接坐天梯就可以了。

下一个大发现同样令人震惊。两位同样出生于俄罗斯的英国科学家安德烈·海姆（Andre Geim）和康斯坦丁·诺沃肖洛夫（Konstantin Novoselov）于2004年制备出了世界上第一种二维材料石墨烯（Graphene），并因此而获得了2010年诺贝尔物理学奖。顾名思义，石墨烯就是组成石墨的单层碳原子“渔网”。这张网厚度只有0.335纳米，20万片石墨烯叠加在一起也只有一根头发丝那么厚。在显微镜下，石墨烯很像蜂巢，每个六角形的顶点都是一个碳原子。这个二维碳网是世界上最薄、最强韧和最坚硬的物质，导电性超好，导热速度比此前发现的任何物质都要快，可以用来制造迷你发电设备。这种材料还具备量子世界独有的克莱因隧穿效应，允许电子自由穿过，仿佛没有障碍一样，因此有潜力取代硅芯片，成为下一代超级计算机的核心材料。

虽然大部分科学家都承认石墨烯的潜力非常大，但业内预计到2021年时全球石墨烯行业的产值只有1.5亿美元，而且绝大部分都来自各个国家物理所的研究经费。事实上，物理圈子里一直流行一个说法：一个物理学家要想发论文，那么最好的办法就是去搞石墨烯，因为这玩意儿出论文太容易了，但那些论文都没什么价值，距离实际应用还有很遥远的距离。

这种理想与现实的巨大落差并不是石墨烯独有的，而是整个微观材料领域的普遍现象。这个领域的开创者是著名物理学家理查德·费曼（Richard Feynman），他于1959年12月29日在加州理工学院做了一个名为《物质底层有大量空间》（There is Plenty of Rooms at the Bottom）的演讲，首次提出科学家可以通过直接操纵原子的方式制造出全新的材料。

费曼的那次演讲预言了纳米技术（Nanotechnology）的出现，富勒烯则是纳米领域第一个广为人知的研究成果，碳纳米管和石墨烯则是第二个和第三个。美国IBM公司于1981年发明的扫描隧道电子显微镜（STM）则为纳米技术提供了一个极为有用的工具，从此人类不但可以直接看到原子，甚至可以用这台显微镜直接操纵原子，使其按照人类的意愿重新排列。IBM公司就曾经利用STM将25个氙原子排成IBM商标，把此前只存在于科幻小说的情节变成了现实。

按照通用的定义，纳米技术研究的是直径在0.1～100纳米范围内的东西。处于这一尺度的物质经常会做出一些违反直觉的事情，这就是纳米研究之所以吸引人的主要原因。目前纳米技术的实际应用主要集中在微电子、能源、表面活性剂和服装纤维等领域，但除了微电子，其余领域的应用范围都不大，产值也不高。美国国家科学基金会（NSF）曾经在2001年时预测纳米技术的产值将在2015年时达到1万亿美元的水平，但直到2020年，纳米技术的全球市场总产值也仅为700多亿美元，远低于预期，尤其和人工智能、无人驾驶及移动互联网这三项后来居上的高新技术相比，差距更是明显。

除了技术上的困难，纳米技术发展缓慢的另一大原因是公众的支持度不够，尤其在西方国家，无论是严肃媒体还是娱乐新闻，只要涉及纳米技术，往往不是警告就是质疑，鲜有正面描述。比如美国著名畅销小说作家麦克尔·克莱顿（Michael Crichton）曾经写过一本名为《猎物》（*Prey*）的惊险小说，暗示纳米技术具备某种先天的危险性，早晚有一天会失控。因为这个原因，纳米领域的从业人员一直非常低调，生怕这项技术成为大众讨论的焦点，最终和转基因技术一样成为公众舆论的牺牲品。

纳米技术的遭遇告诉我们，科技的发展并不总是随心所欲的。人类在材料领域的进步比起其他领域来讲似乎慢了很多，我们至今也没能研制出开不坏的汽车、冬暖夏凉的服装面料、常温常压下的超导材料，更不用说一架能够直通空间站的“天梯”了。于是今天世界上的大多数人仍然像他们的父母辈那样，住在钢筋混凝土盖的房子里，穿着棉花或化纤织成的衣服，使用金属和塑料制造的工具。

唯一不同的是，由于生产效率的不断提高，这些属于上个世纪的材料都变得越来越廉价了，于是我们再也不用像祖辈那样珍惜它们，而是用坏了就换新的，修都懒得修。就这样，人类被自己发明的新技术惯坏了，变成了一个喜欢浪费的物种，这个坏习惯总有一天会让人类吃苦头。

结　语

美国宇航员斯考特·凯利（Scott Kelly）在国际空间站生活了将近一年，回到地球后写了本书，记录了他在太空中的生活，书名叫作《我在太空的一年》（*Endurance: A Year in Space, a Lifetime of Discovery*）。

书中详细描述了太空行走的整个过程，其中有一个小细节给我留下了深刻的印象。宇航员们穿好太空服之后，进入一个特殊的太空舱，然后关上舱门，和生活区彻底隔离开。读到这里，我以为他们接下来就会打开舱门，飘向太空了，但宇航员们还要做一件事，那就是打开抽气阀门，把这个特殊太空舱里的空气抽干净，之后才会打开舱门飘出去。

换句话说，就这么一点点空气，他们也舍不得丢掉，因为在太空里，任何一点物质都是非常宝贵的。

如果我们把视角放远一点，不难发现宇宙中虽然充满了能量，但99.99%的空间都是真空，原子是极其罕见的存在。而分子量比氦大的原子更是少见，太阳系里只有在几颗固态的行星以及它们的卫星上才能找得到。

我们所说的材料，绝大部分都是由这些大分子量的原子组成的。从某种意义上说，这些材料才是宇宙中最宝贵的东西，我们没有任何理由浪费。

钢筋水泥的功与过

按重量计算，建筑行业所消耗的材料是最多的。目前使用量最大的建筑材料是钢筋混凝土，这种材料让很多穷人都住上了属于自己的房子，在消除贫困方面厥功至伟。但钢筋混凝土对环境非常不友好，未来能否找到一种新的建筑材料代替它呢?

从石头到石头

2020年夏末的一个雨天，我乘坐一辆越野车从西安市中心出发，沿着延西高速一路向延安方向驶去。公路两边是成片的高层住宅楼，好似一个个方方正正的盒子堆在一起，黑乎乎的窗户像是窑洞的入口，每个洞里都住着一户人家。类似这样的景象在全中国到处都是，一大半中国人都已住在了空中。假如此时有个外星人降落到中国，他一定会得出结论说，人类这个物种仍然像几万年前那样住在石头里面，只不过现代人终于学会了如何把石头房子叠加起来，从而节约了宝贵的土地资源。

造就这一奇迹的关键材料就是水泥，而我此行的目的地正是位于陕西省铜川市耀州区董家河镇的凤凰建材有限公司，他们生产的海螺牌水泥就是眼前这些空中楼阁的主要成分之一。

开了一个多小时后，车子驶出高速，开始爬山。狭窄的盘山路上挤满了大货车，在外星人眼里它们就像是一串蚂蚁，正排着队往自家巢穴里运粮食。拐过一个山坳，眼前出现了一个更加令人震惊的景象，只见一座数百米高的山被从中间劈成了两半，山体内部的灰白色岩石暴露在光天化日之下。

陕西凤凰建材有限公司正在开采石灰石

几辆重型铲车正在山坡上挖石头，这些石头就是生产水泥的主要原料——石灰石。

石灰石的主要成分为碳酸钙，这是地球上的钙元素最常见的存在形式。如果把石灰石和木炭放在一起高温煅烧，碳酸钙中的碳元素会和氧气结合成二氧化碳并释放到大气中，剩下的白色块状物就是生石灰，其主要成分为氧化钙。生石灰是人类最早学会使用的一种凝胶建筑材料，因其加水后会变软，风干后又会变硬，因此又被称为“气硬性无机凝胶材料”。

作为一种建筑材料，石灰最大的问题就是硬度不足，只能用来刷墙或者砌砖。工业革命开始后，英国人对建筑材料的需求量暴涨，迫切需要发明一种比石灰更坚固的新材料。一位名叫约瑟夫·阿斯普丁（Joseph Aspdin）的英国建筑工人受古罗马建筑的启发，研制成功一种新型凝胶材料，凝固后无论是硬度还是颜色都很像英国波特兰地区特有的一种石材，这就是大名鼎鼎的波特兰水泥。

如今建筑行业使用的水泥绝大部分都是波特兰水泥，这种水泥的主要成分是硅酸钙，其中的钙来自氧化钙，也就是石灰，硅则来自地球上含量极为丰富的硅酸盐，这也是砂岩的主要成分。难点在于，硅酸盐的化学键非常稳定，至少需要加热到1450℃才能将其打断，然后才能和氧化钙（石灰）发生化学反应，生成硅酸钙，所以波特兰水泥只有在工业革命开始后才有可能被研制出来。

但是，自然界还有一种情况能够提供这样的高温，这就是火山爆发。意大利的波佐利（Pozzuoli）地区火山活动频繁，留下了大量火山灰，只要往里面加入石灰就制成了一种近似现代水泥的建筑材料，史称“罗马水泥”。这种水泥遇水后会逐渐变硬，不用等到风干，所以又被称为“水硬性无机凝胶材料”。

水泥和石灰一样，本质上都是建筑材料的黏合剂。古罗马人在水泥中掺入砂石，加水搅拌后浇筑到事先做好的模具之中，凝固之后再把模具拆掉，就制成了各种形状的立柱、墙壁和屋顶，其质地和天然的岩石没什么两样。

换句话说，古罗马人学会了把岩石变为液体，塑形后再变回岩石的诀窍。人类历史上最重要的几种材料，无论是陶土、金属还是玻璃，本质上都是这种能够在液体和固体之间发生转变的物质。

混有砂石的水泥还有一个更加响亮的名字，叫作混凝土。这是一种革命性的建筑材料，因为它可以暂时变为液体，只要建筑工人开得了模，建筑师的任何想法都可以在混凝土的帮助下很轻松地实现。古罗马人很快学会了用浇筑法做出连续体的结构，从地基到屋顶一气呵成，著名的罗马万神殿就是这项技术的经典案例。这座建筑的半圆形穹顶直径达43.2米，屹立了2000多年而不倒，至今仍然是全世界最大的无钢筋圆顶建筑，如果没有混凝土的话，这是不可想象的。

后人研究表明，古罗马水泥的寿命之所以如此之长，原因在于当地的火山灰中含有一种特殊的含铝雪花钙石，能够和海水起反应，变得越来越硬。

可惜这种特殊材料非常罕见，古罗马人也搞不清这里面的科学原理，一直没能找到合适的替代品，所以水泥的制造技术在罗马帝国灭亡之后就失传了。人类在此后长达1000多年的时间里不知混凝土为何物，直到工业革命在英国爆发，人类这才重新掌握了这项技术，水泥重出江湖。

和其他建筑材料相比，水泥最大的优点并不是坚固，而是廉价。制造水泥的主要原材料就是普通的石灰石，储量非常丰富，开采也相对容易，用混凝土盖的房子物美价廉，就连最穷的人家稍微努力一下也能住得起，古人“居者有其屋”的理想终于得以实现。混凝土不但可以盖房子，也可以用来造桥修路，于是人类的活动范围大大扩展，普通人也可以很容易地出门旅行了。从某种意义上说，水泥是继铁器之后出现的第二种非常“民主”的原材料，水泥生产技术的进步使得人类的平权运动终于有了实现的可能。

但是，水泥有个致命的缺点，那就是污染环境。矿石开采本身就会对自然环境造成一定的破坏，水泥的生产过程也是空气污染的主要来源。据统计，中国水泥工业的粉尘排放占到工业排放总量的30%，氮氧化物的排放量约占全国总量的10%～12%，两项数据都仅次于能源工业。成品水泥粉末非常细小，很容易扩散到空气中，吸入后会导致各种健康问题，甚至有可能致癌，所以水泥厂大都建在远离居民区的山沟里，而且附近最好要有石灰石矿，我参观的这家水泥厂就是如此。

出乎我预料的是，这家工厂的厂区显得非常干净。虽然那天下着小雨，地面上却看不到太多淤泥，空气中也闻不到任何异味。原来，为了减少空气污染，国家出台了新法规，像这样的工厂必须全封闭运行，生产过程中产生的废气也必须先清洁再排放，所以这家水泥厂的大部分关键设备都安装在封闭的厂房内，不但我看不到，工人们也不必经常去车间，只需要待在中央控制室，通过仪表盘实时监控就行了。水泥生产的整个过程也全都在封闭的管道内进行，原材料全程不和外部接触，我只在最后的产品封装车间里闻到了一点水泥粉尘的味道。

虽然颗粒物污染问题基本解决了，但还有一种更加致命的污染暂时没办法解决，这就是温室气体排放。水泥生产过程需要经过两次加温，先要把石灰石加热到900℃，将其变为生料（石灰），再和其他矿石混在一起加热到1300℃，直至变为水泥熟料为止。厂区内最显眼的设备就是一根长约100米、直径超过5米的巨无霸金属管道，整根管子斜斜地吊在空中，雨水刚滴一滴到上面就被迅速地蒸发了，冒出一股股白烟。原来这就是运送水泥生料的管道，其外表温度超过了300℃，由此可见整个生产过程需要耗费多少能量。

据介绍，这家工厂每年生产180万吨水泥熟料，在国内应该算是中等规模。虽然他们采用了目前国际上比较先进的干法水泥生产技术，生产每吨水泥熟料依然需要消耗140公斤煤。按此标准计算，这家水泥厂每年需要烧掉约25万吨标准煤。如果用这些煤来发电的话，至少可以发8亿度电，这相当于一个30万人口的县城一年的用电量。除此之外，石灰石变为水泥生料（氧化钙）的过程本身也会释放出大量二氧化碳，这是由水泥生产的化学反应方程式决定的，没法更改。事实上，这一步化学反应所释放出的二氧化碳占到了水泥生产总排放量的一半，加热所需的化石能源（大部分是煤炭）只占总排放量的40%，剩下的10%是矿石开采和运输过程中的能耗。整体算下来，水泥生产占到人类工业温室气体排放总量的一半左右，是绝对的污染大户。

根据联合国有关机构所做的统计，每生产1吨水泥，平均会向大气中排放大约900公斤二氧化碳。2019年全球一共生产了42亿吨水泥，相当于排放了将近40亿吨二氧化碳，约占当年整个人类活动所释放的温室气体总量的8%。如果把全世界的水泥厂当成一个国家来计算的话，这个“水泥国”的温室气体排放总量将会排在世界第三位，仅次于中国和美国。

在这42亿吨水泥当中，中国的生产量约为22亿吨，占比超过了50%。相比之下，和中国人口差不太多的印度2019年的水泥产量仅为3.2亿吨，占比 8%。这个结果一方面说明中国的经济发展水平远超印度，普通中国人的居住条件也好于普通印度人，但从另一方面来看，建筑行业的高能耗很可能将成为中国 2060 年实现碳中和目标的最大障碍。

更糟糕的是，温室气体排放只是建筑业污染环境的原因之一，还有一些次要因素也不容忽视。

从砂石到钢材

单纯的混凝土有个最大的缺陷，那就是它虽然正面抗压能力优秀，但却无法承受侧向的拉扯，因此混凝土只能作为地基、廊柱或者圆屋顶的建筑材料，无法用于横梁或者悬垂楼面，因为这些部位会受到弯曲应力，一点小小的裂缝就会导致整个结构的崩塌。

最终解决这个问题的是一位名叫约瑟夫·莫尼耶（Joseph Monier）的巴黎园艺家，他用钢圈做骨架搭了个模具，再灌入水泥，做成了一个花盆，结果这个花盆既能抗压又能抗拉，是建筑师梦寐以求的绝佳建筑材料。于是，大名鼎鼎的钢筋混凝土诞生了。

事实证明，钢筋和混凝土是天生的一对。钢筋出色的抗拉性能正好弥补了混凝土在这方面的先天不足，而水泥的包裹则可以防止钢筋生锈。更妙的是，这两种材料的热膨胀系数居然也完全相同，这就保证了钢筋混凝土结构的建筑物无论在哪种温度下都不会变形。

因为有这些优点，钢筋混凝土逐渐取代了砖瓦、石头和纯钢材，成为高楼的首选建筑材料。如今全世界绝大部分高层民用建筑都是用钢筋混凝土搭建的，建筑工人先用混凝土打好地基，然后搭建一个模板，中间架好钢筋作为骨架，然后把搅拌均匀的混凝土浇筑在模板里，等其凝固后拆下模板往上搬一层，再重复一遍上述过程就行了。

不过，搅拌这一步通常不是在工地进行的，而是在遍布各地的混凝土搅

襄阳水泥搅拌站的砂子仓库

拌站里完成的。这些搅拌站负责把水泥和骨料按照一定比例混在一起，加水后搅拌均匀，然后用特制的运输车运到工地。为了防止水泥和骨料分布不均，运输过程中也必须不停地搅拌，这就是大家在马路上经常见到的那种一边开一边转的搅拌车，有人因其形状特殊而称之为“橄榄车”。因为混凝土掺水后会持续变硬，所以搅拌车一旦离开搅拌站就必须在5个小时内抵达工地，这就是为什么搅拌站不能像水泥厂那样搞集中化，而是必须分散在各个地方。比如人口总数刚刚超过600万的三线城市湖北襄阳就有45家搅拌站，它们均匀地分布在整个市区，负责为各种房地产项目和公路桥梁等基础建设项目提供混凝土。

我去参观了其中一家名为“广捷”的混凝土搅拌站，站内设有4条生产线，一年的产能是60万方混凝土，大约够盖40幢高层住宅楼了。搅拌站必须保证混凝土的质量，所以搅拌站内建有一个设备齐全的实验室，负责按照施工方的要求设计出最佳的混凝土配方，并负责成品的质检。站内技术人员介绍说，一般情况下水泥和混凝土的配比是 1 : 3，即 1 吨水泥可以制造 3 方（立方米）混凝土，其余的是各种骨料，包括从发电厂运来的煤灰、用各种特殊矿石磨成的添加剂，以及砂石等等。除了水泥，最能决定混凝土性能的就是砂石的质量。该厂常年备有 3 种砂石，分别是黄砂、青砂和机制砂。

"黄砂就是河砂，质量最好，价格也最高，但现在国家管控得非常严格，很少用了。"一位技术人员介绍说，"青砂是另外一种河砂，虽然现在还在挖，但量也很少了。青砂颜色泛黑，质地较细，更适合用于调配抹墙的砂浆，不太用于建筑工程本身。而机制砂就是用机器打碎的鹅卵石做成的砂子，质量一般，价格只是黄砂的 1/5 到 1/6。"

前文说过，水泥本质上是一种黏合剂，其作用就是把掺入的骨料黏在一起。骨料的主要成分是砂石，也就是体积很小的砂子和体积稍大一点的砾石的混合物。沙漠里的砂子经过多年的风吹雨打，棱角都磨没了，对水泥的附着力太弱，没法用。海滩上的砂子因为含有氯离子，对水泥有腐蚀性，也不能用于工程建设，否则会严重降低建筑物的使用寿命。

于是，我们只剩下河砂可以用了。如果你几年前曾经到过国内任何一条河边游玩，你一定会看到各种各样的挖砂船，它们挖出来的砂子很可能被填充进了你家房子的墙壁，或者你驾车驶过的大桥的桥墩。但是，最近几年国家出台了多项新政，对河砂的挖掘严加管控，这样的场景已经很难见到了。

这些政策当然是必需的。一来挖河砂会严重影响河滩湿地的生态环境，污染地下水源，二来河砂是体积较大的鹅卵石经过多年的河水冲刷形成的，生成速度十分缓慢，如此高强度的挖掘早已超出了大自然的恢复速度，是不可持续的。

据统计，目前全世界每年消耗的砂石总量已经超过了 400 亿吨，使之成为继水资源之后开采量第二大的自然资源。除了用于制造混凝土，砂石还被用于制造玻璃、半导体材料和太阳能电池板，石油和页岩气的开采也要用到大量砂石，所以未来对砂子的需求量只会越来越大。如此僧多粥少的局面引发了大量暴力抢砂事件，很多地区的采砂行业都是被黑社会控制的。根据联合国环境署（UNEP）所做的调查，全世界至少有 70 个国家存在不同程度的非法采砂活动，东南亚、南亚和非洲等地爆发的采砂冲突已经导致数千人死亡。

在砂石的使用量方面，中国毫无疑问又是世界第一。根据国家发改委所做的统计，2018 年全国砂石产量超过了 200 亿吨，占世界总产量的一半。其中机制砂占到建筑用砂总量的 70%，再这样下去恐怕连制砂的砾石也快要不够用了。另外，由于中国建筑用混凝土的技术标准都是根据河砂来制定的，必须重新加以修订才能更好地适应这一新情况，否则的话，中国建筑物的使用寿命又会打一个大大的折扣。

说起来，砂石应该算是地球上储量最大的固体材料，但因为人口增长太快，对建筑材料的需求量猛增，居然连砂石都快要不够用了。事实上，制造水泥所必需的石灰石也并不是高枕无忧的。中国建材工业规划研究院曾经于 2005 年组织专家进行了一次资源普查，发现中国石灰石的探明储量约为 750 亿吨，具有经济开采条件的仅有 390 亿吨，算下来只够用 30～40 年。不过这个结论遭到了另外一批专家的质疑，他们认为中国的石灰石潜在储量远超已探明储量，暂时还不用担心。

不管双方谁对谁错，有一点是肯定的，那就是石灰石和砂石都属于不可再生资源，总有一天会用光的。

砂石之所以属于不可再生资源，原因在于从石灰石到水泥的转变是一个不可逆的化学过程。用水泥制成的混凝土一旦报废就没有用处了，除了少部分可以拿去铺路，其余的都只能扔掉。中国的建筑垃圾已经占到城市垃圾总量的 30%～40%，其中大部分都是混凝土，它们又没法烧，最终都进了填埋场。

废旧混凝土有两个主要来源：一是施工过程产生的损耗，平均每 1 万平方米建筑大约会产生 500～600 吨建筑垃圾，其中大部分是混凝土；二是报废旧建筑的拆除，平均每 1 万平方米报废旧建筑会产生 7000～1.2 万吨建筑垃圾。后者的总量远比大家想象的要大得多，原因在于钢筋混凝土并不是一种非常耐用的建筑材料，日常的风吹日晒、细菌生长和酸雨污染等都会加剧钢筋混凝土的腐蚀和老化，导致大部分建筑物用不了太久就得花钱保养。照理说，中国钢筋混凝土建筑的设计寿命是 50～70 年，但由于一些不法承包商偷工减料，以及老式建筑功能落后，跟不上时代发展等原因，改革开放初期盖起来的那批居民楼的寿命要比 50 年短得多。住建部的公开报告显示，大多数中国现有建筑物平均只有 25～30 年的使用寿命，因此中国每年拆毁的老建筑占新建筑总面积的比例高达 40%。若按照中国每年新增 40 亿平方米新建筑来计算，仅此一项每年就将产生 10 亿～20 亿吨建筑垃圾，其中有相当一部分废弃混凝土最终都进了填埋场。

钢筋混凝土中的钢材情况稍微好一点，因为钢铁是可以被回收利用的原材料。事实上，任何含铁的工业产品，报废后原则上都可以拿回去重新炼钢，不会被浪费掉。像美国这样的老牌工业国家因为有相当长的炼钢史，积攒下来的废钢铁非常多，所以美国目前每年新生产的钢铁已经有一半是来自报废回收的废钢铁了。

但是，中国是个发展中国家，暂时还达不到美国的水平，所以仍然需要消耗大量铁矿石。“新中国从成立到现在一共生产了 90 多亿吨钢材，几乎全都被用掉了，没剩下多少。”中国钢铁工业协会冶金工业规划研究院总工程师程小矛对我说，“目前中国每年的钢产量约为 10 亿吨，其中 8 亿吨来自铁矿石的冶炼，只有 2 亿吨来自废钢铁的回收利用。但随着时间的流逝，将来会有越来越多的废钢材被回收利用，比如未来几年预计将会报废一大批旧汽车，废钢铁就回来了。”

按照程小矛的设想，随着人口增长极限的到来，一方面未来的用钢量会逐渐减少，另一方面废钢铁也会越来越多，两者会逐渐达成某种平衡，这就大大减轻了铁矿石的开采压力，所以我们暂时还不必担心铁资源的枯竭问题。

话虽如此，炼钢仍然是一个高耗能的过程。整个炼钢产业的温室气体总排放量几乎和水泥差不多，也就是说全世界的钢筋水泥所产生的二氧化碳占到人类活动释放的温室气体总量的 16%，大致相当于全美国的温室气体排放量。中国的情况更糟，水泥和钢铁的碳排放已经分别占到全国总碳排放量的 12% 和 15%，几乎是世界平均水平的两倍。如果继续按照现在的模式发展下去的话，整个建筑行业要么会因为排放了太多的温室气体而烧毁地球，要么会因为消耗了太多的砂石资源而挖空地球。两种不同颜色的药丸，无论选哪一个都是死。

要想彻底解决这个问题，我们必须换一种思路，试试其他的建筑材料。

用木材盖房子

读到这里也许有读者会问，中国人口虽多，但也仅占世界人口的 1/5 而已，为什么我们的钢筋混凝土产量居然占到世界的一半呢？难道外国人都不盖房子吗？对这个问题的一个最简单的回答是：很多外国人居住的房子都是用木材盖的。

说起来，中国曾经是世界上最大、历史最悠久的木结构建筑使用国，我们早在宋代就有了《营造法式》这样的木结构建筑技术专书，并在此基础上建立了一整套以榫卯为主要特征的梁柱式木结构建筑标准。可惜的是，由于多年战乱，大部分中国古代木建筑都被损毁了。目前国内保留下来的最古老的木结构建筑是五台山的南禅寺，只有 1200 多年的历史。相比之下，邻国日本保留下来的古代木建筑数量更多，规模也更大。比如日本奈良的法隆寺五重塔建于 607 年，距今已有 1400 多年的历史了，是公认的全世界现存最古老的木结构建筑。

东亚诸国之所以更喜欢木建筑，主要原因在于这片地区地震频繁，洪灾和台风的出现频率也非常高，木建筑抗震性能好，万一被毁，重建也相对容易些。相比之下，古罗马人因为发明了水泥，更喜欢建造石头房子。罗马帝

日本奈良的法隆寺五重塔

国虽然很早就灭亡了，但这些石头建筑却保留了下来，成为后人的榜样，所以大部分欧洲人也都喜欢用石头盖房子，留下来的木建筑比东亚少得多。

木材虽然是可再生材料，但古代的木结构建筑用的大都是原木，对木材的需求量非常大，原材料逐渐供应不上了。比如著名的山西应县木塔在建造时几乎砍光了县内所有的树木，这个做法显然是不可持续的，于是到了民国时期很多民居便改为砖木结构了，因为好的木材实在是用不起了。

但是，真正让木结构建筑从中国逐渐消失的是上世纪 50 年代开始的“大炼钢铁”运动，中国境内剩下的一点森林几乎全都被砍下来用掉了。等到 1963 年修订中国建筑规范时，党中央提出了以钢代木、以塑代木、以竹代木的口号，很多与木结构相关的技术内容从标准规范里消失了。就这样，中国人从 60 年代开始大量采用砖瓦来盖房子，就连门窗和家具也都改用廉价的塑

中国建筑西南设计研究院有限公司高级工程师杨学兵教授

料和胶合板来制造。纯粹用木材造的房子只在边远的农村地区还保留了一点，城里几乎见不到了。

就这样过了30多年，整整一代中国人都已忘记了祖先们原本是住在木头房子里的。直到1997年中国申请加入世界贸易组织，情况发生了变化。“1998年年底中美举行贸易谈判，美方指出中国的木结构相关规范里有贸易壁垒，因为中国的木结构建筑法规里没有任何关于进口木结构的内容，因此也就没有办法进口美国木材并在建筑工程中应用。”中国建筑西南设计研究院有限公司高级工程师杨学兵教授对我说，“后来美方邀请了中国专家去美国研究考察，回来后专家们立即开始修订国家标准的《木结构设计规范》，并于2003年正式颁布实施，中国的木结构建筑看到了复兴的曙光。”

就在新的《木结构设计规范》正式颁布的前一年，第一幢美式木结构住宅在北京的温哥华森林小区动工了。中国人喜欢把这种独门独院的美式住宅称为别墅，其实这在美国就是很普通的民用住宅而已，专业术语称之为轻型木结构建筑。这种房子不直接用原木，也不用榫卯这种费时费工的传统连接方式，而是用金属连接件和圆钉把现成的锯材（规格材）钉在一起作为框架，中间用保温隔音材料填充，内墙铺设石膏板将木结构的部分覆盖住，外墙面则用定向刨花板或胶合板覆盖，然后再用各种挂板、抹灰或者砌筑等方式进行装饰，使人看不出房屋的材质。

从这个过程可以看出，轻型木结构房屋的建造要比钢筋混凝土容易得多，工期也更短，在人工费非常高的北美地区很有优势。这种房屋一般使用来自针叶林的软木规格材，这种木材的质地虽然不是最硬，但胜在木纤维比较长，力学性质均匀可靠，而且不像来自阔叶林的硬木那样价格昂贵，后者大都用来造家具了。地球上绝大部分针叶林产自寒带，北美（尤其是加拿大）、北欧和西伯利亚等地保留有大片的松树和杉树等松科树种，都非常适合用来盖房子，所以欧洲和北美的普通住宅大都是木结构的，只有在大城市才能见到少量钢筋混凝土结构或者钢结构的办公大楼。

一提到森林，很多人脑海里立刻就会想到环保，坚信树是最宝贵的自然资源，砍树一定是不好的。但在加拿大，森林的定位和大家想象的有些不一样。“加拿大拥有 347 万平方公里林地，其中 24 万平方公里是被保护的原始森林，绝对不能动。但加拿大有 166 万平方公里的次生林地获得了第三方可持续森林管理认证，原则上是可以砍伐的。”加拿大木业（Canada Wood）规范与标准部门高级总监张海燕对我说，“据统计，2014 年加拿大砍伐了 7200 平方公里林地，而 2015 年的几场森林大火就烧掉了 3.9 万平方公里林地，是砍伐林地面积的 5 倍多。事实上，加拿大每年因为森林大火被烧掉的林地都要比砍伐的林地多，与其白白烧掉，还不如拿来用。”

确实，从环保的角度讲，很多历史悠久的商业林地都是单一树种的次生林，不但对生态环境无甚益处，而且很容易引发大火，反而得不偿失。像加拿大这样的森林大国，虽然每年都至少出口2000万立方米的木材，但相比于该国的森林总量来说几乎可以忽略不计。另外，按照加拿大政府的规定，伐木工人每砍倒一棵树都必须立刻补种3棵树，所以这个行业是非常可持续的。与此类似的还有俄罗斯、瑞典、澳大利亚和新西兰等高纬度国家，它们都是软木的主要出口国，也是中国木材的主要进口国。

当气候变化成为全民关注的焦点之后，大力发展木结构建筑就又多了一个强大的理由，因为木材本身相当于碳的仓库（碳汇），可以有效地锁住二氧化碳，不让它轻易地释放到大气中。据计算，每立方米木材在生长过程中可以消耗并储存大约1吨的二氧化碳，大致相当于350升汽油燃烧后的碳排放。如果用这方木头盖房子，就意味着少排了1吨二氧化碳。除此之外，木材的比重是钢筋混凝土的1/5左右，木结构建筑的施工过程也会节省大量运输能耗。还有，木材的隔热性能是钢筋混凝土的10倍以上，木结构建筑在使用过程中的能耗也远比钢筋混凝土房子要低很多。

最重要的一点是，一旦木结构建筑因为某种原因而报废，拆下来的木材可以很方便地回收利用，不像混凝土那样只能扔进垃圾填埋场。

气候变化因素甚至对森林的砍伐模式也产生了影响。此前人们都是等到树木长到最粗时再砍下来作为建材，这样可以卖个好价钱。但新的研究表明，当针叶树种长到一定年龄后，其吸收二氧化碳的能力便会逐年下降，所以最好的办法是在树木老去之前就将其砍下来加以利用，同时补种新的树苗，这么做会大大提高二氧化碳的吸收效率，最大限度地发挥森林的碳汇优势。

但是，当我们谈论中国的森林时，情况就有些不一样了。据统计，中国的森林覆盖率仅为22%，远低于31%的全球平均水平。如果算人均的话，更是仅为全球平均水平的1/4，这就是为什么禁砍禁伐式的森林保护政策一直是中国的主旋律，尤其是1998年长江洪灾之后，封山育林作为国家政策被写进了森林法，砍树更加不受欢迎了。

虽然砍树越来越难，但木材仍然要用。2019年中国的木材消耗量为6.31

亿立方米，主要用于造纸、家具和装饰基材等，真正用于建造木结构房屋的极少。中国目前每年新建的木结构建筑仅为200万～300万平方米，只占每年新增建筑面积的0.15%左右，几乎可以忽略不计。但因为中国体量太大，再加上国家鼓励木材进口，去年的木材（锯材+原木）进口量再次突破1亿立方米，进一步巩固了全球木材第一大进口国的宝座。

虽然目前的情况不太乐观，但杨学兵教授认为再过几年有可能会发生很大变化。“中国是全世界最大的人工林种植国，总的种植面积超过了100万平方公里。虽然中国人工林的质量不算太好，主要用于造纸了，但东北和西南等地种植了大量松树和杉树，都很适合用于建筑材料。”杨教授对我说，“这些软木的生长期是70～100年，但过了70年后生长力开始衰退，就该砍下来用了。中国曾经在70年代种植了大量人工林，再过20年就可以用了，否则就会白白浪费掉。”

杨学兵认为，木材一定要用起来，否则广大林农就没有积极性了。这方面的一个好例子就是日本。日本的人口密度很高，但目前大部分日本民居都是木结构的日式工坊，美式轻型木结构房屋的占比也达到了25%左右。除了日本木结构建筑传统保持得比我们好，以及日本位于地震带上这两个主要原因，日本的森林管理体系健全，木材供应较为充足也是重要原因。“二战”结束后，作为马歇尔计划的一部分，美国人在日本一次性种植了大量柳杉和日本落叶松，如今都到了该采伐的时候，于是日本政府近年来出台了一系列政策鼓励木材出口，同时也鼓励本国老百姓用木材盖房子，每幢木结构民居由政府出资奖励20多万日元。

当然了，中国人口总量巨大，又正好处于快速城镇化的阶段，要想在短期内复制日本模式是不可能的，钢筋混凝土在未来很长一段时间内仍将是中国建筑的主要原材料。但是，如果二三十年后中国城镇化目标基本达成，大批人工林也到了该采伐的时候，再加上2060年碳中和目标的压力，木结构建筑迎来一次大规模复兴不是没有可能的。

不过，木结构建筑在中国的复兴还有一个很大的障碍需要克服，那就是土地资源紧缺。凡是去过日本的游客肯定都会注意到，除了东京、大阪等少数大城市，日本的高楼很少，大部分日本人都住在三层以下的小楼中，因为轻型木结构建筑通常只能盖这么高。中国显然很难复制这种居住模式，因为中国的耕地就快要不够用了。

难道木材不能用于盖高楼吗？答案显然是否定的，应县木塔就是个好例子。

用木材建高楼

山西应县木塔始建于1056年，距今已有将近1000年的历史了。这座9层木塔高67.31米，大致相当于现代普通住宅楼的20层那么高。整座宝塔没有用一根钉子，全部依靠榫卯连接，是古代木结构建筑史上的一座里程碑。

古人能做到的事情，现代人当然也能做到，只不过古人可以不计成本，现代人则必须考虑投资效益和环境影响。比如应县木塔用的都是原木，如今的建筑师没有那么多原木可用了，必须另辟蹊径，现代工程木材料就是在这个背景下诞生的。

所谓工程木，就是将体积较小的锯材经过工程化的设计，采用钉接或胶粘的办法，变为体积较大且比高质量原木的物理力学性质还要好的工程木板材。最常用的工程木是胶合木，主要分为两大类：第一类叫作层板胶合木（Glue-laminated Timber），就是顺着木纹的方向将几块普通锯材胶粘在一起而制成的建筑材料，主要用于建筑物的承重部分；第二类叫作正交胶合木（Cross-laminated Timber），就是按照木纹一正一反的顺序把普通锯材交叉叠放，然后再胶粘在一起而制成的建筑材料。因为不同木纹方向的刚性是不同的，正交胶合木在两个垂直方向上的抗压能力都非常强，更适合制成楼板、屋面板和墙板等需要承受多方压力的组件。如果把这两种工程木料结合起来使用的话，完全可以建造6层以上的高楼。

事实上，因为胶合木的比重只有钢筋混凝土的1/5～1/7，而正交胶合木的强度比同等重量的钢筋混凝土要好很多，地基不用打得那么深，再加上木结构的抗震性能比钢筋混凝土结构有天然的优势，所以胶合木构件在理论上甚至比钢筋混凝土更适合用于高楼。

这两种胶合木当中，正交胶合木因为其优秀的性能而深得当代建筑师们的喜爱。这种产品是于上世纪90年代在奥地利被发明出来的，部分原因是为了避免家具和造纸行业的消亡。以前这两个行业消耗了大量木材，但随着塑料工业和计算机行业的快速发展，人们对木制家具和纸张的需求量大减，奥地利人急需为本国出产的木材找到一个新的需求点，便发明了正交胶合木这种新型工程木材，试图挑战钢筋混凝土在高层建筑领域的霸主地位。

2009年，英国伦敦建成了一幢高达30米的9层木结构Stadthaus公寓楼，全球木结构高楼建筑大赛就此拉开序幕。3年之后，澳大利亚墨尔本的Forte公寓楼把这个纪录提高了2米，只不过这幢大楼的第一层商铺用的是混凝土，只有上面9层公寓用的是正交胶合木，不算太正宗。2017年加拿大魁北克市建成的Origine大楼首次突破了40米大关，不列颠哥伦比亚大学的温哥华校区则在同一年建成了一幢高达53米的学生公寓楼Brock Commons，吸引了全世界的目光。该楼属于混合型木结构高层住宅楼，一共有18层，大部分建筑材料用的是工程木，但地基和底层，以及两个核心筒（内含电梯井、电梯和设备立管）为现场浇筑混凝土，3～18层的结构由胶合木柱和正交胶合木楼板组成，但在墙体外覆盖了一层石膏板，看不出里面的木结构了。

这幢学生公寓楼“世界最高木建筑”的头衔只保持了两年就被挪威的Mjøstårnet大楼抢走了。这幢一共18层的旅馆兼办公大楼高85.4米，主体结构和墙面都是用本地出产的工程木做的，只在地基和最高层的阳台部分用了一点点钢筋混凝土，被公认为当今环保建筑的典范。

这几幢木制高楼的成功让很多重视环保的建筑师看到了希望，纷纷开始了自己的尝试。荷兰、挪威和奥地利各自有一幢高度分别为73米、80米和84米的木结构建筑正在施工过程中，瑞典和法国的工程师计划建造两幢高度分别为112米和120米的木制高楼，力争成为第一个打破百米极限的国家。不过，野心最大的当数美国、英国和日本这3个老牌经济强国，其中美国人正计划在芝加哥建造一幢高228米的榉木塔楼，英国人则计划在伦敦建造一幢高304.8米的橡木塔楼，日本的住友林业公司最厉害，计划在2041年公司成立350周年的时候在东京建成一幢高350米的木制塔楼。如果这3幢木结构大楼真能如期建成的话，绝对可以跻身摩天大楼的行列了。

值得一提的是，住友林业公司还和京都大学合作，计划在2023年发射一枚木制地球轨道卫星，因为木结构比合金更轻，将来报废后也很容易彻底烧掉，不论是从降低发射成本的角度，还是从减少太空垃圾的角度来看，木结构地球轨道卫星的优势都很明显。

这一波木结构高层建筑热潮带动了工程木产业的兴旺。2018年全球正交胶合木的总产量达到了120万立方米，预计到2024年时将超过300万立方米。全球产能主要集中在欧洲和北美地区，亚洲的产能则大部分集中在日本，2018年日本的正交胶合木产量已经达到了4万立方米。按照每1万立方米正交胶合木需要砍伐5000棵树来计算，仅在2018年全球就有60万棵树的碳汇被储存在了建筑结构之中。

中国在这方面比较落后，目前仅在山东有一幢6层的新型木结构示范建筑。国内能够制造正交胶合木的工厂只有两家，位于江苏盐城的那家工厂最近停产了，于是我专程去浙江宁海参观了另一家工厂，亲眼看到了这种神奇的建筑材料是如何被制造出来的，以及它在重型木结构建筑中的使用情况。

这家工厂隶属于宁波中加低碳新技术研究院有限公司，创始人王建和就是宁海本地人。他本科上的是南京林业大学，毕业后去加拿大的不列颠哥伦比亚大学学习材料科学，专攻工程木材料，是这个行业的国际知名专家。2013年，身为国际木材科学院（IAWS）院士的王建和回国创业，成立了这家合资企业，主攻低碳节能环保建材。公司主要核心成员均来自加拿大，大部分原材料也都是从加拿大进口的。

我去参观那天，正好有一批刚刚运来的加拿大木材。它们先按照北美规格被锯成宽3.5～5.5英寸、厚1.5英寸、长度在12～20英尺之间不等的长木条，干燥后就变成了堆在厂房里的这捆宽8.9～14厘米、厚3.8厘米、长度在4～6米之间的锯材，它们就是制造正交胶合木的主要原材料。

“这批锯材来自加拿大铁杉，这种树只要长到30厘米的胸径就可以砍伐了。”王建和院士介绍说，“最近大概因为疫情的原因，像这种二级锯材已经从每立方米2000多元涨到将近3000元了。”

这批锯材旁边正好堆着一摞刚做好的正交胶合木预制板材，是用3层锯材正交交叉叠加后粘在一起做成的，厚度约为10.5厘米，长度和宽度可以按照客户的要求任意扩展。如果客户还嫌不够厚，还可以两层两层地加，直到符合要求。换句话说，正交胶合木的层数一般是单数的。

通常情况下，7层的正交胶合木（厚度约为24.5厘米）就足以满足大部分建筑的需要了，因为这种胶合木真的非常结实！北京工业大学在这间仓库里设立了一个专门测试工程木蠕变速度的试验台，6×6米的3层正交胶合木板被放在一个空心铁架子上，木板上方压了好几个沉重的沙袋，但整块木板看上去几乎是水平的，只在正中心有一点不易察觉的下弯。我完全可以想象用这种正交胶合木板来代替钢筋混凝土，用作一间36平方米的屋子的地板，其承重能力应该是足够的。如果还嫌跨度不够的话，只要再增加板材厚度就可以了。

看过实物之后，我立刻就明白了正交胶合木为什么会被称为环保建材。这项技术可以把原本胸径不够大的原木通过锯切和拼贴的方式加工成任意尺寸的预制板材，其力学性能甚至比同等大小的原木还要好，这就大大扩展了建筑用木材的取材范围，不但节约了木料，也节约了宝贵的森林资源。

“我们会先把锯材送进干燥窑烘干，使之达到建筑物所在地的平衡含水

北京工业大学正在进行正交胶合木的蠕变速度测试

率，然后经过分级、截断、刨光后再用单组份聚氨酯胶将处理好的锯材粘在一起，再经过高压压制和铣型，就可以送去盖房子了。”王建和院士介绍说，“不过我们的淋胶设备因为有段时间没有开工，胶口堵住了，我订的新配件还没有到货，所以无法演示给你看。”

虽然看不到生产过程有点可惜，但我也因此知道目前正交胶合木的国内需求量肯定不算大，否则像这样的生产线是不会轻易停工的。

国内胶合木一直流行不起来的原因有很多，大家最容易想到的是成本。据王院士介绍，单以建筑物外壳成本来计算，目前国内砖混结构的普通民用住宅建筑成本为每平方米低于 1000 元，钢筋混凝土结构在 1500～2000 元之间，用普通锯材或板材直接搭建的轻型木结构成本就上升到了 4000 元左右，而完全用正交胶合木建造的话目前成本在 5000～6000 元。

“正交胶合木虽然初始成本较高，但因为建好后就可以直接暴露使用，可节省一大笔装修费用。”王建和院士对我说，“另外，木结构建筑的工期短，后期的使用成本也更低，建筑报废后建筑材料可以回收利用，这些都是钢筋混凝土建筑所没有的优点。”

这些优点显然更适合发达国家的国情，再加上西方国家的碳市场机制更为健全，混凝土因为高排放而被课以重税，导致木材反而要比钢筋混凝土便宜，所以木结构建筑在西方更为流行，对正交胶合木的需求量越来越大，而规模效益又进一步降低了价格，形成了一个良性循环。

但在中国，木结构的这些优点被我们独特的产权结构和经济模式稀释了。大部分国内客户最看重前期投资，因为谁也不敢肯定30年后这房子会属于谁。于是目前国内的绝大部分木结构建筑都是为一些特殊用途服务的，比如度假村、高级会所、展览馆和图书馆等，真正用于居住的极少。王院士带我去参观了一幢这样的建筑，这是受宁海县政府委托建造的一个全正交胶合木居住中心项目，总建筑面积488平方米，8名工人仅花了20天就完成了主体木结构的装配，再加上各种特殊辅助设施的安装调试，总共只花了4个月就交钥匙了，同等类型的钢筋混凝土建筑至少需要一年。

这幢小楼建在县公安局院内，虽然只有两层，但因为外墙只涂了一层透明的防水涂层，木头的颜色和花纹全都裸露在外，和周围一堆钢筋混凝土办公楼相比显得鹤立鸡群。走进楼内，首先会闻到一股木头的清香味道，同时身体也会很明显地感受到一种木房子特有的温暖感觉。南方的冬天十分阴冷，木结构强大的保温性能为业主节省了不少空调费。

房间的内墙也没有刷漆，原木特有的木纹和节疤都清晰可见，野趣十足。因为木墙上可以随便钻孔打洞，所以各种附加的管道和电路都可以轻松布置，修改起来也容易，各种挂件也可以直接钉在墙上，不用担心钉子的位置，这些优点可以算是木结构建筑为使用者带来的额外好处吧。

从名义上讲，这是全中国第一栋全部采用正交胶合木制造的两层重型木结构公共居住建筑，但这只是因为业主有特殊需要才这么做的，因为正常情况下两层楼根本不需要动用正交胶合木，普通轻型木结构就足以胜任了。

宁波中加低碳负责建造的全正交胶合木居住中心项目

正交胶合木最适合用于6层以上的高楼，只有高楼才能最大限度地发挥这种新型工程木的潜力。但在中国建木结构高楼有个难以克服的困难，这就是中国建筑的防火规范。

“其实木结构建筑的防火性能比我们想象的要好，因为大断面木材在受热分解时表面会形成一层碳化层，起到了一定的隔离作用，使得碳化层推进速度缓慢且稳定，整体结构不至于突然垮塌。”张海燕对我说，“相比之下，钢材在700℃高温下就会变软，完全丧失承载能力，世贸大厦就是这么坍塌的。”

在张海燕看来，在防火安全理念上，中国是材料防火和耐火极限双控，而欧美国家已普遍采用基于目标的防火规范，即不具体规定材料的选择而只提出防火安全性能目标，这么做更有利于材料的创新。

但在杨学兵教授看来，国内标准之所以会这么定，是因为国内目前的消防原则是既要保护生命安全也要减少财产损失。“国外消防原则主要是看是否满足耐火极限，房子失火后只要逃生通道能保证一定时间内畅通，让人能跑出来就行了。”杨教授对我说，“国内标准不但对耐火极限有要求，还要满足材料是否可燃的要求，目的是为了保证房子最好不烧起来，但这么做所需的成本太大了，并不划算。”

归根结底，还是因为国内木结构建筑已经停滞了很多年，无论是研究者还是建筑工人都缺乏这方面的经验。比如，北京林业大学直到2016年才开始招收木结构专业的大学生，由此可见中国在这方面的人才缺口有多大。王建和院士创立这家研究院的一大目的就是培养这方面的人才，国内很多相关院校都来这里搞过合作研究，因为他这里有制造正交胶合木的能力。

不过，办公司不赚钱是不行的。面对国内低迷的市场，王建和院士只能主动出击，通过承包工程项目的办法来带动正交胶合木的销售。目前他手头正在做的一个项目是给一家当地的文具企业建一个产品展示厅，这家企业有一幢5层的钢筋混凝土办公楼，展示厅就建在办公楼的屋顶上，据说这是全世界第一个加盖顶楼的重型木结构建筑。

我上午专程去参观了施工现场，立刻看出木结构真的是太适合这样的项目了。一来木结构建筑的施工速度特别快，比如这个近300平方米的展示厅理论上10天内就能建好，对现有设施的影响非常小；二来整个施工过程属于“干作业”，没有搅拌车，也不用打水泥，不会产生任何建筑垃圾，基本上不会影响办公楼周边的卫生环境；三来木结构比钢筋混凝土轻很多，对顶楼楼板的压力不大，更容易获得批准。

吃完午饭，我又去了一次工地，没想到却目睹了一场激烈的争论。业主方的一位负责人指着正交胶合木墙体上的一个小缺口冲王建和院士大喊大叫，指责工人偷工减料，用了不合格的木材。王院士不愿和对方争论，很快就离开了现场。

回到公司后，王院士再次带我去仓库看那批加拿大进口的二级锯材，我发现很多边角都不那么整齐，而是缺了一小块，原来那就是树皮的所在地，专业术语称之为缺棱。如果要想完全避免缺棱的话，就得浪费更多的木材，

宁波中加低碳新技术研究院有限公司承建的正交胶合木结构展示厅

国际木材料学院院士王建和

那样的话木材等级就高了，价格当然也就更贵了。“缺棱的问题早就被研究过很多年了，局部的少量存在是国内外相关标准都许可的，不会影响正交胶合木的正常使用。”王院士拿出手机给我看他拍的一些国外木建筑的细节照片，果然能看到不少类似的缺陷。

回到会议室，我看到桌子上放着几块木料样品，它们全都没有瑕疵，像常见的钢筋混凝土或者金属制品那样完美无缺。那位甲方负责人很可能习惯了这样的样品，误以为真实的胶合木也会和这些样品一样完美，这才会在施工现场大发雷霆。

也许，这才是推广类似胶合木这样的生物质建材最大的困难所在。木材本质上是一种天然的、可再生的生物质材料，它原本是一棵树的一部分，天生就带有生命特有的不完美性。如果我们还像对待钢筋混凝土或者金属、塑料等人工制品那样对待这种生物质材料，必然会挑出各式各样的小毛病。但是，如果我们还想继续使用生物质材料，享受生物质材料带来的种种好处，那就必须换一种思维方式，学会接受生物质材料与生俱来的那些小缺陷。

更重要的是，我们必须换一种审美方式，重新学会欣赏生物质材料的这种不完美。人类所面临的很多现实问题，归根结底都是因为现代人过于贪婪，忘记了对完美的过度追求往往需要付出昂贵的代价。随着世界人口的持续增长，这样的代价我们已经快要付不起了。

结　语

制造水泥的主要原料是石灰石，而地球上绝大部分石灰石都是古代海洋生物留下的骨骼化石。换句话说，石灰石和煤炭、石油、天然气一样，都是古代生物留给我们的遗产。在这个高速发展的时代，也许我们应该停下来认真地想一想，我们将会给后人留下点什么呢？

塑料，想说爱你不容易

如果文明可以被它为这个世界留下的东西所定义，那么我们今天这个时代一定会被未来的历史学家定义为塑料时代，因为塑料这东西极难降解，却又无处不在，只用了短短一个世纪的时间就遍布整个地球，就连南北极都能找到它的踪迹。之所以会有今天这个局面，根本原因就在于塑料这种人造材料实在是太好用了，每一个用过的人一定会立刻爱上它。

塑料与海洋

2019年10月23日，来自全球100多个国家的代表齐聚挪威首都奥斯陆，参加一年一度的“我们的海洋大会”（Our Ocean Conference）。大会的宗旨是保护海洋及其生态系统，议题范围包括气候变化、海水酸化、海洋保护区和水产捕捞及养殖等常见话题。但本届大会最热门的话题却是一种似乎和海洋没什么关系的人造材料，这就是塑料。无论是上午的主会场还是下午和晚上的边会场，都有无数代表在热议塑料的危害，几乎把本次海洋大会变成了材料会议。

造成这一现象的原因是英国广播公司（BBC）于2017年播出的自然类纪录片《蓝色星球》（*Blue Planet*）第二季，这一季仍然由大卫·爱登堡爵士（Sir David Attenborough）负责解说，前面几集都是大家熟悉的BBC大片的节奏，但在最后一集，爱登堡爵士史无前例地花了6分多钟的时间讨论塑料垃圾对海洋生物的影响，画面中出现了一头因被塑料线缠住而身体变形的海龟，以及一只因为食用了太多塑料垃圾而死去的信天翁的尸体。

这集片子播出后，立刻在全世界引发了强烈反响。互联网上到处都是讨论海洋塑料垃圾的帖子，各界名人纷纷接受媒体采访，要求政府行动起来，拯救海洋生物。公众舆论势头之猛，各方群众意见之统一，都远超气候变化和生物多样性这两个当下最为紧迫的环保议题，大概只有此前针对酸雨和臭氧层的两场环保运动可以与之媲美。

难道这部纪录片第一次让大家意识到塑料垃圾的危害吗？答案显然不是这样的。关于塑料垃圾的讨论已经有很长的历史了，国内媒体至少在10年前就热议过一轮。但不同之处在于，此前这类讨论大都只关注陆地上的塑料污染，公众总能找出各种理由为眼前出现的塑料垃圾开脱罪责。比如，环保组织一直在强调塑料难以降解，即使进了填埋场也会存留数百年，但大家会觉得既然已经都被埋起来了，眼不见心不烦，降不降解和自己没啥关系。

再比如，关于铁路和高速公路沿线垃圾遍地的讨论也至少持续了半个世纪，但大部分这类“白色垃圾”都很容易辨别，一般家禽家畜和大部分野生动物都不太会去吃它们，所以这些垃圾最大的危害只不过是有碍观瞻而已，大家看多了也就习惯了。

还有，最近媒体热议的微塑料（Microplastic）这个概念其实早在2004年就被提出来了。这种直径小于5毫米的塑料碎片在陆地上的累积量要比海洋里的多得多，但它们大都被埋在土里了，和人类的日常生活关系并不大。

但是，以上这些理由到了海里就都不成立了。首先，塑料的比重轻，如果没有被其他物品缠绕、粘连或附着的话不容易下沉，但塑料却又相当结实，即使在海水中也不易分解，海洋动物们一不小心就会被缠住，一旦缠住了就很难摆脱；其次，海水中漂浮的塑料袋看上去很像水母，甚至有研究发现这些塑料袋散发出来的气味都和水母很相似，导致那些以水母为食的鱼类和海龟对这些塑料袋的诱惑毫无抵抗力；再次，进入海洋的微塑料会均匀地混在海水之中，海洋动物很难避免误食，所以鱼肉中往往混有大量微塑料，它们最终都进了人类的肚子，后果难以预料。

于是，当人们明白了其中的道理之后，便立刻行动了起来。就在那次海洋大会上，一位名叫博彦・斯拉特（Boyan Slat）的荷兰年轻人引起了与会代表的广泛关注。这个1994年出生的小伙子发明了一个据说能高效清除海洋垃圾的装置，并从民间募集了200多万美元的捐款，把这套装置运到了北太平洋，打算清理“太平洋垃圾带”中的塑料垃圾。

不过，他的行为却遭到了一部分学者的反对。“太平洋海流漩涡确实会对塑料垃圾有富集作用，但垃圾密度最大的漩涡中心也仅仅是每平方公里有100公斤垃圾而已。如果用50米宽的拖网清理这些垃圾，需要拖动20公里的距离才能收集到100公斤垃圾，效率非常低。但这个操作却会对海洋动物造成大量误伤，不是一个好的方法。”一位名叫莫妮卡・哈特维森（Monica Hartviksen）的挪威海洋垃圾研究者对我说，“大家都喜欢高科技的东西，觉得只有依靠新技术才能拯救海洋，但实际上这类新技术的效果往往并不好，我们还是应该把注意力放在垃圾的源头上。”

哈特维森博士在一家名为SALT的海洋环保组织里工作，她研究过挪威海域塑料垃圾的分布状况，发现每平方公里的开放海域当中只有18公斤漂浮着的塑料垃圾，同等面积的海底则有70公斤，而与此相对应的海滩上则有2000公斤的塑料垃圾，因此她认为效率最高的方法其实就是在海滩上捡垃圾，不让它们流到大海里去。可惜这个方法不够“酷”，引不起媒体的兴趣。

至于微塑料，虽然它们无处不在，也很容易进入人体，但因为塑料不易分解，因此也就不太容易和人体细胞发生反应，而是很有可能直接从身体排出去了，所以世界卫生组织（WHO）认为微塑料对人体的健康危害是不明确的，有待进一步研究才能最终确认。当然了，为了保险起见，微塑料肯定是越少越好，尤其是今天微塑料已经无处不在了，万一将来发现这玩意儿有害，可能就来不及了。

但是，如果微塑料中含有塑化剂（邻苯二甲酸酯）成分，情况就不一样了。这种添加剂可以增加塑料的可塑性，早已被证明能够干扰动物的内分泌系统。如果长期暴露的话，不但会降低海洋鱼类的繁殖能力，也会对儿童的性发育造成负面影响。不过，这个问题最好从产业链的上游加以解决，目前已经有了一些转机。

总之，在进一步研究结果出来之前，我们可以不必过于担心微塑料的危害，而是应该把注意力更多地集中在大块的塑料上，因为它们造成的危害证据确凿，而且一旦大块塑料的问题解决了，微塑料的问题也就迎刃而解了。

海洋中大块塑料的主要来源是废弃的渔网渔具、用过的塑料瓶和塑料袋，以及被丢弃的儿童玩具、医疗器械和生活用品等各种塑料制品，我们应该想尽一切办法不让它们进入海洋。但这事说起来容易做起来难，因为塑料实在是太好用，而且又太便宜了。人类生产了太多的一次性塑料制品，用完后随手把它们丢弃在了环境之中，每一件被随意丢弃的塑料垃圾都有可能被雨水冲进河流，然后顺着河流进入海洋。

换句话说，海洋就是地球的下水道。人类产生的绝大部分垃圾，最终都会通过各种渠道进入海洋生态系统。

由美国佐治亚大学的科学家牵头成立的一个国际研究小组统计了全球所有海岸线、河流和远洋轮船倾倒的塑料垃圾总量，得出结论说 2010 年一共有大约 800 万吨塑料垃圾进入了海洋。这个研究小组撰写了人类历史上第一份详细的海洋塑料垃圾报告，刊登在 2015 年出版的《科学》杂志上。这份报告震惊了环保界，却没能在大众媒体上引起任何波澜，因为普通民众对那些统计数字缺乏直观的认识。直到两年后《蓝色星球》第二季公映，观众们第一次看到了塑料垃圾在海里的样子，以及它们对海洋生物造成的伤害，大家才终于意识到塑料污染问题的严重性。

《蓝色星球》第二季的首映式是在伦敦举办的。仪式结束后，我当面采访了节目主持人爱登堡爵士，他认为二氧化碳导致的海水酸化和塑料垃圾的泛滥是海洋环境变糟的两个最主要的原因。前者涉及能源问题，修正起来难度确实很大，但后者起码从技术上讲是不难解决的，缺的只是决心和勇气。他很高兴这部片子引起了民众对这个问题的重视，希望大家立刻行动起来，否则海洋垃圾有失控的风险。

塑料失控简史

就在“我们的海洋大会”上，一位发言者展示了一张摄于上世纪20年代的老照片，拍的是一艘蒸汽轮船正在海上倾倒垃圾。原来，100多年前美国东西海岸的大城市都是这么处理垃圾的，不过这倒也不能全怪他们，因为当年的城市生活垃圾里主要是废纸碎布、建筑废料和厨余垃圾，它们要么迅速沉底，要么很容易降解，对海洋生物的影响没那么大。相比之下，塑料在当年要算是一种很时髦的东西，没人舍得扔。不但如此，塑料刚被发明出来的时候甚至被认为是一种环保产品，曾经拯救过无数野生动物的生命。

故事要从1863年开始讲起。那年一家美国台球设备制造商在纽约的报纸上打广告，奖励最先发明出象牙替代材料的人1万美元。原来，当时的台球都是用象牙做的，任何其他天然材料都无法替代。随着台球运动越来越普及，象牙很快就不够用了。据统计，19世纪60年代全世界每年都有大约10万头大象被杀死，割下来的象牙除了做成台球，还可以制成牙雕和项链等高级工艺品，需求量非常大。如果找不到合适的替代品的话，大象的命运岌岌可危。

19世纪时的1万美元可是一笔巨款，于是一位名叫约翰·海耶特（John Hyatt）的报纸印刷工人立刻把自己的家改装成一个化学实验室，开始疯狂做实验。他用硝酸处理木浆，再把得到的硝酸纤维素溶于樟脑溶剂中，获得了一种神奇的物质，这种物质高温下会变软，塑形后再降温又会变硬，无论是手感还是硬度都和象牙相差无几，这就是全世界公认的第一种商业塑料，商品名叫作赛璐珞（Celluloid）。

海耶特并不是第一个发现硝酸纤维素的人，但却是第一个发明出廉价制备方法的人。据说他并没有拿到那1万美元奖金，但他也不需要那笔钱了，因为赛璐珞除了能做台球，还能做梳子、刀柄、眼镜架、钢琴键和纽扣等日常用品，甚至还能做成假牙，用途极为广泛。海耶特为自己的发明申请了专利，并在纽约开了一家生产赛璐珞的工厂，赚了大钱。

中国人对这东西十分熟悉，因为乒乓球就是用赛璐珞制成的。这种材料的一个变种（醋酸纤维素）还可以制成胶片的片基，涂上感光材料后可以代替笨重的玻璃底片，从此照相机越做越小，从一件昂贵的奢侈品变成了普通人也能消费得起的小玩意儿。胶片的诞生还使电影成为可能，从此人类又多了一种全新的艺术形式，这是材料影响人类生活的一个经典案例。

写到这里，应该给塑料下个定义了。广义上说，塑料就是一种固态的、可塑形的有机物。别看塑料不像是有生命的样子，但塑料和自然界的大部分有机物一样，都是以碳原子为骨架搭建起来的长链分子，其中碳原子之间用共价键首尾相连，长度甚至可以达到数米。碳原子是自然界最喜欢“交朋友”的原子，每个碳原子可以连 4 个化学键，所以有机物骨架上的每个碳原子还可以再连接 1～2 个不同的原子或原子团，导致有机分子的形态千变万化，化学性质也各不相同。生命之所以必须是碳基的，原因就在于此。塑料的种类之所以如此繁多，应用范围之所以如此广泛，道理也是一样的。

作为塑料的有机大分子大都是由一个简单的单体结构不断重复扩展而成，科学术语称之为聚合物（Polymer），最常见的单体是乙烯（C_2H_4）、丙烯（C_3H_6）和氯乙烯（C_2H_3Cl），它们的聚合物就是大家耳熟能详的聚乙烯、聚丙烯和聚氯乙烯。这几种聚合物早在 19 世纪中期就被发现了，但因为制备方法太复杂，成本太高，并没有立刻商业化。

从另一个角度来看，地球上有的是天然聚合物，根本不需要化学家们费心去制备人造聚合物。举例来说，自然界含量最丰富的聚合物是纤维素，赛璐珞就是在天然纤维素的基础上加了几个硝基而已，并不是从单体开始一步步聚合而成的，所以赛璐珞只能算是一种半合成塑料。

第一种全合成塑料是比利时裔美国人里奥·贝克兰（Leo Baekeland）于

1906 年发明的酚醛树脂（商品名 Bakelite），这是由苯酚和甲醛在催化剂的帮助下发生聚缩反应后生成的一种聚合物，高温下可以塑形，但冷却定型后就不能再重新软化了，科学术语称之为热固性（Thermoset）塑料。赛璐珞则可以在高温下重新软化定型，科学术语称之为热塑性（Thermoplastic）塑料。

如今市面上的塑料产品以热塑性的为主，热固性次之。还有第三类塑料，冷却后仍具有很强的弹性，科学术语称之为弹性高聚物（Elastomers）。橡胶就属于这一类，所以人类学会使用的第一种塑料其实应该算是橡胶。不过橡胶只产自热带地区的橡胶树，非常昂贵，直到人造橡胶被发明出来之后，这种材料才算真正普及开来。比如台球桌的“库边”（Cushion）原本是用木头做的，台球反弹的角度不规律，打台球和碰运气差不多。直到后来改用人造橡胶做库边之后，台球才终于成为一项正规的体育赛事。

顺便插一句：不但台球的普及和塑料关系密切，几乎所有的现代体育运动都和塑料有点关系。如果没有塑料的话，很多大家喜欢的运动项目都没有办法进行。

1950 年以前，人类使用的大部分塑料都是半合成的，产能受到限制，价格也不便宜。第二次世界大战导致发达国家原材料紧缺，于是化学家们开始着手研究全合成塑料，逐渐掌握了一套以石油或天然气为原料合成塑料的技术。“二战”结束之后，石化行业迅速崛起，使得塑料成为继混凝土之后总产量排名第二的人造材料。塑料不但产量高，性能也越来越优异，价格却越来越便宜，很快就替代了绝大部分天然材料。举例来说，此前的家具大都是用木头做的，有了塑木之后就不用再去砍树了；此前的食物容器都是玻璃或者陶瓷做的，有了塑料之后就不用再去烧窑了；此前的服装面料大都来自棉花、亚麻、丝绸和动物皮毛，有了合成纤维之后就不用再去种地、放羊、养蚕了；此前的大部分渔竿、弓弦、赶马的鞭子和高档雨伞的骨架都是用鲸须做成的，有了塑料之后就不用再去捕鲸了……

但是，纵观历史，人类经常为了解决一个老问题而制造出更多的新问题，塑料就是如此。虽然名义上属于有机物，但绝大部分合成塑料采用了大自然没有的制造工艺，导致其很难被微生物降解，于是新问题就来了。2017年，前文提到的由佐治亚大学牵头的那个国际研究小组在《科学前沿》（*Science Advances*）杂志上发表了一篇重磅论文，得出结论说，1950～2015年间全世界一共生产了83亿吨塑料，其中63亿吨已经被废弃了。这63亿吨废弃物当中只有9%被回收利用，另有12%被烧掉了，剩下的79%仍然留在自然环境当中，总量约为50亿吨。虽然大部分塑料垃圾都被扔进了填埋场，但哪怕只有一小部分被冲进了海洋，后果也是不堪设想的。

更糟的是，这83亿吨塑料当中有一半都是2002年以后生产的，说明塑料的产量正在以指数级增长。据统计，1950年时全世界的塑料年产量只有200万吨，2015年时涨到了3.22亿吨，75年涨了160倍。如果这个趋势继续下去的话，预计到2050年时将会有120亿吨很难被降解的塑料垃圾进入地球生态系统，那将会是海洋生物的灾难。

以上统计数字截止到2015年，最近几年的情况又如何呢？最新统计数据显示，2019年世界塑料总产量达到了3.68亿吨的历史最高位，其中中国占比31%，无论是产量还是消费量都高居世界第一。由北京石油化工学院曹淑艳副教授牵头撰写的《中国塑料的环境足迹评估》一文指出，截止到2019年年底，中国的初级形态塑料产品已经达到10亿吨，产量还在逐年递增。目前中国人均塑料消费量是世界平均值的两倍，但仍低于发达国家。

文章总结的另一份详细数据更能说明问题：2017年中国生产了8458万吨塑料，当年使用了其中的7657万吨，其中有5800万吨塑料离开经济系统成为废塑料。这些废塑料兵分两路，约1700万吨废塑料被回收利用，所占比例虽然远比世界平均水平要高，但仍有约4100万吨废塑料进入填埋场或被遗弃在自然之中，占当年塑料使用总量的54.3%。

为了方便计算，如果我们简单地把中国的塑料年产量当成100的话，那么当年可以消费掉其中的80，库存20，出口13，有效回收利用20，剩下的

47 被废弃。也就是说，中国每年生产的新塑料有将近一半都在当年就被当成垃圾扔掉了。

塑料，这种人类大规模使用还不到 100 年的新材料，已经彻底失控了。

有意思的是，塑料垃圾面临的问题其实大部分人都知道，每个人都能说出好几个解决方案。于是我决定去实地考察一番，看看这些解决方案到底管不管用。

回收利用的理想与现实

说到如何减少废塑料的危害，多数人的第一反应肯定是“回收利用”（Recycle）。于是我专程去了趟广州，这里是国内废塑料回收利用的中心之一。

我的第一站是位于广东省清远市清城区石角镇的华清循环经济产业园。这是国家首批循环经济试点单位，占地 4000 多亩，规模极为庞大。但因为疫情的缘故，我只被允许参观了少数几个部门，其中就包括电器拆解车间。虽然排风扇一直在吹，但偌大的车间里空气质量依然很差，好在工人们全都戴着防毒面具，穿着全套的防护衣，一看就是这个行业里的国家队。

必须承认，当我看到一台台旧电视和旧冰箱沿着传送带进入车间，转眼间就被大卸八块时，心里还是很有快感的。工人们的动作相当熟练，一台电视机只需要 3～4 分钟就能拆解完毕。电线和螺丝钉等金属物件被单独放到小格里，送到专门的分拣设备里再把铜、铁和铝等金属分开。剩下的几乎都是各种塑料，主要成分包括 ABS 工程塑料、聚苯乙烯和聚丙烯等。这些塑料都是热塑性的，可以用高温将其熔化后重新造粒，然后就可以当作再生原材料卖给塑料加工厂了。

这个过程不涉及化学反应，因此被称为物理回收法。此法简单易行，投资也不大，理论上回收率可以做到接近百分之百，满足了循环经济的大部分要求。可惜物理回收法有3个难以克服的困难，不要指望它能一劳永逸地解决塑料问题。

第一，此法只适用于热塑性塑料，热固性塑料很难办到。后者有点像混凝土，一旦成型就很难再还原回去了。第二，塑料本质上是一种长链分子，每经过一次热冷循环，分子长度就会缩短一点点，导致其质量有所下降，不像金属那样可以永远循环下去，这就是为什么回收塑料的质量比不上原生塑料，两者之间永远存在的价格差就是明证。第三，物理回收法对原材料的纯净度有很高的要求，只要掺杂了一点点其他塑料，其质量就会大打折扣。这家回收厂配有一台废塑料静电分拣设备，据说可以达到99%以上的纯度，不过我去的那天因故没有开，改为手工分拣，据说也可以做到98.5%的纯净度。

之所以可以分得这样好，主要原因在于这家回收厂收上来的旧电器都是那种老式的大机器，塑料外壳不但体积大，而且化学成分相对单一，分起来并不难。如果是现在这种平板电视，情况就会大不相同。“我很担心即将出现的平板电视报废潮，因为越是先进的电器，集成度就越高，成分也越复杂，回收起来就越麻烦。”一位管理人员对我说，“我希望国家能重视这个问题，鼓励厂家在设计产品时就把报废后的回收问题考虑进去。比如简化产品设计，减少塑料类型，以及用搭扣代替螺丝钉等，这样工人拆解起来就要方便很多。”

据这位管理人员介绍，这块地方原先聚集了很多私营小作坊，靠拆解进口电器为生。几年前国家不让进口固废了，倒闭了一大批小企业。好在国内最早的一批旧家电正好也到了该淘汰的时候，原材料缺口又给补上了。这位管理人员甚至认为，国家之所以不再允许进口固废，一大原因就是中国经济发展到一定阶段了，国内淘汰的固废已经足够多了，能够满足回收企业的需要。比如，目前国内光是旧电视机每年就至少淘汰300万台，像他们这样的大厂不愁没原料。

果然，那天虽然还在疫情期间，但这家工厂依然是满负荷运转，运货的大卡车进进出出，一派繁忙景象。由此看来我们似乎不用担心旧家电当中的废塑料了，起码国内这部分塑料的回收率应该是可以让人满意的。

虽然回收率的问题解决了，但成本和利润还有障碍。因为他们是大国企，环保要求高，成本自然也比民间小作坊高了很多。好在国家有补贴，基本上能把收购旧电器的钱补回来。“发达国家老百姓处理旧电器都是要自己花钱的，我们这里反了过来，还要我们出钱去收。”那位管理人员对我说，“好在国家出台了很多政策鼓励制造业使用再生塑料，甚至对再生塑料的占比提出了硬性要求，我们的产品不愁没销路。再加上我们是国企，对环保有道德责任，所以还能继续做下去。”

不过，旧电器中的塑料占塑料总产量的比重还不到5%，真正的大头是各种包装材料，占比在40%以上。以前这部分塑料大都是由各地的农村小作坊负责回收的，但近年来由于国家对污染的控制越来越严，以及停止进口固废等新政的实施，这部分废塑料也逐渐集中到大企业那里去了，我的下一个目的地广州万绿达就是这样一家龙头企业。

万绿达集团成立于1994年，总部位于广州经济技术开发区。我去参观了他们的废塑料回收厂，厂区内堆满了各种原材料，但仔细一看就会发现，这些废料都不是拾荒者捡来的，而是从工厂或者商店里淘汰下来的过期产品或者质量有问题的残次品，因为每一堆废料都来自同一个厂牌，其中有一堆某知名品牌的软饮料居然都是没喝过的。

“这堆饮料瓶是饮料厂处理的过期产品，是他们出钱让我们拉走的。其他那些原材料则需要去拍卖市场上竞拍，因为大家都喜欢工厂的新料，品种单一，处理方便，产品质量也更好。”一位管理人员对我说，“所以现在国内的工业废品回收利用率已经超过了98%，但民用废品的回收利用率连40%都不到，因为那些废料都太脏了，不好用。”

果然，我在回收厂里转了一大圈，没有看到任何来自拾荒者或者居民垃圾回收站的原料，而全部都是直接从工厂里拉来的所谓的“新料”。我甚至看到几名工人正在把一大卷看似完好无损的聚乙烯塑料薄膜用剪刀剪坏，然后立即送进电炉，重新拉丝造粒。

“这是从塑料薄膜厂直接拉来的新料，因为质量有点问题，工厂怕被工人偷去卖，干脆直接卖给我们了。”管理人员对我说，“现在市场上新料太多了，没必要用回收来的旧料。再加上疫情期间石油降价，原生塑料产品的价格下跌得厉害，再生塑料也不得不跟着降价，更没人用旧料了。”

新料不但干净，而且品种单一，即使成分复杂一点问题也不大。我看到的最惊悚的画面是一个足有 300 平方米的大仓库里堆满了蓝色的口罩边角料。万绿达和某知名口罩生产商签了 3 个月合同，每个月帮他们处理 800 吨口罩边角料。这玩意儿虽然成分复杂，但也就那么几样，处理起来并不难。相比之下，塑料瓶看似简单，其实不同品牌的塑料瓶成分非常多样化，瓶身可以是聚酯、聚乙烯和聚丙烯，不同的厂家还会使用不同的增塑剂，以及其他一些添加剂。瓶子上的贴膜则主要是聚氯乙烯，绝不能和瓶身混起来用。而塑料瓶盖子有的是用低密度聚乙烯制造的，有的是用高密度聚乙烯制造的，区分起来并不容易。万一操作者不小心弄混了，做出来的再生塑料质量就会很差，卖不出好价钱。

塑料产品的颜色也是一大问题。没有哪家工厂愿意购买颜色不统一的再生原材料，处理起来太麻烦了。

总之，废塑料的物理回收看上去似乎很容易，但操作起来困难重重。如今大部分日常用品的塑料包装上都会看到一个三角形的标志，3 个首尾相连的箭头给人一种“可回收”的感觉。其实这个标志只是为了说明这件产品用的是什么塑料，以三角形中间的数字为准，其中标号 1 指的是聚对苯二甲酸乙二醇酯（PET），这是最容易回收的塑料种类，标号 2 指的是高密度聚乙烯（HDPE），也比较容易回收。其余的 3～7 号分别对应着聚氯乙烯、低密度聚乙烯、聚丙烯、聚苯乙烯和其他塑料（比如聚碳酸酯或者聚乳酸等），回收难度则要大得多。

广州万绿达刚刚运到的口罩边角料

广州万绿达废品回收车间

换句话说，只有标号 1 和标号 2 的塑料产品有令人满意的回收率，其余的塑料品种在当前的技术条件下回收都不太现实。问题在于，目前标号 1 和标号 2 这两种塑料只占所有回收塑料产品的 1/4 左右，这说明全球每年生产的塑料当中有 3/4 都因为各种原因而难以回收利用。

为了解决这些问题，不少人开始研究化学回收法。顾名思义，这种方法就是将塑料聚合物分子打断，变为单体，然后再重新聚合。这个方法对于原材料纯净度的要求没有物理回收法那么高，产品的质量也会更好一些，而且理论上可以做到无限次回收。但目前此法的技术难度还是太大，能耗太高，成本降不下来，至今都没有什么实质性的化学回收项目在国内落地。世界范围内也仅有少数几个项目进入了实际应用阶段，距离全面普及还很遥远。

既然回收利用那么困难，干脆想办法让废塑料全都自然降解掉行不行呢？毕竟塑料最大的问题就是难以降解，如果这个问题解决了，塑料也就没问题了吧？

可降解塑料的悖论

想象一下这样的场景：你在大街上遛狗，它突然停下来拉屉屉，你等它拉完后，从口袋里掏出一个塑料袋，把屉屉装进去。回到家后，你顺手把塑料袋扔进马桶，一按冲水键，问题解决了。

怎么样，听上去很方便吧？但这里面有个关键细节，那就是塑料袋必须得溶于水，但又不能像纸袋那样容易渗水，否则就会把你的手弄脏。市面上真有这样的塑料袋吗？答案是肯定的，广东宝德利新材料股份有限公司生产的冲厕式生物降解型宠物收集袋就可以满足你的要求。这种袋子用的是一种水溶性高聚合物材料（PVAL），主要成分为改性聚乙烯醇。厂家可以根据使用场景调节这种材料溶于水的时间和温度，比如这种宠物收集袋可以在半年内彻底溶解，变为二氧化碳和水。

“可降解塑料有很多种，PVAL 是唯一的水溶性塑料。”宝德利公司的董事长莫雄勋对我说，“这种材料非常怕水，只适用于少数几种应用场景，比如装宠物粪便或者农药等。我在厦门大学做过实验，鱼吃了这种塑料不会有问题，因为它的成分非常简单，在鱼肚子里很容易破碎，然后很快就溶掉了。”

采访过程中，莫雄勋一直在强调 PVAL 只是一种功能性材料，不能简单地称之为环保材料，因为决定一种材料是否环保的关键在于使用方式是否正确。比如，PVAL 不能和可回收塑料混在一起，那样会降低再生塑料的品质。再比如，用 PVAL 做的塑料袋很容易坏，用一次就得扔掉，不符合环保精神。还有，这种塑料袋价格不算便宜，一般家庭很可能不会用它。事实上，宝德利品牌的宠物袋只在国外销售，国内根本就买不到。

“搞环保切忌一刀切，因为不同的应用场景有不同的要求，没有哪一种环保材料是万能的。”莫雄勋对我说，“一种材料哪怕再环保，如果没有采取合适的处理方式也是没用的，甚至有可能反而对环境有害。”

美国密歇根大学环境工程师雪莉·米勒（Shelie Miller）博士在 2020 年 10 月出版的《环境科学与技术》（*Environmental Science & Technology*）杂志上发表了一篇综述，纠正了一些关于环保塑料的误区。按照这篇文章的逻辑，一些地方强行禁止使用一次性塑料制品的做法并不一定对环境有利。比如说，如果用布袋代替一次性塑料袋的话，布袋必须使用很多次才能抵消塑料袋带来的环境影响，因为生产一个布袋所需消耗的资源总量远比生产一个塑料袋要多。如果塑料袋最终没有乱丢到环境中，而布袋又必须经常洗的话，用布袋反而对环境不友好。

再比如，用玻璃瓶代替塑料瓶也不一定更环保，因为玻璃本身也是需要消耗资源才能被制造出来的，而且玻璃比塑料重很多，运输过程中消耗的能量更大。如果用过的塑料瓶进行了正确的处理，而替代它的玻璃瓶又必须经常冲洗才能继续使用的话，用玻璃瓶代替塑料瓶也不是一个环保的做法。

还有，很多环保人士不喜欢一次性饭盒，但如果没有这东西，在饭馆吃

被塑料困住的海洋生物

剩的饭菜很可能会被倒掉，这就相当于浪费了粮食。最近几年流行叫外卖，一次性饭盒的用量陡增。但平心而论，如果要想以环保的理由禁止外卖是一件非常困难的事情，尤其在新冠疫情期间更是不可能做到的。强行禁止外卖商家使用一次性饭盒也是不太可能的，我们只能想办法减少外卖饭盒对环境的影响，这才是更实际的做法。

那篇文章最后得出结论说，妖魔化塑料是不对的，因为塑料的替代品不一定比塑料更环保。要想正确衡量一种材料对环境的影响，必须采用全生命周期评估（LCA）的分析方法，否则很容易好心办坏事。

还有一点值得一提，那就是像医院和实验室这样的地方，不用一次性塑料几乎是不可能的，因为这涉及消毒的问题。要知道，在一次性手套被发明出来之前，医生们都是同一副橡胶手套用一辈子的，病人甚至可以通过手套的新旧程度来判断眼前这位医生的水平是高还是低。但在如今这个传染病泛滥的时代，如果你遇到一位戴着旧手套的医生，你还敢让他给你看病吗？

同理，一些地方强行要求把所有常用的塑料制品（主要是塑料袋和餐具）全部换成可降解塑料，这个政策也是有疑问的，因为“可降解”这个概念存在太多误区。很多人觉得只要标注了“可降解”这3个字的塑料制品就可以像苹果皮那样随便扔了，大力推广可降解塑料产品很可能会加剧这一趋势。

“一种塑料必须能够在合理的时间范围内完全降解成自然界中已有的物质，而且不能对土壤和大气带来污染，才能称之为可降解塑料。”世界自然基金会（WWF）北京代表处的海洋项目专家杨松颖对我说，“塑料的降解过程需要满足一定的外部条件，这些条件往往只能在工业化降解设施里才能实现，自家后院的土壤是满足不了的，海洋里就更不行了。”

这个简单的解释里有三点值得拿出来细说。

第一，可降解塑料的降解时间是有要求的，一般认为必须在半年内完成，否则就没意义了。你想，皮鞋严格说来也是可降解的，但一双扔在马路边的皮鞋很可能需要几十年的时间才能彻底从自然界消失，这是不能接受的。同理，如果一种塑料袋需要好几年才能彻底降解，那么如果这个塑料袋被丢进海里的话，仍然会给海洋生物带来伤害。

第二，可降解塑料必须能降解成无害的无机物或者甲烷之类的简单有机小分子，而不是分解成肉眼看不见的碎片就完事了。有一种新技术叫作“氧化降解”（Oxo-degradation），即通过在塑料制造过程中加入某种添加剂，使得成品塑料在阳光和空气的作用下缓慢分解成小碎片。这个降解过程几乎可以说是自动发生的，不需要消费者做任何额外的事情，看似十分完美，但这些碎片实际上就是前文提到的微塑料，对环境仍然具有潜在的危害。更糟糕的是，如果回收塑料里混入了这种可氧化塑料，制成的再生塑料产品的质量就会大打折扣，所以绝大多数环保组织都反对这项技术，认为它治标不治本，打着可降解的旗号破坏循环经济。

第三，要想实现完全降解的目标，必须要让微生物参与进来，在氧气和水的帮助下将塑料分子完全分解掉，这就是“生物降解”（Bio-degradation）。问题在于，大家之所以喜欢塑料，就是因为塑料不像纸制品那样容易“变质”（即被微生物污染），所以必须让这种塑料在正常使用过程中不会被微生物吃掉，只在特定条件下才会被微生物降解，这个特殊条件就是堆肥。简单来说，堆肥就是为微生物提供一个高温、高湿的有氧环境，加快好氧细菌的工作效率，使得塑料能够在半年内彻底降解，剩下的渣滓可以用作肥料。问题在于，国内具备这种条件的工业堆肥厂很少，国外也不算多，很难满足大众的需要。而且这种堆肥厂对原料的纯净度要求非常高，因为最终产物是要拿去当肥料的，如果垃圾分类做得不好，废塑料里混进了有害物质，堆出来的肥料会对农作物造成伤害。

和堆肥厂正相反的就是垃圾填埋场，因为只有最上面的浅层垃圾处于有氧环境，下面的垃圾都处于无氧环境，所以进入填埋场的塑料垃圾分解速度极为缓慢，这就是很多环保人士不喜欢垃圾填埋场的主要原因。有人尝试在塑料中添加一种有机化合物，为厌氧菌提供养料，以此来加快分解的速度。用这种材料制成的一次性餐具、饭盒和装食品的塑料袋等可以当成普通垃圾扔掉，然后统一拿去填埋就行了，不需要消费者改变他们的行为习惯，所以一些人非常看好这一技术。但是，如果这种塑料没有进入填埋场，而是被人随手扔到了环境之中，便和普通塑料无异了。

总之，可降解塑料可以分成好几种，每一种都需要单独进行处理才能顺利降解，互相之间无法兼容。如果垃圾分类做得不好的话，根本达不到环保的要求。但是，目前的垃圾分类政策执行得并不好，很难做到尽善尽美，所以可降解塑料不可能一劳永逸地解决问题。

于是，我们只剩下减量这一条路可走了吗？

学会和塑料共存

电视屏幕上，一条繁忙的高速公路车辆川流不息。一位身穿印第安人传统服装的老人站在路边，一脸迷茫地看着往来车辆。突然，从一辆车上飞出一个装满垃圾的塑料袋，正好落在老人的脚边。镜头对准散开的塑料袋，里面是一些吃剩的快餐和它们的塑料包装。镜头再次上摇，定格在老人的脸上，只见一滴晶莹的泪珠从眼角涌出，顺着满脸的皱纹缓缓滚落。

这是上世纪50年代美国电视上播出的一则广告，曾经被誉为西方现代环保运动的起点，因为这则广告第一次让普通民众意识到了塑料垃圾的污染问题，并促使很多人主动改变了乱丢垃圾的习惯。

但是，2020年美国媒体上相继出现了好几篇质疑文章，称这则广告是人类历史上第一个“洗绿项目”。文章指出，扮演印第安老人的那名演员其实是个意大利人，而那则广告背后的金主也不是环保组织，而是可口可乐公司、百威啤酒公司和菲利浦·莫里斯烟草公司等跨国企业，它们出钱制作这则广告的目的是想把垃圾污染的责任甩到普通老百姓身上，以此来逃避自己应负的责任。

第一项指责显然是没有道理的，意大利演员凭什么就不能演印第安人呢？那些文章的作者之所以特意指出这一点，是想进一步强调整个事件都是被人操纵的假新闻，污染环境的罪魁祸首不像广告暗示的那样是乱丢垃圾的老百姓，而是那些跨国公司！

这个说法有道理吗？那就要看你如何定义“责任”了。2020年年底，一家名为“摆脱塑料”（Break Free From Plastic）的环保组织公布了一年一度的塑料污染全球黑榜，可口可乐、百事和雀巢分别位列前三位。这家组织调查了55个国家和地区的海滩、公园和河流，发现数量最多的废弃饮料瓶来自可口可乐，百事和雀巢则分列第二、第三位。事实上，这三家公司就是目前国际软饮料市场的三巨头，因此这件事的本质就是产量越高，被环保组织点名的概率就越大。

该组织指出，这三家公司虽然声称它们在努力解决塑料污染问题，但实际上它们却在继续生产有害的一次性塑料包装。该组织坚信，减少全球塑料污染的唯一方法就是停止生产并逐步淘汰一次性塑料用品，以及推广回收利用系统，这三家公司在这方面基本上是“零进展”。

确实，饮料瓶的有偿回收系统在很多国家都没有做起来，这几家大公司仍然在大量生产一次性塑料饮料瓶，而不是重新回到过去用那种可重复使用的玻璃饮料瓶，或者改用来自生物材料的可降解塑料瓶。

但是，这些公司也有苦衷。正如前文所说，饮料瓶已经是所有一次性塑料产品当中回收率最高的了，但塑料本身的性质决定了即使全部加以回收利用，做出来的可再生塑料的质量也会打折扣，不可能一直循环下去。至于说用玻璃饮料瓶代替塑料瓶，先不说前者的生产成本很高，其重量也会导致运输成本大增，光是玻璃瓶的回收和清洗就会消耗更多的资源，不一定比塑料瓶更环保。同理，目前生物塑料的质量仍然比不上化工塑料（比如纸吸管比不上塑料吸管），而且价格也比后者高，消费者愿意为此买单吗？

归根结底，问题还是出在塑料的定位上。我们到底应该把塑料视为敌人，想尽一切办法减少塑料的产量，还是具体问题具体分析，从减少塑料的危害入手？

如果是前者，那些跨国公司当然要负主要责任，毕竟大部分塑料产品都是它们生产的。即使它们无法减少产能，也应该负起回收的责任。但是，如果我们仔细分析一下塑料的真正危害，不难发现释放到环境中的塑料才是最大的问题。而那些塑料瓶和塑料袋并不是自己跑到野外或者海洋里去的，而是被普通消费者随手扔掉的。所以在这件事上没有人是无辜的，大家都有责任。

当然了，减少塑料产品的产量肯定会对减少环境垃圾有帮助，这也是环保组织力推的解决方案，但这个方案要求广大消费者改变自己的生活习惯，无数历史事实证明这是非常困难的事情。垃圾分类是另一个选项，而且全世界已有很多成功案例，但这同样需要消费者改变生活习惯，难度依然很大。

有没有办法能够在尽量不改变普通人生活习惯的基础上减少垃圾总量呢？有一个解决方案也许可以考虑一下，这就是焚烧。提到垃圾焚烧，很多人首先想到的肯定是冒着黑烟的烟囱，散发着恶臭的焚烧炉，以及排放到空气中的致癌物质二噁英。早年间的一些垃圾焚烧厂确实如此，但新一代垃圾焚烧厂早已改头换面，不再是过去那副老样子了。

北京首钢鲁家山垃圾焚烧发电厂就是这样一个新型垃圾处理项目。该项目位于北京市门头沟区鲁家山一个废弃的石灰石矿区内，距离市区大约20分钟车程。项目总投资20亿元，2013年建成投产后成为亚洲地区规模最大的垃圾焚烧发电项目，每天可以处理3000吨生活垃圾，基本解决了北京西部地区的垃圾处理难题。

虽然每天都有几千吨垃圾被送进来，但因为全程采用了封闭式管理，厂区内根本见不到垃圾的踪影，也闻不到多少异味，参观者只能隔着一层玻璃看到垃圾的样子。刚运进来的垃圾被堆放在两个59米长、27米宽、33.5米深的垃圾发酵池内，先通过5～7天的发酵滤去其中的水分，提高垃圾的热值，然后再送进焚烧炉内焚烧，推动蒸汽机发电。据我观察，这些垃圾都属于垃圾分类中的“其他垃圾”，主要成分是各种包装材料和掺杂了少许厨余垃圾的塑料袋及饭盒。虽然其中含有大量可回收塑料，但因为太脏了，成分也过于复杂，很难进入垃圾回收系统，也不被拾荒者青睐，很容易被丢弃在户外环境中，并最终流进海洋。如果它们能够拿来发电，价值就会有所提升，也许拾荒者就会愿意主动收集它们了。

从普通消费者的角度来看，除了相对干净的饮料瓶，大部分普通生活垃圾都是难以分类的，于是它们几乎全都被当作“其他垃圾”扔掉了。以前这些垃圾最终都去了填埋场，管理部门为了减少运输成本，不可能把填埋场建在远离市区的地方，其结果就是前几年在中国各地引起热议的垃圾围城事件。如今有了这个焚烧厂，每年都有超过100万吨本来应该进入填埋场的垃圾消失在空气中，其中蕴含的能量则变成了4.2亿度电，满足了20万户普通北京居民的日常生活用电需求，真可谓一箭双雕。

为了减少公众对于焚烧污染的疑虑，这家焚烧厂经常组织民众前往参观。走进厂区，大家首先看到的就是那根高耸入云的烟囱，冒出的白烟是经过处理的蒸汽，很快就消散了。厂区内竖着一块电子广告牌，显示的是从烟囱里排出的废气中含有的有害成分浓度。这些数据都是和环保部联网的，企业要想偷排非常困难。再加上这是享受国家补贴的国企，自身也没有偷排的动机，应该可以放心。

问题是，如果另一家垃圾焚烧厂没有这么好的技术和这么严格的管理，那就难免会出问题。所以，如果国家真的打算用焚烧的方式减少垃圾总量，那就必须想办法减少聚氯乙烯和塑化剂的使用，这两种物质里都含有除了碳、氢、氧的其他元素（比如氯），它们才是二噁英的来源。如果焚烧的垃圾里只有聚乙烯和聚丙烯这类简单的碳基多聚物，那就不会有这些问题了。

由此可见，无论是从先期投资的规模还是焚烧过程的技术含量来看，垃圾焚烧厂都更适合建在富裕的发达国家，这也正好可以帮助这些国家自行解决生活垃圾的处理问题。一直有不少西方环保组织倡导垃圾分类，因为分类好的垃圾便于回收利用，但实际上大量来自西方家庭的已分类生活垃圾最终都被运到了发展中国家，垃圾回收处理过程中所必然产生的污染也被顺势转移到了国外。据统计，仅仅美国这一个国家每年就向国外出口 100 万吨塑料垃圾，这些垃圾以前大都被运往中国，现在则被运到了马来西亚、老挝、孟加拉国、塞内加尔和埃塞俄比亚等第三世界国家。这些国家的废塑料回收技术较差，环保法规也不严格，产生的环境污染相当严重。如果像美国这样的发达国家能通过垃圾焚烧的方式将这些垃圾在本国处理掉，不但减少了垃圾运输过程中的能耗，还会对保护地球环境产生积极的影响。

这些案例清楚地表明，塑料本身不是恶魔，塑料的环境污染才是。要想减少塑料的环境污染，政府、企业和民众这三方面都必须挺身而出，承担起自己应负的责任。

话虽如此，塑料本身还是有一点原罪的，这就是塑料生产过程中所释放的二氧化碳。从本质上说，绝大部分化工塑料都来自石油，消耗的是地球上最宝贵的化石能源，而塑料本身又不大容易自我循环起来，所以塑料一旦被生产出来，就几乎注定会增加大气中的二氧化碳浓度。但是，这个问题不像火力发电站那么简单。如果我们分析一下塑料的全生命周期，不难发现塑料因为自重较轻，反而在另外一些领域帮助人类节约了化石能源，比如含有大量塑料材质的汽车就是如此。另外，如果顺着这个逻辑继续推理下去，反而会得出结论说，垃圾填埋场才是塑料的最佳归宿，因为这就相当于把碳储存在地下，不让它释放到空气中变成温室气体。相比之下，鲁家山垃圾焚烧发电厂每年发出的4.2亿度电相当于燃烧了14万吨标准煤，反而加速了气候变化的进程。

当然我们不能简单地算这笔账，还要考虑到垃圾填埋场的水源污染和土壤污染等一系列问题。但不管怎样，如果我们能想办法用生物原材料来制造塑料，就有可能从理论上消除塑料的原罪，将其转变成一种可持续的原材料。然而，真实世界的情况要比理论复杂得多，无论哪一种塑料都会受到使用规模和后处理方式的影响，最终的环保效果很可能会大打折扣。比如目前最常用的生物材料是淀粉和纤维素，但生产淀粉基塑料（主要是聚乳酸）需要用到玉米淀粉，有和人争食之嫌；纤维素基塑料（主要是醋酸纤维素）虽然没这个问题，但要消耗大量木材，也不是个完美的解决方案。

写到这里必须特别指出，生物基塑料并不都是可降解的，化工塑料也不都是不可降解的，这方面必须具体问题具体分析。同理，生物基塑料也不一定比化工塑料更安全，甚至有研究显示，生物基塑料反而更不安全。德国法兰克福大学的丽萨·齐默尔曼（Lisa Zimmermann）及其同事刚刚完成了史上规模最大的常用塑料毒性研究，并将研究结果发表在2020年12月出版的《国际环境》（*Environment International*）杂志上。论文显示，市场上有3/4的生物基塑料含有对人体有害的化学物质，这个比例和化工塑料差不多。其中用纤维素和淀粉制造的塑料含有的化学物质最多，实验室条件下触发的毒理反应也是最强的，说明厂商为了保证质量，在生产生物基塑料的过程中添加了大量化学添加剂。

总之，塑料这种东西在方便了人类生活的同时，也带来了很多副作用。

但是，因为技术和环境的限制，我们已经很难彻底摆脱塑料的影响了。

2020 年 9 月 18 日，全球数十位顶尖科学家联名在《科学》杂志上发表了一篇重磅论文，分析了塑料未来可能出现的几种结局。文章指出，如果我们什么也不做，到 2040 年时海洋塑料垃圾总量将增加到 2016 年水平的 2.6 倍，陆地塑料污染更是会增加到 2016 年水平的 2.8 倍。但即使我们完成了所有的减塑目标，各行各业都做到了最好，到 2040 年时全球塑料污染情况也只会比 2016 年减少 40% 而已。换句话说，如果我们立即开始行动起来，所有环保措施都执行得无比完美，从现在到 2040 年间全球仍将新增 7.1 亿吨塑料垃圾，其中 2.5 亿吨进入海洋，4.6 亿吨留在陆地。如果我们推迟 5 年再开始行动的话，那么还要再增加 5 亿吨塑料垃圾。

这一代地球人必须学会和塑料共存，因为我们已经别无选择了。

结　语

塑料很可能是继铁器和混凝土之后人类发明的最“民主”的材料，它的主要成分是地球上最丰富的碳、氢、氧，顶多再加一点氯、氮、硫而已。人类用现代科技手段将这些最普通的元素结合在一起，变成了一种轻质、耐用、功能多样、性能优异的原材料，几乎可以取代人类已经习惯使用的绝大部分其他材料，包括木材、金属、玻璃、橡胶和纸张等等。

石油工业兴起之后，塑料又多了一样好处，那就是廉价。廉价的塑料催生了人类历史上从未出现过的一种用品，那就是“一次性用品”。如果仅从商业的角度来看，一次性塑料制品可以说是人类历史上最棒的发明，没有之一，从此商人们可以大量生产并销售同一件产品，却不必在乎如何去收拾残局。

一次性廉价商品的出现标志着消费时代的到来，从此任何普通人都可以像过去的王公巨贾那样大手大脚地铺张浪费，生活质量非但不受影响，反而越来越高。所有这一切，都和塑料这种材料的神奇性质有关系，这是新材料影响人类生活方式的又一个经典案例。

但是，人类历史上很多帝国的成功原因往往也是它们最终崩溃的缘由，塑料王国也逃不过这一宿命。塑料低廉的价格导致其使用量急剧增长，塑料经久耐用的性质让它们难以降解，塑料性能的多样性又让它们难以回收和重复利用。塑料的这 3 个优秀特征最终把它自己变成了低贱和丑陋的代名词，同时又给地球带来了一场难以解决的大规模生态灾难，海洋成了最大的受害者。

复杂的问题往往需要复杂的解决方案，塑料问题就是如此。我们不应指望任何一种单一方案能够解决塑料污染问题，也不应指望完全依靠技术进步来帮助人类摆脱困境，而是应该多管齐下，一方面勇敢地向消费主义宣战，主动减少塑料产品的使用，另一方面必须采取实用主义策略，针对不同的塑料分别采取替代、回收、焚烧和填埋等方法加以处理。商家也必须立即行动起来，承担起自己应负的责任，只有这样才能彻底解决塑料问题，最终和这种人类有史以来发明得最全能的材料和平共处。

穿衣服的学问

俗话说，衣食住行。现代人除了住房，最大的材料消费恐怕就是衣服了。随着世界人口的增加以及快时尚风潮的流行，纺织品的产量激增，对生态环境造成了巨大的影响，必须尽快想出解决之道。

快时尚的代价

如果你乘船从广州市中心出发，沿着珠江一路向南航行，最终一定会到达南沙区，珠江在这里骤然变宽，江水和海水融为一体。广州格瑞哲再生资源利用有限公司总部就位于南沙区的一个科技园内，这家公司是中国南方最重要的二手衣物出口转运中心之一，每年至少有6万吨旧衣服从这里打包运往非洲。凡是去过非洲旅游的朋友一定会注意到很多非洲人穿着印有中文字样的衣服，许多都是从这里走出国门的。

2020年的儿童节这天，我前往格瑞哲参观，正赶上该公司每月一次的员工培训。参加培训的多半是附近农村招来的女工，十几个人围成一圈，由一名老员工手把手地教她们如何对收上来的旧衣物进行分类。我旁听了一会儿，发现这个工作技术含量还挺高，工人们必须立刻分辨出手上这件衣服到底是棉布的、混纺的还是化纤的，并迅速判断出这件衣服的“可卖性”到底有多高，然后把那些有价值的衣服按照质量的高低分成几个等级，分别扔进不同的筐里。之后，这些不同等级的衣服将会按照一定的比例混在一起，打成一个重达200斤的大包，随集装箱运往非洲。按照那边的规矩，商贩们只能整包买下，不允许当场拆开验货，是赚是亏全凭运气。曾经有一些不法商人以

广州格瑞哲再生资源利用有限公司正在进行员工培训

广州格瑞哲再生资源利用有限公司
即将运往非洲的旧衣服

次充好，非洲商人吃了大亏，只得派人常驻广州当场验货，交易成本大增，于是像格瑞哲这样有信用的大型中间商就有了用武之地。

我看了看那些挑出来的衣服，大部分都非常新，感觉没穿几次就被扔掉了。我又仔细检查了那些被淘汰的旧衣服，发现其实多数衣服并没有明显破损，只是比较脏而已，洗过之后应该也可以接着穿。不过洗衣服要花钱，这些旧衣服本来就是用极低的价格收上来的，不值得花钱让它们重生，还不如直接卖给那些回收工厂，拆碎了制成清洗用布料或者家具填充料。

根据中国循环经济协会2013年所做的统计，中国每年平均会有大约2600万吨旧衣服被丢弃，平均每人每年会扔掉3～5件。这其中超过90%的旧衣物都进了填埋场，或者干脆被直接烧掉了，剩下的那些质量较好的衣服则大都出口到第三世界国家，因为国内的二手服装交易市场尚未放开，个人转卖无门。

“我预计中国和非洲的旧衣服买卖做不了多久了，因为非洲经济也在发展，再过两年人家就不一定要了。”上海东华大学材料学院的王华平教授对我说，“但因为安全卫生等原因，国内二手衣物交易的相关法律尚未健全，所以这个市场一直没能做起来。一些专家建议国家可以搞一些二手服装交易试点，可惜这些建议至今没能兑现。”

“中国人在传统观念上一直不太愿意穿旧衣服，除非是来源于亲戚朋友的赠予。”中国纺织工业联合会环境保护与资源促进委员会（简称中纺联环资委）资源综合利用项目的负责人王琳对我说，“所以中国二手服装市场一直很难做起来，但在西方国家则没有这个问题。”

造成这一现象的主要原因在于中国曾经是个纺织工业极度落后的国家，直到上世纪70年代中国人买衣服还要布票，每人每年分到的布票甚至连裁一条裤子都不够，所以才会有“新三年，旧三年，缝缝补补又三年”的说法。那个时候每件衣服都得穿到实在不能穿了才会被扔掉，自然不会有人愿意花钱买别人穿过的旧衣服，所以那段时期中国城镇居民淘汰下来的旧衣服都归民政部管，由他们统一收上来之后，经过分类整理再发给贫困地区的人。随着中国经济的高速发展，很多贫困地区逐渐富裕起来，不太需要这些旧衣服了，于是现在的大部分旧衣服都是由环卫部门当作垃圾收上来，卫生条件和品质都无法保证，这就是为什么关于旧衣买卖的相关法规迟迟未能出台，国内二手衣市场全都处于灰色地带。其实最近几年网络上的二手衣买卖十分活跃，非正规渠道的旧衣交易市场也一直存在。那些非洲人也不要的旧衣服大都被集中到浙江温州的苍南地区，在那里被拆解成再生纤维，用于家具和建材的填充物，相当于降级使用。

除了经济快速发展，造成今天这种局面的最大原因就是快时尚的流行。2000 年是公认的快时尚元年，以 ZARA 和 H&M 为代表的一大批新兴跨国服装品牌纷纷在这一年大肆扩张，把原本属于少数富人和明星贵族的时尚概念引入了平民的世界。从此服装的主要功能就从过去的蔽体、保暖和保健变成了现在的个性与身份的象征。为了吸引更多的年轻消费者加入快时尚的风潮，这些快时尚品牌推出了一大批风格极其鲜明的服装，并一改过去每年换季时才推新款的做法，改为每个月甚至每个星期都推出几种新的服装款式，鼓励年轻人赶时髦，用服装来彰显自己的个性，但这也就意味着一件衣服穿不了几次就过时了。从材料的角度来看，这就相当于把一种过去的耐用材料变成了现在的一次性材料，造成了严重的浪费。从生产过程看，一件衣服从棉花到纤维，再到织布、染色和成衣，中间经过几十甚至上百道工序，耗费几个月的时间，跨越十几个城市或国家才能到达消费者的手上，整个过程的碳排放也是很惊人的。

纺织服装产业是劳动密集型产业，21 世纪初期全世界只有中国才能提供那么多质高价廉的劳动力，从而把服装的价格降下来。中国的服装加工量一度占到全球的 60%，最近几年虽然有所下降，但 2019 年中国的纺织纤维总加工量依然超过了 5000 万吨，光是衣服就制造了 200 多亿件。为了降低成本，快时尚服装更多地选择了廉价的合成纤维面料，导致大部分这类衣服都会在

4～5 年内变成垃圾。事实上，即使这些衣服质量还行，年轻人也不会再去穿它们了。在快时尚风潮中长大的孩子们会觉得衣服就是应该经常换的，一件衣服只要不再时髦了，立刻就会被扔掉。

这股快时尚风潮导致的服装浪费现象是十分惊人的。芬兰阿尔托大学（Aalto University）的时尚行业研究专家柯西·尼尼马基（Kirsi Niinimäki）博士在 2020 年 4 月 23 日出版的《自然》杂志上发表了一篇研究综述，发现目前全球的成衣产量已经比 2000 年时翻了一番，达到了每人每年 13 公斤的高水平。其中发达国家的服装消费量更是高得惊人，英国每人每年会买 26.7 公斤的新衣服，是世界平均水平的两倍。美国的统计数字更加夸张，一个美国人平均每 5.5 天就会买一件新衣服。造成这一现象的主要原因就是现在的新衣服实在是太便宜了，发达国家的服装消费在工资收入中的占比已经从上世纪 50 年代的 30% 下降到如今的 5%，买衣服就像买菜一样，成为很多人日常生活的一部分。

但是，衣服是很占地方的。当家里的衣柜被新衣服塞满之后，旧衣服就只能扔掉了。因为各种原因，旧衣服的回收利用率非常低。根据尼尼马基博士所做的统计，目前旧衣服的全球平均回收率只有 15% 左右，其余的旧衣服全都被当成垃圾直接进了填埋场或者焚烧炉，每年的总量超过了 9200 万吨。

产能的快速增长使得纺织业迅速成为温室气体的排放大户。目前全球纺织业每年排放 40 亿～50 亿吨二氧化碳，占人类活动总排放量的 8%～10%，超过了所有国际航空和海洋运输业的碳排放总和。这还不包括服装的运输、零售和使用后整理（包括洗涤、烘干和熨烫）所排放的二氧化碳，对于某些品种来说，后者甚至要比前者更多。全生命周期分析（LCA）结果显示，如果一件棉质圆领衫按照换洗 50 次来计算的话，其总的碳排放当中有 52% 来自后续使用，棉布制造过程中的碳排放仅占 35%。

纺织业还是用水大户，2017 年该行业一共消耗了 790 亿立方米的水，可以装满 3200 万个标准游泳池。后续的污水排放也是个大问题，纺织业的印染和后整理所排放的污水占到全球工业污水总排放量的 1/5，光是制造一条牛仔裤就要排放 3000 升污水，因为牛仔布的染色和漂白工序耗水量很大。

问题清楚了，但该如何解决呢？衣服这东西不像其他商品，其基本需求量是很固定的，没法减免，所以我们只能先从原材料开始说起，看看什么样的纺织品对环境最友好。

天然纤维与合成纤维

请问，18～19 世纪全球产量增长最快的产品是什么？答案不是钢铁，也不是混凝土，而是棉布。英国人发明的飞梭技术、珍妮纺纱机、水力纺纱机和蒸汽机极大地提高了纺织工业的生产效率，工业革命由此开端。

衣服是刚需，对纺织品的需求永远都在，而棉布无论是舒适度还是原材料成本都要比其他天然面料有优势，直到 19 世纪结束前一直是人类使用量最大的纺织品。棉布唯一的缺点在于织布是一项非常烦琐的体力劳动，耗费了大量人力，导致棉布成本一直居高不下。英国人率先掌握了用化石能源代替人力的技术，并依靠这项创新大大降低了纺织品的成本，为大英帝国挣到了第一桶金。

哈佛大学历史系教授斯温·贝克特（Sven Beckert）撰写的《棉花帝国》（*Empire of Cotton: A Global History*）一书中有这样一组数据，很好地说明了工业革命对于棉花纺织业产生的巨大影响：18 世纪时的印度纺织工人处理 100 磅生棉需要耗费 5 万小时，1790 年英国纺织工人做同样的事情只要 1000 小时，1795 年发明的水力纺纱机进一步把工时降到了 300 小时，而 1825 年发明的罗伯斯纺纱机只要 135 小时！英国发明家在短短 30 年的时间里就把纺织业的劳动效率提高了 370 倍，同期英国棉布出口量则增加了 200 多倍，曾经在国际市场上所向披靡的印度棉布一败涂地。

但是，英国纺织业的生产力提高得太快了，原材料供应跟不上了。种棉花不但需要大量土地，而且需要大批劳动力，这两个条件英国都不具备。根据《棉花帝国》一书所做的计算，1860 年英国棉纺厂所需棉花如果全部在英国本土种植的话，需要 100 万名农民（占整个英国农业人口的一半），以及全英国可耕地的 37%。因此，英国纺织业所需棉花几乎全部来自进口，开创了来料加工式资本主义生产方式的先河，今天的中国人对这种生产方式肯定不会感到陌生。

英国最早的棉花来源是奥斯曼帝国和印度次大陆，后来这两个地方都因战乱而出口量大减，于是英国改从西印度群岛（主要是海地和多米尼加）获取棉花。后来西印度群岛也独立了，英国人又把目光转向美国，把整个美国南方变成了英国纺织业最重要的原材料基地。为了满足英国纺织厂的需求，美国农场主从非洲运来了大批黑奴，埋下了种族歧视的隐患。后来的废奴运动之所以在美国南方频频受阻，主要原因就是农场主需要黑奴来种棉花，这件事最终是通过一场内战才解决的。

据统计，1815～1860 年间棉花出口占全美国出口总值的一半以上，可以说是棉花为美国挣到了第一桶金。但常年无休的耕种把整个密西西比河三角洲的土地肥力消耗殆尽，土壤沙化严重，最终导致了一场席卷整个美国南方的沙尘暴，大批农民被迫流离失所，成为美国历史上的第一批生态难民。

除了密西西比河三角洲，另一个被棉花毁掉的地方就是哈萨克斯坦和乌兹别克斯坦交界处的咸海（Aral Sea）。它曾经是全世界第四大内陆湖，上世纪中期时的水域总面积还有 6.8 万平方公里，大致相当于两个海南省那么大。自 1960 年开始大规模种植棉花之后，当地农民只用了短短 40 年的时间就把湖面缩小到只有原来的 1/10，干枯的河床变成了盐碱地，几乎寸草不生。周边居民原来靠打鱼为生，日子过得富足，如今却只能凑合着养几头骆驼，变成了靠救济生活的贫穷牧民。一些生态学家认为，此事堪称 20 世纪最大的生态灾难。

另一种天然纤维则在 21 世纪接过了棉花的班，差点儿毁掉了地球上最后一片大草原，这就是羊毛。据 2019 年 1 月 30 日出版的《科学》杂志的报道，因为羊绒衫（Cashmere，又名开司米）的需求量大增，蒙古人自上世纪 90 年代开始大量饲养山羊，导致蒙古大草原严重退化。目前蒙古境内已有 12% 的河流和 21% 的湖泊完全干涸，70% 的蒙古大草原很有可能在不远的将来退化成沙漠。

要不是美国杜邦公司的华莱士·休姆·卡罗瑟斯（Wallace Hume Carothers）于 1935 年发明了尼龙，地球上恐怕就剩不下几块好地方了。尼龙是人类发明的第一种合成纤维，即通过化学手段把碳基多聚物熔融纺丝而成的纤维。合成纤维和塑料非常相似，其原材料大都来自石油或天然气，产能不受土地、气候或水源限制，也不和粮食生产发生冲突，所以合成纤维刚出现的时候被认为是一种环保材料，它也的的确确为大自然保留了很多原本会种满棉花的土地，也省下了很多化肥、农药和淡水资源。

虽然合成纤维的化学成分极为简单，但科学家们可以通过改变聚合物分子式的方法创造出具备各种不同性能的材料，比如大家熟悉的涤纶、锦纶、腈纶、丙纶、维纶和氯纶这传统的“六大纶”，有的很耐磨，有的弹性好，有的吸水性好，有的手感好，它们可以单独织成面料，也可以通过混纺来各取所长。尼龙在我国一般称为锦纶，其特点是非常结实，适合做成绳子、降落伞和丝袜，后者很可能是最早被大众知晓的合成纤维产品。

中国老百姓最早接触尼龙这种材料是在上世纪 70 年代末期，那时中国从日本进口了一批尿素用作化肥，装尿素的袋子就是尼龙做的。当年中国纺织品奇缺，于是不少人把用完的化肥袋子洗干净后重新剪裁做成了裤子，可袋子上面的“尿”字怎么也洗不掉，于是这种特殊的裤子就成了那个年代的一个著名标志。

不过，在中国名气最大的合成纤维当数的确良。这是涤纶的一个重要品种，也是“六大纶”当中产量最大、应用范围最广的合成纤维材料，占比超过了 50%。用的确良做成的衣服耐磨挺括免熨烫，色彩鲜艳且不易褪色，洗涤容易且易干，这些优点都是棉布所没有的，所以那个时候拥有一件的确良衬衣是很有面子的事情，当然也是因为的确良衣服的价格比棉布的要贵很多。其实的确良衣服穿在身上并不舒服，因为它既不吸汗也不保暖，夏天穿很容易粘在身上，非常难受，冬天穿的确良就跟没穿一样，“美丽冻人”这个说法大概就是这么来的。

虽然存在各种问题，但的确良衣服在中国流行了至少 10 年，因为当时我们国家的化纤工业太落后了。改革开放之后情况迅速好转，中国在很短的时间内就一跃成为全世界最大的合成纤维生产国和加工国。2019 年中国的合成纤维产量达到了 5000 多万吨，占全球总产量的 70% 以上。

但是，就像在塑料行业里发生的情况一样，合成纤维没过几年就从一种环保材料变成了环境杀手，原因就是这种材料真正做到了价廉物美，导致其使用量暴涨，生产过程耗费了大量化石能源，终产物却又很难降解，往往只能填埋或者焚烧，反而产生了更多的环境问题。

于是，随着消费者环境意识的增加，环保面料成了时尚行业的新卖点。

环保面料的崛起

常逛服装店的读者肯定会注意到，如今稍微有点名气的服装品牌都会特意强调自己用的是环保面料，希望能让消费者消除顾虑，理直气壮地掏钱。

时尚品牌重视环保当然是件好事，但问题在于，到底什么样的面料才是环保面料呢？我在若干大城市的商场里考察了一番，发现几乎所有的天然纤维面料都自称是环保面料。棉不用说了，麻纤维、竹纤维、丝绸纤维和羊毛纤维也都标榜自己是环保的，后者往往还会特意标出自己用的是有机羊毛，虽然有机羊和无机羊之间的区别其实很难说清楚。

还有一大类环保面料名字听着很洋气，让人分辨不出它们到底是用什么材料做成的，比如天丝（Tencel）、莫代尔（Modal）、莱赛尔（Lyocell）和舒弹丝（Sustans）等等，甚至有些环保纤维干脆直接用英文，比如美国伊士曼公司生产的“Naia”，普通消费者肯定一头雾水。

“很多这类新型环保面料所用的原材料实际上就是人造纤维素纤维，其中的纤维素大部分来自浆粕（Pulp），也就是把木浆中的木质素等杂质去掉后剩下来的东西，经过各种不同的化学法处理后纺成纱，再织成面料。”可持续材料领域资深从业者、上海时装周有料空间顾问胡玥玲女士对我说，“第一代人造纤维素纤维是普通的粘胶纤维（Viscose），成本较低，经常和涤纶混纺做成仿棉产品，也就是人造棉。但粘胶纤维的生产过程有污染，不算太环保。后来科学家们改进了生产工艺，生产出第二代产品莫代尔和第三代产品莱赛尔，后者的生产过程基本上是闭环的，几乎不会对环境造成污染，产品质量也更好。”

胡女士拿了几件人造纤维素纤维的样品给我看，我发现这几种织物的手感柔软凉滑，悬垂感和弹性接近合成纤维，但亲肤性和透气性却又和棉一样好。胡女士介绍说，这是因为棉纤维结构不规整，所以手感相对粗糙，而人造纤维素纤维排列整齐，直径也可以做到比棉纤维细，所以手感比棉柔软光滑；再加上人造纤维素纤维悬垂性较好，非常适合用作内衣，以及婴儿衣物，很多用天丝做商标的衣服都是这种人造纤维素纤维产品。

“天丝实际上是第一个商品化莱赛尔的商标，拥有者是一个英国的家族企业，后来被奥地利的兰精公司（Lenzing）买了下来。不过天丝商标没有保护好，导致有段时间国产莱赛尔也用天丝的名字。”曾经在一家纤维素材料企业工作过一段时间的胡女士对我说，“莫代尔纤维有些规格非常细的品种成品率比较低，一般企业做不了，目前只有兰精公司具备全套的莫代尔生产技术，以及多品种规格生产的能力，其他企业只能做一些相对普通的品种。”

作为人造纤维素纤维行业的国际巨头，兰精公司更喜欢把自己定义为一家生产功能性材料的企业，对外宣传的重点是产品的优异性能，比如吸湿排汗、皮肤亲和、不易起静电、越洗越软等等。环保方面主推的是生产过程全程可追溯，以及产品的可降解性，并没有刻意强调人造纤维素纤维是一种比其他纤维更环保的材料。

与此类似，伊士曼（Eastman）公司生产的 Naia 纤维其实就是醋酯纤维，这是纤维素与醋酐发生反应生成的一种人造纤维素纤维。它们的宣传重点也放在产品性能上，比如快干、透气、凉爽、少起球和易打理等特性。环保方面则把重点放在了生产工序和产品的易降解性上，据说它在 21℃的淡水里只需 56 天即可降解。

相比之下，舒弹丝商家则更喜欢强调部分原材料来自玉米的特性，以及生产过程的能耗降低了 30%、温室气体排放量减少 63% 这两个显而易见的优点，理念上更符合环保面料的要求。这种纤维材料实际上源自杜邦公司于 2000 年开发出来的 Sorona 聚合物，用其制成的纤维是人类制造的第一种生物基弹力短纤维，其中确实有 37% 的原料来自玉米的发酵产物，因此被誉为一种极具可持续潜力的新型环保纤维，获得过 2003 年度的美国总统绿色化学挑战奖。

2008 年福建海兴凯晟科技有限公司和杜邦公司开始战略合作，从杜邦进口 Sorona 切片（专业术语称为 PTT），在国内工厂将其制成纤维（商品名舒弹丝），希望能和其他纤维材料进行混纺，为衣物增加弹性。此前只有氨纶是具备一定弹性的纤维材料，但氨纶是长纤维，不适合混纺，舒弹丝的出现正好填补了一项空白。但是，听上去如此完美的产品不知为何却一直没能做起来，于是我专程去海兴凯晟位于石狮市的工厂参观，这才明白了其中的问题所在。

“最早我们为了追求弹性，把从杜邦进口的 PTT 通过复合纺丝技术直接进行纺丝，但由于这是个新东西，没有任何类似的产品和工艺供我们参考，因而做出来的产品不够光滑，存在大量疵点，所以销路一直打不开。”海兴凯晟董事长欧阳文咸对我说，“后来我们吸取了教训，通过多次试验改进了自己

福建海兴凯晟科技有限公司工人正在检视舒弹丝生产线

的生产工艺，把杜邦 PTT 和聚酯 PET 混用，这才解决了纤维成品疵点和毛羽过多的问题，终于打开了销路。”

海兴凯晟的总工程师冯永生带我参观了厂里刚刚建成不久的一条舒弹丝生产线，设计年产量约为 1 万吨。我在进料车间看到了两个不同的麻袋，分别装的是杜邦进口的 PTT 切片和国内生产的 PET 切片，后者其实就是生产涤纶的原材料，直接来自石油，颜色非常洁白，但 PTT 切片则有点发黄，也许是其中含有玉米成分的缘故吧。这两种切片将会分别熔融并挤压成丝，然后按照大约 1∶1 的比例混合，最后出来的纤维就是舒弹丝。

换句话说，新版舒弹丝中含有的玉米成分降到了 19%，如果再和其他合成纤维进行混纺的话，可再生原料的占比还会进一步降低，这样做出来的服装面料还能叫环保面料吗？

“最早的舒弹丝追求百分百的性能，用的全部是杜邦进口的 PTT，但这就对混纺和纱线加工等后续工艺提出了很高的要求，导致那些购买舒弹丝的厂商必须专门为适应舒弹丝而修改自己原有的工序参数，太麻烦了，所以卖不动。”对舒弹丝的历史非常熟悉的中国纺织工程学会产业研究院常务副院长蔡涛博士对我说，“为了更好地应对市场需求，海兴凯晟做了调整，不但提升使用的方便性，甚至会按照对方的要求修改自己的产品参数，以满足产品性能和工艺制备方面的兼容性，只有这样才能打通整个产业链条，否则这个舒弹丝项目就没法进行下去了。”

蔡涛博士还提到了成本问题。最早的全 PTT 舒弹丝每吨卖 3.5 万元，算是相当高的价格了。后来掺入 PET 的舒弹丝分成了两种规格，价格降到了每吨 2.5 万元和 2 万元，销路终于打开了。

即便如此，目前购买舒弹丝用于混纺的企业仍然不算多。这种新型环保材料大都被用作羽绒的替代品，或者用作家纺产品（比如枕头）的填充物等，并没有充分发挥舒弹丝独有的优势。

从舒弹丝的遭遇可以看出，传统纺织业的惯性极强，一种新型环保面料要想占领这个成熟市场是非常困难的，光凭环保理念或者本身的质量优势是不够的，还需要产业链各方都做出一定的妥协才行。

除了人造纤维素纤维和生物基纤维，环保面料的另一个大类就是可再生纤维。上海德福伦化纤有限公司是可再生纤维做得比较好的一家企业，它的前身是上海第十化学纤维厂，2003 年搬迁改造后变成了现在这家以差异化和可再生涤纶为主攻方向的合成纤维工厂，德福伦这个名字就是来自英文单词“Different”，意为“不同”。

我专程去了趟位于上海金山枫泾工业区的德福伦公司总部，采访了总经理杨卫忠。在他看来，德福伦之所以被大家公认为一家环保企业，除了通过精细化管理降低能耗，以及通过技术革新减少重金属污染，最主要的原因就是他们大量使用可再生涤纶，如今已经做到了原生和再生涤纶各占一半的水平。前文说过，普通塑料水瓶所用的聚酯材料 PET 也是制造涤纶的原料，理论上完全可以把回收的塑料瓶重新熔融后再纺丝，变为再生涤纶。虽

上海德福伦化纤有限公司使用的再生聚酯（右）和原生聚酯的对比

然德福伦宣称可以将再生涤纶做得和原生涤纶一样好，但前者毕竟来自回收上来的废塑料瓶，颜色肯定不如原生涤纶那样洁白，质量估计也会打些折扣。但因为废塑料瓶需要付费才能回收上来，工艺上也更复杂，再生涤纶的生产成本反而要比石油基的原生涤纶高。如此一来，企业怎么还能赚到钱呢？

“为了保护环境，很多大品牌都对外宣布将更多地采用环保材料，比如宜家就决定到2030年时，所有产品都将使用可再生或回收材料来做，优衣库、迪卡侬和H&M等品牌也都承诺将逐步增加回收材料的占比，于是可再生纤维就有了销路。”杨卫忠对我说，“如今原生聚酯纤维的售价大概是每吨5800～6000元，而我们生产的可再生聚酯纤维则要卖8000～8500元，反而比原生的贵2000多元。如今回收废塑料的价格之所以越来越高，原因就在这里。”

杨卫忠还告诉我，用回收的聚酯塑料瓶重新熔融造粒后只能做小瓶子，因为塑料瓶对抗压能力有很高的要求，回收聚酯的质量不如原生聚酯好，于是瓶子只能越做越小。但回收聚酯做成纤维就没问题，因为普通消费者对服装的质量要求没有那么高，尤其是现在那些快时尚服装，消费者本来就没打算穿多久，这就是为什么有越来越多的快时尚品牌都在宣传自己的衣服是用可再生聚酯做的。

那么，用可再生聚酯做成的快时尚服装是不是就没毛病了呢？这就涉及一个关键问题，那就是我们应该如何量化服装的环境影响。

服装行业的未来

如果你去大街上随便拦住一位路人，问他何谓环保服装，他很可能会回答说，用天然面料做成的服装就是环保服装，因为化纤的衣服大都来自石油或者天然气，肯定不环保。

从气候变化的角度来看，石油、天然气这些化石能源当然是罪魁祸首，可问题在于，天然材料就一定能帮助我们节能减排吗？就拿棉布来说，除了种棉花需要消耗大量土地和水资源，棉布的后整理和染色都需要消耗能源，使用阶段的能耗甚至更大，真不见得比合成纤维更环保。

为了考察棉布的整个生产流程，我去参观了专做棉布后整理的石狮市港溢染整织造有限公司，发现一匹坯布在织好之后还要经过至少两天的后整理过程才能送到服装厂去做衣服。两天之内这匹布需要经过退浆、煮练、氧漂、染色、固色、脱水烘干和定型等好几道工序，每一道工序都需要用电，这些都是消费者看不到的能耗。

“棉纤维结构比较复杂，刚织好的棉布需要先烧毛，去掉上面的毛刺，然后再进入生产线进行后整理，每一步都需要水洗，污水也必须经过处理之后才能排放。”港溢公司董事长侯清秩对我说，“在后整理这块儿，化纤比棉纤维有优势，因为合成纤维结构比较单一整齐，耐得住折腾，处理手段也比棉纤维更加丰富。”

尤其在染色这个环节，合成纤维的优势更大。上海德福伦的一款重要产品就是原液染色的合成纤维，即在涤纶熔融纺丝的过程中就把色母粒加进去，让着色剂均匀分散于纤维中，这样做出来的有色纤维具有高色牢度、高耐晒等优势，可以直接拿去织造任何颜色的布料，不用再染色了，减少了污水排

石狮市港溢染整织造有限公司的坯布后整车间

上海德福伦化纤有限公司的工人在检查合成纤维的纺丝质量

放。用这种原液着色纤维做出来的布料颜色均匀恒定、不掉色，但后续的回收利用可能会比较麻烦，环境影响有待评估。

说到使用过程的环境污染，2009年进行的一项基于全生命周期分析（LCA）的研究结果表明，一件衣服的最大能耗很可能发生在洗衣、烘干和熨烫等使用环节，布料制造过程的能耗并不一定就是最重要的因素。尤其是传统的棉布衣服，因为速干性差，又需要经常熨烫，使用过程的能耗远大于合成纤维；再加上普通棉纤维的可降解性其实也不比合成纤维好多少，所以综合算下来棉布真不一定就比合成纤维更环保。

如果再把衣服的寿命折算进来的话，差距就更大了，因为一般合成纤维要比棉纤维更结实，洗涤后更不易掉色或者变硬，因此使用寿命也更长。

既然如此，我们是否应该以环保的名义减少棉花种植呢？王华平教授不这么认为。"一些地方的地理位置和气候条件更适合种棉花，比如新疆就是如此。还有些地方的土壤条件不适合种粮食，比如山东和苏北等地的盐碱地就是这样。在这种地方可以先种棉花，通过种棉花来达到修复土壤的目的。所以我认为在资源环境允许的范围内还是可以继续发展天然纤维的，只是总量不会有显著增长了。"王华平教授对我解释说，"其实现在的棉纤维处理技术也在进步，很多性能和功能都有大幅提升。将来棉纤维可以作为高端产品在纤维市场保有一席之地，满足那些崇尚天然产品的消费者的需求，而丝绸和羊绒等则变为奢侈品，继续保留自己的空间。"

确实，如今市面上有很多高档棉制品已经变得越来越像化纤了，无论是尺寸稳定性，还是免烫速干、耐磨不起球等常见性能都几乎和化纤一样好了。而一些化纤产品也逐渐向优质棉纤维靠拢，其亲肤性、透气性和舒适性也越来越好。换句话说，天然纤维和合成纤维正在科技的帮助下逐渐向彼此靠拢，性能越来越趋向一致。

据统计，目前全世界的纤维年产量为1亿吨左右，其中棉纤维约占25%，但这个占比很可能会随着纤维总产量的增加而减少，因为棉花产量的增长空间已经不大了。目前人造纤维素纤维的占比约为 7% 左右，未来有可能突破 10%，因为造纸业大幅萎缩，很多原本用于造纸的浆粕将会转为制造纤维。合成纤维目前占比约为 66%，未来很有可能还会继续增加，因为只有石油、天然气的产量可以不受土地资源的约束。

根据艾伦·麦克阿瑟基金会（Ellen MacArthur Foundation）所做的预测，如果目前的增长趋势不加遏制的话，到 2050 年时全球服装行业的规模将会是 2015 年的 3 倍。如果真是这样，那么绝大部分增长只能来自合成纤维，也就是石油和天然气，于是纤维行业将会成为节能减排的最大障碍。

有 3 个办法可以解决这个问题。第一个办法是大力发展废旧纺织品的回收利用，这也是塑料行业正在力推的方法。但是，服装比塑料的回收利用更难进行，因为一件衣服的组成成分要比一只塑料瓶复杂多了。

“回收利用旧衣难度很大，因为一件衣服包括面料、里料、拉链、纽扣和填充物等等，成分特别复杂，拆解的成本非常高。”王琳对我说，“所以回收的服装纤维一般都是降级使用，比如拆散后做成低级的填充料、毛毡板、汽车内饰、隔音材料等等。这么做比较符合经济利益，因为目前的再生纤维存在技术瓶颈，如果想要同级使用的话，成本太高了。因此，只有建立有序的、流向清晰的废旧纺织品回收资源化利用模式，增加旧衣物的高值化利用比例，才能减少资源浪费，减少环境影响。”

王华平教授则认为，纤维回收利用领域出现了很多技术创新，未来有希望达到纤维总量 1/5 的水平，即如果 2050 年纤维总产量达到 2.5 亿吨的话，其中的 5000 万吨将会来自再生纤维。“这就要求新服装从设计开始时就必须考虑将来的拆解和回收问题，尽量减少混纺的组分。如果必须混纺，就尽量做到同质异构，即不同的纤维虽然性能不同，但材质上是同样的或者同类的，回收工艺技术就完全可以一样了。”王华平教授解释说，“比如棉和纤维素纤维混纺，大家都是纤维素，将来拆解起来就要容易得多。再比如一件涤纶材质的衣服，缝制时也要尽量用涤纶线和聚酯塑料纽扣，这样整件衣服就可以直接当作聚酯材料进行回收了。”

第二个办法是开发新的纤维来源。除了前文提到的来自木浆的人造纤维素纤维，来自玉米的聚乳酸纤维、来自农作物秸秆的人造纤维素纤维和用菠萝叶或仙人掌制造的人造皮革等都有一定的潜力。

“很多这类生物材料都有很强的地区性，比如菠萝叶只有种菠萝的地方才有，指望用这种生物材料制造出一种畅销全世界的产品是不现实的，而且也是不环保的，因为运输这些原材料需要消耗很多能源。”清华大学美术学院生态设计研究所所长刘新博士对我说，“以前有人认为只有全球化才能做到资源的最佳配置，比如把中国变成世界工厂，从世界各地进口原材料，让中国工人高效地制造出产品，再销往世界各地，现在看来这个模式在运输过程中消耗了太多能源，不一定是最环保的做法。”

刘新博士指出，自然界资源量最大的纤维类物质是纤维素，其次是甲壳素（Chitin），两者都可以被制成服装面料，部分代替棉布和化纤。已经有人尝试用酿酒剩下的渣子、丝瓜瓤子、虾蟹的壳、藻类和菌丝等做成纤维，都取得了一定的成效。如果这些原材料能够就地使用，制成产品后又能够供给当地消费者的话，其结果不但更环保，还能保护本地经济，增加就业。

当然了，这些材料也都有各自的问题，而且总量都不大，不可能完全替代传统纤维，所以我们必须同时采取第三个办法，那就是减量。可是，穿漂亮衣服是人类的天性，快时尚行业又培养了一大批喜新厌旧的新新人类，想让他们克制自己的消费欲望实在是太难了。

有一个办法可以既满足年轻人爱美的天性，又能减少浪费，这就是服装租赁。总部设在北京的“衣二三”就是这样一家新兴的服装租赁公司，公司创始人刘梦媛曾经在光线传媒和《时尚芭莎》工作过，是一位有着十多年工作经验的资深媒体人。她创立这家公司的初衷并不是简单地保护环境，而是想帮助那些喜欢时尚的女孩用更经济的方式穿上好看的衣服。

“时尚行业的目的就是让人拥有美好的东西，这是件好事，只不过目前的解决方案太单一了，只能不停地去买，结果造成了大量闲置，非常浪费。"刘梦媛对我说，"我曾经做过一个小调研，发现中国一线城市有 76% 的女性平均每年会买 60 件以上的衣服，平均每个月的置装费都在 2000 元以上，但其中只有 10% 的衣服穿的次数比较多，剩下的基本不会穿。因为女孩子买衣服的动机非常复杂，经常买回一件自己不喜欢的衣服，又没地方卖，最终只能扔掉。"

刘梦媛以前在时尚媒体工作时经常要给明星拍大片，需要从品牌借最新款的时装，她发现再大牌的明星也不会嫌弃别人穿过的衣服，经常是一件衣服章子怡穿完了周迅穿，不断地在明星艺人之间轮换。于是她灵机一动，决定把这个模式扩展到广大消费者，做一个针对普通人的借衣 APP。

"我们 2015 年刚开张的时候只做礼服，我当时觉得这才是消费者的刚需，但试了一段时间后发现生意并不好，大家最需要租借的并不是这种特殊场合的高档服装，于是我大胆决定把日常装拿出来做租赁，而且一拍脑门定了 499 元一个月的会员费，没想到大受欢迎，市场一下子就做起来了。"刘梦媛回忆说，"美国最大的服装租赁 APP'租 T 台'（Rent the Runway）几乎和我们在同一个时间推出了日常装租赁业务，151 美元一个月，也非常火，看来这才是消费者最需要的服务。"

据刘梦媛介绍，目前"衣二三"常年保持至少 3 万个不同的款式同时在线，服装总量也保持在 100 多万件的水平。很多消费者把"衣二三"当成了试衣间，遇到自己特别喜欢的就会买下来。为了提高工作效率，"衣二三"在南通投资建设了一个仓库，用专业的保养方式尽可能地提高一件衣服的使用寿命。但即便如此，一件衣服通常流通超过两年之后就会下架，然后打折卖掉或者捐给公益机构，算下来一件衣服平均会流通十几次，使用率算是相当高了。

刘新博士非常看好服装租赁业务，他认为时尚业的未来很可能就是定制加共享，订单经济将成为主流。"未来人口增长和资源匮乏将会彻底改变时尚行业的经营方式，普通消费者很可能没有其他选择，只能共享。”刘新对我说，“如果你想穿得和别人不一样，那就花很多钱去定制，个性服装将会变成一件奢侈品。这样一来商家也不会再有库存压力，反而能赚更多的钱。”

这样的未来，你准备好了吗？

尾　声

服装租赁业做得再好，也不太可能从根本上解决问题。如果一件衣服最多只能流通两年就得报废，再算上邮寄过程中的高昂成本和碳排放，这笔账无论怎么算都还是太浪费了，所以刘新认为最根本的解决之道还是得想办法转变人们的消费观念与消费方式，减少无意义的、冲动性或炫耀性消费。而想要做到这一点，未来的服装必须满足两个条件：高品质 + 永恒设计。

成立于 1997 年的之禾（Icicle）就是这样一家中国服装品牌。我专程去了之禾在上海的总部，采访了成衣开发高级副总裁姚曼丽女士，请她给我介绍一下之禾的设计理念。

“我们的宗旨就是尽量做减法，不做潮流设计，不做过剩设计，不做缺乏使用场合的设计，并尽量让我们的服装不过时。”姚曼丽对我说，“所以我们会尽可能地使用材料的原色，减少装饰性图案，把钱花在提高面料的品质上。”

的确，之禾的大部分服装都显得特别简朴，缺乏所谓的“设计感”，颜色也偏素，但面料摸上去非常舒适，给人以高级的感觉，这样的衣服任何年代穿出去都不会感到落伍。

“我们的口号一直是‘买少点，买好点’（Buy Less，Buy Better），我们希望能通过这一原则吸引更多的消费者，靠这个来赚钱。”之禾公司的联合创始人陶晓马女士补充道，“我们希望能把自然之道塑造成美的标准，唤醒人们对自然之美的欣赏能力，因为只有美才能影响行为。”

之禾成衣开发高级副总裁姚曼丽

之禾的经营之道很可能就是环保运动的终极目标，因为大道理已经讲了很多遍了，但审美往往才是决定一个人行为模式的终极驱动力。如果不能培养出一套基于环保的审美标准，让未来的人类打心眼里爱上大自然，任何环保措施都将是不可持续的。

参考资料：

Rolf E. Hummel, *Understanding Materials Science*, Springer, 2004.

Vaclav Smil, *Making the Modern World*, Wiley, 2013.

Alan MacFarlane, Gerry Martin, *The Glass Bathyscaphe*, Profile Books Ltd, 2002.

Sven Beckert, *Empire of Cotton: A Global History*, Vintage, 2015.

Mark Miodownik, *Stuff Matters: Exploring the Marvelous Materials That Shape Our Man-Made World*, Houghton Mifflin Harcourt, 2014.

Seth C. Rasmussen, *How Glass Changed the World: The History and Chemistry of Glass from Antiquity to the 13th Century*, Springer, 2012.

William D.Callister Jr., *Fundamentals of Material Science and Engineering*, Wiley, 2000.

Julian Allwood and Jonathan Cullen, *Sustainable Materials with Both Eyes Open*, UIT Cambridge Ltd., 2012.

Sam Kean, *The Disappearing Spoon: And Other True Tales of Madness, Love, and the History of the World from the Periodic Table of the Elements*, Back Bay Books, 2011.

Stephen Fenichell, *Plastics: The Making of A Synthetic Century*, HarperBusiness, 1997.

Springer Briefs in Molecular Science, Springer, 2012.

刘杰主编:《木建筑·第一辑》，科学出版社，2017 年。

布赖恩·费根:《考古学与史前文明：寻找失落的世界》，中信出版集团，2020 年。

艾伦·麦克法兰、格里·马丁:《玻璃的世界》，商务印书馆，2003 年。

第 三 章

未来的能源

能量正是让这个世界变得越来越

有趣的原动力

引言　能源：人类想象未来的无限可能

人类存在的终极目标就是消耗更多的能量，以此来生产更多的优质信息，比如知识、创新和想象力，这就是为什么人类的能源需求是永远不会封顶的。核聚变将是人类的终极能源形式，人类对于宇宙的终极想象，将会依靠核聚变来实现。

2021年6月，四川省关闭了一大批矿场，原因之一是节能减排。

这些矿场挖的不是煤炭或者某种贵金属，而是比特币。挖矿的工具也不是锹镐，而是计算机。它们日夜不停地进行着计算，试图用这个方法解决复杂的数学问题，以此来获得比特币奖励。

比特币本质上就是一串代码，只存在于虚拟世界中，没有任何对应的实物。但挖矿却是需要耗电的，四川省因为有廉价的水电，一度拥有全世界将近50%的算力资源。但水电再廉价也是需要拿真金白银来换的，虚拟的比特币产业增加了真实世界的碳排放，最终没能逃过被取缔的命运。

这是个标志性的事件，它说明人类的能源消费已经彻底摆脱了物质的束缚，进入了精神的世界。

能源与幸福

人活着就要追求幸福，而幸福感离不开物质的帮助。我们需要既美味又有营养的食物，既好看又保暖的衣服，既宽敞又舒适的房子，以及一次次说走就走的旅行。话虽如此，一个人再怎么爱美，家里的衣橱也是有限的；再怎么好吃，一天三顿饭也足够了；希望房子更大，但房价往往也会跟着涨；离家越远，人就越需要回家休息。

换句话说，对于大多数普通人而言，无论是美食、美酒还是物品材料，对于幸福感的提升作用都是有限的。事实上，随着文明程度的提升，一个人的幸福感甚至有可能和他的物质需求成反比。比如在那些普遍营养过剩的发达国家，一个人的胖瘦已经和他的富裕程度关系不大了，而是只和他的教育水平有关。受教育程度越高的人，吃东西的时候反而会更节俭。

但能源就不同了。一个人的幸福程度，几乎总是和他的能源消耗量成正比。一个生活在发达国家的现代人的营养摄入量并不比人类祖先们高多少，但他的平均能耗却是狩猎采集者的50倍以上。充足的能源供应让这个现代人能够生活在几乎恒温的房子里，随时和相隔千里的亲朋好友通话，一高兴就可以用比古时候快100倍的速度去和朋友会面。

所有这些能够提升幸福感的“神迹”古人一定都想到过，但他们没有足够多的能源去实现这些梦想。比如，古人最大的梦想一定是永远不会饿肚子，现代人依靠比一个世纪前高10倍的粮食单产实现了这一目标。但实现这一目标的一个重要前提就是现代农业的单位土地面积能耗是一个世纪前的90倍，一个现代农民可以驾驶着烧柴油的农机具播种和翻耕，用电动水泵抽取地下水实施灌溉，并通过消耗化石能源生产出足够多的化肥。

与此同时，一个现代人绝不会仅仅满足于吃饱肚子。他的梦想也许是重建地球生态，或许是和亲朋好友一起环球旅行，甚至是乘坐宇宙飞船探访火星。所有这些想象都需要大量优质能源的支撑才能实现，而且想象力越丰富，所需要的能源往往也就越多。人类的想象力是没有尽头的，对能源的需求同样也是没有尽头的。

元宇宙的能源消耗

一些人对于能源的未来没有信心，便创造了一个全新的概念，叫作元宇宙。按照他们的设想，未来的人类根本不用把想象变为现实，只需把大脑接入元宇宙的世界就可以满足了。但是大家别忘了，思考和想象同样也是需要能量的。很多人之所以没有意识到这一点，是因为我们的大脑是个效率超高的思考机器，仅靠一碗米饭就能胸怀天下。但即便如此，仅占体重 2% 的大脑依然消耗了人体 20% 的能量，由此可见思考的耗能之大。

思考的本质就是计算，当人类学会了用计算机代替脑细胞进行计算的时候，这才终于意识到计算有多么耗能。比特币行业完全建立在暴力计算的基础之上，其 2021 年的总耗电量达到了 2000 亿千瓦时（1 千瓦时即 1 度电），差不多相当于两个三峡大坝的年发电量。如果把整个比特币行业当成一个国家的话，其耗电量在全球第 25 名左右，而且这个排名还会持续上升，因为根据比特币的定义，挖矿的成本将会随着比特币矿藏量的减少越来越高。已知比特币的总数为 2100 万个，目前已经挖出了 1850 万个，剩下的那 250 万个比特币的挖掘成本将会呈指数级增长。

即使你不是矿工，只是比特币的普通玩家，你同样会消耗大量的能源，因为比特币每交易一次都会消耗大约 2300 千瓦时的电力，足够一个生活在中国小城市的三口之家用一年了。要知道，比特币只是加密货币的一种，还有好多新出现的加密货币没有计算在内呢！

也许有人会说，加密货币及其背后的区块链技术存在争议，并不是所有人都看好它的未来。但整个数码行业的用电量惊人，这已是不争的事实，只是普通老百姓没有意识到而已。比如芯片制造行业的领军公司“台积电”（台湾积体电路制造股份有限公司），每年的耗电量超过了 140 亿千瓦时，大致相当于深圳市常住居民一年的用电量。而目前全球各大互联网数据中心的耗电量已经达到了全球总用电量的 2%，随着奈飞和抖音等流媒体应用的飞速发展，到 2030 年时这个数字很有可能上升到 8%。

被公认为未来经济支柱的人工智能（AI）更是潜在的电老虎，因为现阶段的人工智能仍然离不开暴力计算。当年战胜李世石的谷歌围棋程序

AlphaGo是一个总功率高达100万瓦的庞然大物，而人脑的功耗仅为20瓦左右。缩小两者之间差距所需要的关键技术，距离现实还很遥远，导致任何一个基于人工智能的软件系统都耗电惊人。据一项来自美国马萨诸塞大学阿默斯特分校的研究显示，训练一个错误率小于5%的图像识别模型所需费用高达1000亿美元，产生的碳排放与纽约市一个月的碳排放相当。如果要想将错误率减半，理论上至少需要再增加500倍以上的计算资源，其成本将是天价，碳排放更是让人难以承受。

当然了，网络的普及肯定会在某些方面减少碳排放，比如视频会议节省了与会者的交通费。但能源领域有个著名的“杰文斯悖论”（Jevons Paradox），这是19世纪英国经济学家威廉·斯坦利·杰文斯（William Stanley Jevons）首先提出来的。他发现煤炭的使用效率越高，对煤炭的需求量就会越大，而不是正相反。对应于当今世界的话，这就好比一个人买了一辆电动汽车，每公里能耗比油车低了很多，但他很可能会因为这个原因而更喜欢开车去买菜，而不是骑自行车，结果他每个月的交通费很可能比开油车时更多了。

总之，能源的未来和农业或者材料领域都不相同。后两者都是有上限的，可以通过节约或者提高使用效率来实现可持续发展，但能源不行，因为能源是一切进步的基础，而人类对于进步的追求是没有尽头的。

未来能源的气候约束

可问题在于，目前人类的能源消耗总量当中尚有80%以上来自化石能源，这是不可持续的，原因有三。

首先，经过这么多年的媒体宣传，相信大家都已知道二氧化碳排放导致全球气候变化这件事了。不管你是否打心眼里相信它，全世界几乎所有的国家都已在2015年的《巴黎协定》上签了字。这份协定要求在本世纪内将升温幅度控制在2℃以内，甚至最好控制在1.5℃之内。为了实现这一目标，人类活动导致的碳排放必须尽快降到零。于是各国政府陆续公布了自己的减排承诺，包括欧盟、美国和日本在内的100多个国家和地区都把2050年作为实现碳中和的最后期限，另外两个排放大国巴西和印度则分别承诺到2060年和2070年实现碳中和。

中国是世界第一排放大国，习近平主席在2020年9月召开的第75届联合国大会上首次提出了中国的“双碳”发展目标，承诺二氧化碳排放力争于2030年前达到峰值，努力争取2060年前实现碳中和。

所有这些承诺，都相当于宣判了化石能源的死刑，现在只是在缓期执行而已。虽然有些方法可以抵消化石能源带来的碳排放，比如植树造林或者碳捕捉和碳封存技术等，但这些方法都是暂时性的，理论上是无法持续使用的。

其次，化石能源是有限资源，本身是不可再生的。根据目前最新的统计数据，石油的已探明储量只够再用53年，天然气是48.8年，煤炭要更久一些，但也只够用139年而已。有人根据以往的经验，相信人类总能开发出新的化石能源储备，还举了页岩气、油砂和海底可燃冰的例子。但化石能源本质上就是埋于地下的古代生物的尸体，其总量肯定是有限的。上述这几种新的化石能源储备不但开采难度很大，而且更容易污染环境，不到万不得已是不能动用的。

另外，石油和天然气等化石能源还有一项难以替代的功能，那就是作为化工行业的原材料。如果我们把石油天然气全都作为燃料烧掉了，那么塑料和化纤等人类必需的化工产品从哪里来呢？

再次，化石能源还有个很关键的特性，那就是分布极度不均，这就导致了能源垄断的局面，很多国际冲突因此而起。三种主要化石能源当中，煤炭的情况相对好一些，石油和天然气的问题最为严重，因为前者在交通领域的作用暂时无法被替代，后者又被当作奔向碳中和的最佳过渡能源，同样很难被替代。因此，即使不考虑气候变化和储量限制，仅从保护国家能源安全的角度考虑，化石能源也不是长久之计，必须尽快找到代用品。

目前已经找到的化石能源替代品大都不受先天资源条件的限制，只和技术水平有关，而技术是相对容易学习和转让的，这就打破了过去少数国家仰仗自己的地理优势垄断全球能源市场的局面，类似上世纪 70 年代石油危机那样的能源危机将不会再有了。中国虽然在这方面起步较晚，但追赶的速度最快。根据科研和医疗信息分析公司爱思唯尔于 2022 年 1 月 5 日发布的《净零之路：全球清洁能源研究现状》，自 2001 年以来，中国在清洁能源领域共计发表 40 余万篇论文，位居全球首位。截至 2020 年年末，全球清洁能源领域约一半的专利都来自中国。

因为以上这三个原因，人类的能源结构必须转型，彻底摆脱化石能源的束缚，没有第二条路可走。这很像是一次目标明确的赛跑，每个参赛者都可以根据自己的实际情况选择不同的路线和方式，但终点只有一个，没有选择。

能源转型

说到能源转型，人类历史上已经发生过好几次了，每一次都不容易。这一次的能源转型将会格外艰难，因为人类目前正处于经济发展的高峰期，能源需求的增长速度非常快。即使我们有办法说服发达国家克制自己的欲望，暂缓前进的步伐，我们也无法阻止广大发展中国家迎头赶上，努力提高自己国民的生活水平。根据联合国相关机构所做的统计，目前全球尚有 8 亿人用不上电，另有 26 亿人没有清洁的厨房能源。我们不能为了节能减排就不让这些人过上好日子，这是不道德的，也是注定不可能成功的。

那么，人类能否在保持经济高速发展的同时完成这次能源转型呢？答案是肯定的，理由有三。

首先，能量是一个笼统的概念，不但存在多种形式，比如热能、势能、动能、化学能、原子能等，而且可以有很多不同的来源，比如太阳能、风能、

合肥聚变堆主机关键系统综合研究设施

化石能源、核能等等。从理论上讲，不同形式和来源的能量完全可以相互转换和互相替代，如果一种能源形式对环境有害，换一种就行了，不像粮食和材料，不同组之间很难互换，灵活性差了很多。

其次，不同能源形式之间的转换技术我们也已经有了，但因为能源密度和价格的差异，转换的成本相差很大。化石能源之所以难以被替代，就是因为它们的能量密度非常高，而且运输储存都很方便，实在是太好用了。因此有不少人认为，起码在目前的条件下，化石能源是最符合经济规律的能源形式，取代它们是反人性的。

但是，这些人没有意识到，化石能源之所以如此便宜，是因为我们没有把环境成本加进去。如果我们这一代人不加约束地烧煤烧油，加剧了气候变化，下一代人将会为此付出更多的环境和经济代价，这才是真正反人性的做法。所以说，尽快取代化石能源反而是最符合经济规律的决策，为此多花的那些钱很可能是人类历史上最明智的一笔投资。

再次，人类历史上发生过两次大的能源转型，分别是从木柴到煤炭，再从煤炭到石油。这两次能源转型都是因为我们找到了能量密度更高的能源形式，转换起来顺理成章，无须干预。这个规律还能延续下去吗？答案是肯定的，因为我们开发出了核能。核能是宇宙间能量密度最高的能源形式，不但完全符合人类的能源发展规律，而且几乎没有碳排放，是当前最应该大力发展的新型能源。

人类早在上世纪50年代就掌握了和平利用核能的技术，可惜因为出过几次核事故，以及一些来自媒体和反核组织的负面宣传，民众对于核能充满了各式各样的误解。这股情绪反过来又为核能的和平利用增加了很多不必要的成本，极大地削弱了核能的竞争力。实际上，核能无论是投资收益还是真实安全性都要比化石能源好很多，核裂变原料的储量也足够丰富，至少可以让人类安全地使用上千年。

如果核裂变原料用光了的话，我们还有核聚变。地球上拥有取之不尽的核聚变原料，几乎永远不必担心枯竭。而且核聚变产生的核废料极少，很容易处理，不像核裂变那样麻烦，所以说核聚变将是人类的终极能源形式，人类对于宇宙的终极想象，将会依靠核聚变来实现。

人类能源简史

我们的生活离不开能源，衣食住行全都需要能源的加持。现代人之所以穿得越来越时髦，是因为织布机和化纤的发明；吃得越来越丰富，是因为拖拉机和化肥的普及；住得越来越舒适，是因为钢筋水泥的大量使用；行得越来越频繁，是因为汽油和柴油越来越便宜……人类社会的每一次进步都是能源效率提升的结果。对能量密度的不懈追求，贯穿了整个人类发展史。

被能源限制的农耕时代

青海省共和县境内有个奇怪的电梯，一共9层，每层的按钮旁边都刻意标出了海拔数字，从底层的2443米一直升高到顶层的2610米，每层升高10～30米不等。原来这是黄河上游首座大型梯级电站龙羊峡水电站的内部电梯，负责把电站员工从位于坝底的水轮机房一直送到坝顶的公路出口。

龙羊峡水电站人称“龙头”，因为这是万里黄河的第一坝。黄河是中华民族的母亲河，富含养分的河水把黄河两岸变成了优质农田，养活了龙的传人。龙羊峡大坝把这条龙拦腰斩断，硬生生地把河水抬高了160多米。大坝上游8.67万亩耕地和6.9万亩草地被淹，变成了一座总面积高达380平方公里的人造水库。每年都有大约200亿立方米的黄河水通过坝底的4台单机容量32万千瓦的水力发电机组流向下游，顺便为西北电网提供大约60亿千瓦时的电力。

这座大坝于1976年正式开工建设，直到1989年4台机组才完全建成投

青海龙羊峡水电站

产。其中 1987 年 12 月 4 日并网发电的 2 号机组标志着中国电力总装机首次突破了 1 亿千瓦。这是一个极具象征意义的事件，它标志着中国老百姓最迫切的需求已经从粮食变成了能源，中国的经济也正是从那个时间点开始了腾飞。

说起来，食物也是能源的一种。生命的存在与进化，每时每刻都离不开能源的支持。事实上，自然选择的核心标准就是看哪个物种能够以最高的效率从环境中获取能量，人类祖先正是因为学会了用火，在能量获取效率方面取得了巨大的优势，这才得以称霸全球的。

火是一种自然现象，本质上就是化学能的一次高效释放，产生的热能可以用来为物体加热。人类学会了用火烧饭，不但让食物变得更容易消化，而且还可以顺便为食物杀菌消毒，这就极大地扩展了人类食物的获取范围和营养吸收效率，这是人类称霸非洲的第一步。

之后，人类又学会了用火产生的高温加工原材料，制成了砖瓦、陶器、瓷器、玻璃和金属制品等自然界没有的新型原材料，于是人类有了容器、武器、房屋和运输工具，这就进一步提高了人类获取能源的效率，日常生活也变得越来越舒适了。

新材料的发明帮助人类学会了利用风能和水流的势能，将其转变为机械能，用来碾磨谷物、提水灌溉和远洋航行。在此之前，人类和其他动物一样，都只能依靠肌肉的力量来做这些事情。这方面人类的天赋其实相当差劲儿，甚至连猴子都不如。

火还能发光，为人类提供照明。光也是一种能源形式，地球上几乎所有的生物本质上都是依靠从太阳光获得的能量而生活的。但太阳光在夜晚就消失了，只有人类学会了用火照明，从而可以充分利用晚上的时间，工作效率大涨。夜晚的篝火也为人类祖先们提供了一个相互交流学习的场所，人类的智慧正是在这种交流中逐渐提高的。从这个意义上说，火所提供的光能甚至比热能和机械能更为重要。

当然了，对人类竞争力提升最大的无疑是农业和畜牧业的发明。其中农业的出现大幅度提高了人类获取食物的效率，因为全球植物的平均光合作用效率仅为0.3%，而经过人类培育后的高产农作物的光合作用效率最高可以达到5%。畜牧业则除了保障人类的蛋白质供应，还极大地提升了人类做功的效率。比如一匹马可以轻松完成的工作需要10个成年人才能做成，所以那些善于用马的民族更有可能在竞争中胜出，成为一个地区的王者，成吉思汗时代的蒙古就是如此。西班牙殖民者之所以能够轻松战胜人数比自己多数十倍的印第安武士，也和他们拥有战马有很大关系。

战马在战争年代虽然很有用，但在和平年代却经常被牛替代。牛的速度比马慢得多，做功效率只有马的一半，寿命也比马短5～10年，看似不是个好选择，但牛是反刍动物，可以消化普通草料，无须跟人争食，这一优势让牛比马更受农民们的欢迎，毕竟耕地不需要速度，但粮食却是非常宝贵的资源。

事实上，人类社会的很多特征都可以从能源的角度加以解释。比如，在农业时代结束之前，人口总数超过1000万的超级城市是不可能存在的，因为城里人烧饭取暖都需要能源，而在工业革命之前这部分能源基本上只能从城市周围的森林中获取。干柴的能量密度不算太低，但树木的生长速度十分缓慢，因此一座城市的能源需求至少需要50～150倍的森林面积来支撑。城市所在的纬度越高，所需的森林面积就越大。古代交通不便，森林面积不可能比城市大太多，所以古代社会不可能出现超级大城市。这不是因为政治原因，也不是因为粮食不够吃，而是因为城市居民的能源需求无法满足。

古人很少出门旅行，原因同样是能源的限制。陆上旅行虽然可以骑马，但人吃马喂需要太多的粮食，很难事先备足。海上长途旅行只能靠季风，无论是时间还是航路都严重受限。当年西班牙人在墨西哥和菲律宾之间航行了250年，却一直没能发现夏威夷，就是因为他们从来不敢偏离航线半步，否则就无法活着抵达目的地。

古代人类社会的贫富差距远比今天要小得多，道理是一样的。人类在整个农业时代的能源需求大都需要依靠生物能源来解决，后者只能从土壤里一点一点地长出来，这一点决定了古代的人均能源消耗相差不大，穷人和富人的生活水平也就不可能相差太多。

总之，人类的生活水平是和能源消耗成正比的，极少例外。正因为如此，当一个吃饱了饭的人想要继续追求幸福生活时，他一定会从寻找新的能源入手。于是，工业时代开始了。

第一种超级能源——煤

在荒蛮的古代，一个人想要致富，除了好好劳动还有一个办法，那就是去抢。当武力抢夺的规模逐渐上升到城邦甚至国家层面时，其结果就是战争。

战争需要军队，军队需要大量武器，于是铁成了刚需。铁矿石是地球上最丰富的矿产之一，但炼铁需要烧炭，即把木材通过高温处理后变成纯碳，以此来提高燃烧的温度。这个过程需要消耗大量木材，而古代战车战舰的制造也需要大量木材，于是森林就遭了殃。无数历史事实证明，森林是古代社会文明发展的“短板”（Limiting Factor）。从冰岛到复活节岛，从波斯帝国到古罗马帝国，很多文明的衰落都和森林的消失直接相关。

作为远离欧洲本土的岛国，英国的发展速度一直落后于欧洲大陆，因此也就侥幸地保留下来很多森林，这就为英国的后来居上提供了坚实的物质基础。伦敦南边的威尔德（Weald）地区因为多山，不适合耕种，保留了一大片优质森林，是中世纪以来英国的炼铁中心。英国军队正是利用这里丰富的森林资源，制造出了大批枪炮弹药，终于有了向欧洲老大哥叫板的实力。比如，英国海军击败西班牙无敌舰队时所用的船和枪炮大都来自威尔德的军工厂，那场战役让英国取代了西班牙，成为新的海上霸主。而另一场著名海战特拉法加海战的英军指挥官纳尔逊中将乘坐的“胜利号”战舰在制造过程中消耗了 6000 棵大树，至少有 600 亩的英国森林因此而消失。

除了军事用途，建筑业、玻璃制造业、酿酒行业和制盐业等行业也都需要利用木材来提供能量和原材料，于是英国的森林面积迅速下降。当时的英国政府曾经试图通过行政命令的手段来减缓森林面积的下滑，可惜收效甚微。

最终拯救英国森林的，就是如今被称为“天底下最肮脏的能源”的煤。

英国和中国一样盛产煤矿，但英国的煤质量不好，硫的含量高，烧起来呛人，所以一直没人愿意用。即使后来英国人意识到岛上的森林已经快砍光了，大家也不愿烧煤，因为森林毕竟还没有全用光，总还剩下那么一点点。这个案例充分说明，要想依靠民众的觉悟来保护环境是很不可靠的，人类基因里缺乏“未雨绸缪”这样的意识。

这个难题最终是靠经济杠杆来解决的。随着森林面积的日益萎缩，尤其是交通便利地区的森林面积越来越小，木材的价格飞速上涨。18 世纪初期，木炭的成本已经占到炼铁行业总成本的 80% 以上，继而带动了几乎所有制造业的集体涨价。首先承受不住高价的是城市平民，他们把冬季取暖从烧柴改成了烧煤，于是伦敦有了“雾都”这个外号。英国女王恨死了煤烟，曾经下令禁止伦敦居民烧煤。但经济杠杆的力量太过强大，老百姓宁愿呼吸肮脏空气也不愿花高价买木炭，女王的命令成了一纸空文。

煤烟再浓，总会被风吹掉。但煤会对很多行业带来永久伤害，这就必须依靠新技术来解决。比如酿酒业需要烘干麦芽，脏煤干不了这事。1603 年，有个名叫亨利·普拉特（Henry Platt）的人突发奇想，模仿木炭的制造工艺，把煤在无氧条件下加热，炼成了焦炭，解决了这个问题。

炼铁行业同样不喜欢烧煤，因为硫一旦掺进了铁，就会让铁变得很脆。有意思的是，铁匠和酿酒师傅们似乎从不往来，焦炭的制造工艺直到 100 多年后才被一个叫亚伯拉罕·达比（Abraham Darby）的人带进了炼铁厂。他早年曾经在一家酒厂工作过一段时间，亲眼看到了焦炭的制造过程。1709 年，他制造了世界上第一台焦炭鼓风高炉，从此炼铁业也可以不用高价木炭了。

这两个例子充分说明，要想保护环境，不但需要开发出新的技术，还要让技术流转起来，两者缺一不可。

焦炭鼓风高炉是工业革命的三大支柱之一，另两根支柱也和煤有着密不可分的关系。首先，英国的煤再多也有挖光的时候，首先被挖掉的当然是浅层煤，但当矿工们越挖越深的时候，地下水渗了出来，煤矿主只能雇人来搬水，效率很低。1712 年，托马斯·纽科门（Thomas Newcomen）发明了蒸汽推动的水泵，一举解决了这个问题。这台蒸汽机是在常压下运行的，效率极低。但它是为煤矿设计的，烧煤不要钱，效率低点无所谓，所以迅速普及开来。1776 年，詹姆斯·瓦特（James Watt）设计了一个冷凝装置，不必每次都使气缸的温度降到常温后再加热，一下子把效率提高了好几倍。后来又有人在此基础上设计出了高压蒸汽机，再次大幅度提高了蒸汽机的效率，工业革命的第二根支柱立起来了。

煤炭很重，需要解决运输问题，于是一个名叫亨廷顿·比尔蒙特（Huntington Beaumont）的人于 1604 年发明了用两根铁轨铺设而成的“马车

亚伯拉罕·达比制作的焦炭鼓风高炉，现为库尔布鲁克戴尔钢铁博物馆的一部分

轨道”（Wagon-way），方便用马车来运煤。接下来的故事顺理成章，一个名叫理查德·特里维西克（Richard Trevithick）的人把一台瓦特蒸汽机安装在了车头上，火车就这样诞生了。火车是工业革命的第三根支柱，不但节约了原材料的运输成本，提高了工厂效率，而且还极大地扩展了人类的活动范围，这一点对于提高人类生活质量的作用再怎么强调都不过分。

工业革命标志着煤炭时代的开始，其核心就是瓦特蒸汽机的广泛使用。而蒸汽机的本质就是先把来自煤的化学能转化成热能，再将热能转换成机械能，用来代替肌肉做功。要想让蒸汽机更好用，首先必须提高热能和机械能之间的转换效率，但工程师们翻遍了当年的物理教科书，却怎么也找不到这方面的论述，因为当时的物理学家们连能量到底是什么都不清楚。

热力学三定律

能量应该如何定义？这是物理学的终极问题之一。

在西方世界，能量最早被叫作“活力”（vis viva），意思是说这是上帝赋予这个世界的一种神秘力量，也是万物之魂。亚里士多德把希腊语中的“位于”和“活动”两个单词合二为一，创造了“Energeia”这个词，这就是现代英语中“能量”（Energy）一词的前身。从这个构词法可以看出，早年的西方学者认为能量就是动能，也就是让世间万物动起来的原因。

动能是人类第一个试图控制的能源形式，因为它涉及肌肉做功，很容易感同身受。人类最先制造出来的工具，无论是石器、标枪还是弓箭，本质上都是对动能的一种高效利用，从而提高人类的竞争力。

相比之下，古人一直相信热能不是能量，而是存在于物体中的一种看不见的液体。被誉为“现代化学之父”的法国化学家安托万·拉瓦锡（Antoine Lavoisier）将这种神秘的液体命名为卡路里（Caloric），他认为一个物体中的卡路里含量越高，其温度也就越高。而当两个温度不同的物体相接触时，卡路里会从温度高的物体跑到温度低的物体之中，于是两者的温度会趋向一致，最终达成平衡。

蒸汽机的发明让大家意识到热能和动能可以互相转换，转换效率不但决定了一家工厂的成本和利润，甚至和国力的强弱直接相关。为了提高法国的竞争力，一位名叫萨迪·卡诺（Sadi Carnot）的法国年轻人潜心研究了这个问题，最终得出结论说，要想提高能量转换效率，唯一的办法就是增加蒸汽机两端的温差。

举例来说，纽科门设计的蒸汽机的热转换效率仅为0.5%，而后来出现的高压瓦特蒸汽机的热效率提高到了10%以上，原因就是高压提高了温差。与之相反的案例就是美国海军曾经试图开发的一种由氨气驱动的“零度发动机”，一位海军工程师认为氨气在零度就会沸腾，如果用海水来加热氨气使之沸腾，就可以像水蒸气那样用来驱动军舰了。但是，因为液氨和氨气的温差非常小，这台“零度发动机”的工作效率极低，输出功率有限，根本带不动军舰。

卡诺的这个结论是普适的，对于所有热机都成立，这就是为什么今天的火力发电厂和核电站都在试图提高蒸汽的温度。但通常来说，温度越高，危险性就越大，于是追求效率与保障安全就成了一对天生的矛盾，这一特点贯穿了后来的整个能源发展史。

1824 年，27 岁的卡诺将他的理论写进了《论火的动力》一书中，他也因这本书而被后人尊称为“热力学之父”。顾名思义，热力学（Thermodynamics）是研究热与力相互转换的学问，这门新学科首先需要解决的就是不同能量形式之间的换算问题，尤其是动能和热能这两个最被大家熟悉的能源形式。这个难题最终是被詹姆斯·普雷斯科特·焦耳（James Prescott Joule）解决的，他通过精密的实验发现，1 磅水（约等于 454 克）的温度升高 1 华氏度所需的能量，等同于 772 磅重的物体下降 1 英尺所释放的动能。

这个实验非常难做，需要精确测量极其细微的温度变化。据说焦耳的眼力非常好，能够看出温度计上 1/200 华氏度的差异，这就是为什么只有他测出了这个值，而且他测的值和后来采用现代仪器测出的正确值相差不到 1%。

焦耳测出的这个值还说明了一个问题，那就是我们需要消耗很大的动能，才能让水的温度提高一点点。事实上，这就是为什么物理学家们一直没能意识到动能和热能是等价的，因为两者在日常经验中的差别太过显著了。如今人类之所以要花如此多的能量用于升温（烹饪、取暖和工业加热），原因也在这里。

焦耳实验的结果很快就被总结成热力学第一定律，即能量守恒定律。该定律的大意是说，能量既不会凭空产生也不能凭空消失，而是会在不同的形式之间转换。这是关于宇宙的最核心的物理定律之一，也是人类理解这个世界运行规律的基础。这个定律暗示了能源是一种取之不尽用之不竭的资源，如果一种类型的能源对人类有害，那么只要用另一种能源形式将其替换掉就行了。相比之下，食物和材料都是不那么容易相互替换的有限资源，比如碳

詹姆斯·普雷斯科特·焦耳和他的实验工具

水化合物不能代替蛋白质，铜也无法代替玻璃，等等。这就是为什么食品和材料必须通过适当的节约来维持供给，而能源则可以通过不断开发新的形式而持续增加供应。

热力学第一定律的诞生还宣告了永动机的死亡，因为机器一旦动起来就会有摩擦，而摩擦一定会生热，导致动能的减少。可惜总是有人不相信热力学第一定律，至今仍然有不少“民科”在研究永动机。

为了纪念焦耳和瓦特为能量研究所做的贡献，物理学家们一致同意将能量的单位命名为焦耳（J），功率的单位则被命名为瓦特（W）。1焦耳是1牛顿（N，大约相当于托起一只小苹果所需的力）的作用力经过1米距离所做的功，1瓦特则相当于每秒释放1焦耳的能量。

焦耳和瓦特都是很“小”的单位，所以电力行业喜欢用“千瓦时”来做能量单位，也就是大家常说的“度”。工程界则比较喜欢用“马力”来做功率

单位，1 马力约等于 745 瓦特，大致相当于一名成年人所能做的功。食品工业比较特殊，依然喜欢用卡路里来标定食物中蕴含的能量，1 卡相当于 4.184 焦耳。同样，卡路里也是个很“小”的单位，所以我们通常习惯用千卡（KCal）做单位。比如一个成年男性每天大约需要消耗 2500 千卡的热量，成年女性的这一数字约为 2000 千卡。

人体所需要的热量全都来自食物。有的食物不但能提供热量，还能提供人体所需的蛋白质、纤维素和维生素，我们称之为优质营养。但另有一些食物除了热量什么都提供不了，这种食物就是劣质营养。

物理学家们很快就意识到，不但营养有好坏之分，能量也有。

卡诺写出《论火的动力》一书时，热力学第一定律还没有诞生。但他极有远见地意识到蒸汽在做功的过程中必然要向环境中释放一部分热能，这是无法避免的损失，因此他得出结论说，任何热机的效率都不可能达到百分之百。也就是说，动能可以全部转化成热能，但热能不可能百分之百地转化成动能。

德国数学家鲁道夫·克劳修斯（Rudolf Clausius）和英国物理学家威廉·汤姆森（William Thomson）将卡诺的这一结论上升到理论的层面，这就是著名的热力学第二定律。

这条定律有很多种表述方式。克劳修斯的版本是：热能不可能自发地从低温物体转移到高温物体。而汤姆森的版本是：不可能从单一热源吸热使之完全变为有用功而不产生其他影响。

这两个解读有点绕口，但本质上是一样的，即确立了能量相互转换的基本原则。举例来说，假如你看到热能自发地从低温转向高温，这件事并不违反热力学第一定律，但却违反了第二定律，因此这是不可能发生的，一定是你的错觉。

单从做功的角度来看，热力学第二定律相当于把不同的能量形式分出了好坏。像煤炭就属于优质能源，很适合用来做功。而海水里蕴藏的热能就属于劣质能源，虽然总量巨大，但难以被人类所利用。

为了方便计算，克劳修斯在阐述热力学第二定律时引入了熵（Entropy）的概念，用来描述物质的能量状态。但因为当年的物理学还不够先进，没人知道这个熵值究竟意味着什么。

之后，又有人提出了热力学第三定律，即绝对零度时的熵值为零。汤姆森测出了绝对零度的温度值，即零下 273.15℃。为了纪念汤姆森对热力学所做的贡献，物理学界将热力学温标（绝对温标）命名为开尔文（K），因为汤姆森后来被授予了爵位，大家都尊称其为开尔文勋爵（Lord Kelvin）。

热力学三定律中，对人类世界观影响最大的当数第二定律。该定律的核心之一就是如何理解热能这个概念，这个谜题直到 20 世纪初才被一个名叫阿尔伯特·爱因斯坦（Albert Einstein）的人破解了。

在此之前，世界能源格局又发生了一个惊天的变化，人类找到了一种比煤还好用的新能源，这就是石油。

被石油改变的世界

石油的普及，和人类的照明需求有很大的关系。

光也是一种能量，不可能凭空而来。木柴和煤炭烧起来都会发光，但一来效率太低，二来发光的同时会产生多余的热量和烟雾，远不如油灯好用。古人所能找到的最好用的灯油是动物脂肪，而最适合点灯的动物脂肪来自鲸，尤其是用抹香鲸脑门里含有的脂肪做成的鲸脑油烧起来既明亮又无味，是 18～19 世纪欧洲富人们的最爱。于是捕鲸成了一种非常有利可图的行业，每年都有超过 5 万头鲸惨遭捕杀。

值得一提的是，美国是 19 世纪全球捕鲸业的中心。当时全世界一共有大约 900 艘捕鲸船同时在海上作业，其中有 735 艘船悬挂的是星条旗。到 19 世纪中期时，捕鲸业已经成了美国第五大产业，仅仅一个新英格兰地区每年就能为全球市场提供2500万升鲸脑油和4000万升工业润滑油。对鲸油的狂热需求导致鲸的数量急剧下降，要不是一位名叫亚伯拉罕·盖斯纳（Abraham Gesner）的加拿大发明家于1851年发明了从沥青中提取煤油（Kerosene）的技术，地球上的鲸很可能早就灭绝了。

盖斯纳发明煤油的原动力并不是为了拯救鲸，而是因为鲸油实在太过昂贵，而且不易储存。煤油既便宜又耐用，迅速取代了鲸油，占领了全球照明市场。从这个意义上讲，煤和石油都可以算是环保产品，如果没有它们，那么全世界的森林和鲸都早已不复存在了。由此可见，判断一种东西是否环保，必须从更大的尺度来衡量。

虽然中文名称中有个“煤”字，而沥青也确实能从焦炭的制备过程中获取，但煤油的真正来源是石油，而沥青其实就是原油蒸馏后的副产品。天然沥青储量非常有限，于是一个名叫乔治·比塞尔（George Bissell）的纽约律师想到了传说中的石油。他早就听说宾夕法尼亚州一些地方的岩石缝隙里会冒出一种可燃的黑色黏稠液体，印第安人以前一直拿它当药用。为了证明从石油中可以直接提炼出煤油，比塞尔花大钱雇用了一名耶鲁大学的化学家替他作分析，最终得出了肯定的结论。之后，他联合了几个纽约商人，组建了一家上市公司，准备在宾州开采石油。一个名叫埃德温·德雷克（Edwin Drake）的前火车调度员被公司派往宾州小镇泰特斯维尔（Titusville）尝试钻井，但他一直没能找到合适的钻井工人，试了几个月都没有成功。眼看着从股市里筹集到的钱就要花光了，公司便给德雷克写了封信，命令他停止钻井。因为当年邮路不畅，这封信直到1859年8月29日才寄到宾州，但就在两天前，也就是8月27日，德雷克终于成功地挖到了地下21米深处，石油汩汩涌出，世界上第一口商业油井就这样诞生了。

石油和煤炭一样，都是古代生物被埋入地下之后，在高温高压的作用下缓慢生成的。煤炭的前身是植物，主要成分是碳，只含少量其他元素。石油的前身是海洋动物，主要成分是烃，也就是碳氢化合物（Hydrocarbon）。组成烃的碳链既可以是开放的单链，也可以闭合成环。石油中的烃以前者为主，碳链的长度决定了烃分子的物理性质。在常温常压条件下，1～4 个碳原子组成的烃为气态，5～18 个碳原子是液态，18 个碳原子以上的烃为固态。

碳链的长度还决定了其化学性质。具体来说，1 个碳原子和 4 个氢原子组成的分子叫甲烷，是天然气的主要成分；2～4 个碳原子的烃分别叫乙烷、丙烷和丁烷，它们既可以用于制造液化石油气，也可以用作化工原料；5～7 个碳原子的烃叫石脑油，主要用作有机溶剂；7～11 个碳原子的烃就是大名鼎鼎的汽油，当年人们认为它没啥用处，都是直接倒进河里的；12～15 个碳的烃就是煤油，可以代替鲸油用于照明；15～17 个碳的烃是柴油，以前也是石油加工过程中被倒掉的副产品；18～19 个碳的烃可以用于制造工业润滑剂，从此捕鲸业彻底失去了商业价值；而 20 个碳以上的烃就是石蜡、焦油和沥青等物质，既可以被制成蜡烛或者凡士林等日用品，也可以用作建筑材料。

早年的石油工业主要以生产煤油为主，其余的成分大都被当作废物倒掉了。后来一个名叫约翰·洛克菲勒（John Rockefeller）的商人学会了如何把各种长度的碳链从“废料”中分离出来，分别制成各种化工产品，一个崭新的行业——石油化工行业从此诞生了。再后来，人们又学会了如何从石油中生产合成塑料和人造纤维，人类的物质生活从此发生了天翻地覆的变化。

但是，汽油和柴油这两种成分一直找不到合适的用途，被洛克菲勒当作普通燃料廉价地卖掉了。19 世纪末期，德国人发明了用汽油做燃料的轻型内燃机，并把它装在了马车上。1903 年，一位名叫亨利·福特（Henry Ford）的人成立了福特汽车公司，并开发出了全世界第一款面向普通民众的廉价汽车（Model T），汽油摇身一变，成为紧俏商品。原油中的汽油含量通常只有 15%～18%，有人改进了冶炼方法，用高温高压来裂解长链烃，终于把汽油的产量提高到了 45% 以上。

说起来，最早的汽车其实是用蒸汽机驱动的，后来还曾经流行过一段电池车，虽然这两种车型都没有难闻的汽油味道，但还是竞争不过汽油车，因为汽油的能量密度实在是太高了。每千克汽油含有 44MJ（百万焦耳）的能量，而每千克无烟煤只含有 30MJ 的热量，褐煤还要再低一半。如果再算上烧煤驱动蒸汽所浪费的热能，煤在交通运输领域的实际能量密度只有汽油的 1/10。电池在这方面的表现就更差了，当时的汽车电池的能量密度甚至还不到汽油的 1/300，难怪汽油车很轻松地将蒸汽车和电池车淘汰出局了。

同理，陆上长途运输和远洋航运业也很快就成了柴油的天下。以前人们曾经认为横跨太平洋的邮轮是不可能造出来的，因为带不了那么多的煤，这个问题在柴油发动机出现之后便迎刃而解了。航空业则用上了体积能量密度更高的航空煤油，横跨大陆的不间断长途飞行也终于成为现实。就这样，整个交通行业几乎全都被石油产品垄断了。虽然煤炭在取暖和发电市场仍然占有很大份额，但便利的交通对于现代人生活品质的提升作用实在是太明显了，于是大家倾向于把 1859 年当作人类社会正式迈入石油时代的开始。从某种角度讲，人类至今仍然生活在石油时代，下一个能源时代还没有到来。

还有一件事让石油代替煤炭成为人类社会的主宰，这就是战争。第一次世界大战是人类历史上的第一次机械化战争，石油的重要性超越了粮草和弹药，成为决定战争胜败的关键因素。当年全世界已知石油储备的 95% 都掌握在协约国手里，这就是为什么同盟国注定会失败。

人类从烧柴进化到烧煤，再从烧煤进化到烧油，在能量密度上实现了三级跳，贯穿其中的那条主线就是对能源效率的不懈追求。但是，1859 年发生的另一件事把这条线切断了。

从全球变暖到气候变化

几乎就在德雷克打出第一口商业油井的同时，一位名叫约翰·丁达尔（John Tyndall）的英国科学家通过实验证明二氧化碳具有吸收红外辐射的能力，人类终于明白自己有多么幸运了。原来，此前有人通过计算发现，来自太阳的辐射只能让地表温度维持在零下20℃左右，远远达不到如今的平均14℃的水平。后者使得海洋得以保持液态，这才能够孕育生命。否则的话，地球就成了一个大冰球，人类是无法生存的。

最先试图解释这一悖论的是著名的法国应用数学家让-巴普蒂斯·约瑟夫·傅里叶（Jean-Baptiste Joseph Fourier），他于1827年撰写了一篇论文，首次提出地球大气层很可能是一个巨大的温室，否则的话地表温度不可能有现在这么高。

我们平时所说的温室是用玻璃或者透明的塑料薄膜当天棚，这样既可以让阳光照进来，棚内的热空气又散不出去。大气层外当然不可能有这样的物理阻隔，但地球表面在被太阳光加热后会向外释放红外辐射，如果能挡住这部分能量，不让它释放到外太空去，就能为地球大气层加温。可空气的主要成分氮气和氧气都不能吸收红外辐射，水蒸气倒是可以吸收一部分，但总量远远不够，不足以解释地表温度的变化。

丁达尔首次正确地指出地球温室效应的真正原因是二氧化碳，他甚至猜测地球历史上出现过很多次的冰河期就是二氧化碳浓度降低所导致的。虽然这个观点现在看来并不全对，但他的方向是正确的。

1881年，一位名叫塞缪尔·兰利（Samuel Langley）的美国科学家发明了辐射热测量仪（Bolometer），并通过测量不同高度的月亮所发射的辐射强度，推算出了地球大气层吸收红外辐射的能力。这个结果启发了一位名叫斯万特·阿伦尼乌斯（Svante Arrhenius）的瑞典科学家，他通过计算发现，如果大气二氧化碳浓度增加一倍的话，地表温度将上升5～6℃。

这个推算结果要比现在学术界公认的值高一些，但这是人类第一次意识到工业革命烧掉的化石能源有可能会导致地球升温，这是具有划时代意义的。不过，有三件事阻碍了当时的人们立即开始减排行动，它们都和当年的科学发展水平太低有关。

第一，当年的科学家们并不确定化石能源的燃烧是否一定会增加大气二氧化碳浓度，会不会有某个未知因素抵消了这种影响，比如植物光合作用的增强？这个问题是被一个名叫查尔斯·基林（Charles Keeling）的美国科学家解决的，他发明了精确测量大气二氧化碳浓度的方法，并于1958年在位于夏威夷的莫纳·鲁阿天文台（Mauna Loa Observatory）设立观测站，开始测量大气二氧化碳浓度。虽然基林于2005年去世，但这项测量一直没有中断。测量结果证明大气二氧化碳浓度确实一直在增加，并从1958年刚开始测时的313ppm（百万分之一）上升到2021年5月的419.13ppm，这是地球最近这400多万年来的最高值。要知道，1850年的二氧化碳浓度平均值仅为280ppm，这说明工业革命在短短的170年时间里就使大气二氧化碳浓度升高了将近50%，距离阿伦尼乌斯的预言已经不远了。事实上，根据美国海洋及大气管理局（NOAA）估计，400万年前的地球大气二氧化碳浓度和现在差不多，而那时的地球表面温度比现在高3.9℃，海平面比现在高24米。

第二，当年的科学家们也不敢肯定二氧化碳浓度的增加是否一定会导致气温升高，会不会有什么大家不知道的负反馈机制抵消了温室效应的影响？这个疑团最终是被美国科学家詹姆斯·汉森（James Hansen）解开的，他是美国航空航天局（NASA）的一个气候研究小组的负责人，这个小组利用NASA强大的数据网络，对地球气候历史进行了归纳汇总，于1981年发布了一份权威报告，指出地球表面温度虽然在过去的100多年里有升有降，但总的趋势是上升的。如果把温度变化趋势做成一张图的话，其形状很像一根放倒的冰球杆，前面几百年总体上是平直的，但从1970年开始有了明显的上升。

汉森的报告极具前瞻性，因为地球表面温度从1980年开始便以每10年0.18℃左右的增幅持续上升，2020年的地表温度已经比工业时代之前的平均值上升了1.19℃。

1988年6月23日，汉森在美国参议院听证会上做了一次报告，提醒政治家们注意全球变暖现象。这次听证会具有里程碑式的意义，受到触动最大的反而不是美国政客，而是当时的英国首相撒切尔夫人。她阅读了汉森的报告后非常激动，立刻在英国皇家学会（相当于英国科学院）发表演讲，责成英国科学家注意这一问题。几天之后，英国外交部向联大提交了一份报告，建议联合国常任理事国组成专家委员会讨论这件事。1992 年，联合国在里约热内卢召开会议，通过了“联合国气候变化框架公约”（UNFCCC），正式向全球变暖宣战。

第三，当年的气候科学家大都来自相对寒冷的北欧和北美，他们当中的很多人甚至觉得气温升高是件好事。不过，随着研究的深入，大家逐渐意识到二氧化碳浓度的增加绝不仅仅只是升高气温那么简单，而是会让地球气候变得更加极端，比如极热极冷天气出现得愈发频繁，以及台风强度的增加等等。北欧甚至会变得更冷，因为北极气候的改变有可能会导致墨西哥湾暖流变弱，后者正是北欧地区之所以比地球上同纬度的其他地区偏暖的原因所在。于是 UNFCCC 修改了措辞，把全球变暖改为气候变化，以修正人们对这一环境危机的认知。

事实上，这次二氧化碳危机甚至不全是气候问题，还涉及海平面上升和海水酸化等次生灾害。前者来自海水受热膨胀以及冰川融化，从 1993 年开始海平面便一直以每年 3.4 毫米的速度在上升。后者则是二氧化碳溶于海水之后必然导致的结果，自工业革命以来地球表层海水的酸度已经增加了 30%。有人曾经提出通过向高空释放气溶胶反射太阳光来为地球降温的措施，但这一措施只能解决温度问题，却无法拯救海洋动物，它们会因为海水酸化而无法合成碳酸骨骼或者贝壳。

随着上述这三个关键问题的解决，全球主流科学界对于气候变化的危害终于达成共识，质疑的人已经非常少了。但仍然有不少政治家和普通民众不相信这一点，觉得地球历史上经历过好多次气候变化，最终都挺过来了，所以人类不必担心。这个前提当然没错，但历史上发生的气候变化都是以万年计的，时间尺度相当大，而人类活动导致的气候变化速度惊人，是以百年甚至十年为单位的，大部分生物难以适应如此剧烈的变化，这将导致大量物种灭绝，人类肯定也会受影响。

问题已经十分明确了，但有办法解决吗？答案是肯定的，那就是寻找新的清洁能源来替代化石能源。

看不见的新能源

相比于石油时代，更多的人喜欢用电气时代来定义今天的世界。其中“气”这个字指的是早年间控制电路的气动开关，后来被电磁式继电器开关取代了。

和煤炭、石油、天然气相比，电这种能源形式有点特殊。虽然人类很早就知道它的存在，但直到意大利科学家亚历山德罗·伏特（Alessandro Volta）于1800年发明了伏打电堆（电池的雏形），人类这才终于具备了利用电能的能力。

严格意义上说，电并不是一种能量来源，而是一种能量的存在形式。人类无法从自然界获得电能，只能通过专门的技术和设备，把其他形式的能量转化为电能，所以电能和蒸汽、汽油、柴油和氢能一样，都属于二次能源。而太阳能、风能、煤炭、石油和天然气等等可以直接从大自然中得到，它们属于一次能源。

电池相当于把储存于某些特殊材料中的化学能直接转变成电能，但这个方法极为昂贵，很难大规模应用。转折点出现在1831年，英国科学家迈克尔·法拉第（Michael Faraday）发现了电磁感应现象，证明电能和动能可以在磁场的作用下很方便地相互转换，这就是发电机和电动机的工作原理。但因为各种技术原因，直到1878年英国人才建造了世界上第一座水电站，把水的势能转化成了廉价的电能，电这才终于走进了普通人的生活。

1880年，一位名叫托马斯·爱迪生（Thomas Edison）的美国科学家发

爱迪生的门帕洛克实验室，在密歇根州迪尔伯恩的亨利·福特博物馆的格林菲尔德村重建

明了白炽灯，白炽灯不但发出的光比煤油灯亮了很多，而且比煤油灯更安全。爱迪生设想用电来代替煤油或者蜡烛，把照明市场从石油大亨们的手里抢过来。为了实现这一目标，他于 1882 年分别在伦敦和纽约建成了世界上第一和第二座火力发电站，把煤炭转换成了电能。他还专门为这两座煤电厂铺设了电网，把直流电直接送到了用户的家里。

这场“照明之战”以电灯完胜煤油灯而告终，原因就在于电能转化成光能的效率非常高，所以电灯的经济性远胜煤油灯。就这样，当初战胜鲸油的煤油仅仅流行了 30 多年就被另一种更加高效的能源形式淘汰出局了。

除此之外，爱迪生还发明了电唱机、录音机和电影，原因在于电能转化成机械能的效率也是非常高的。再加上电能很容易通过改变电阻来精细调控，非常适合用于需要对功率进行微调的应用场景，所以电能很快就成为一种百搭能源，广泛应用于各种家用设备和影音装置，从根本上改变了现代人的生活。假如一个生活在1900年的欧洲大城市的人穿越到了今天，他不会感到太过惊讶，但如果这人是从1800年穿越而来，那么他一定会对我们的生活方式感到万分惊恐，因为他从没见过汽车和电灯，这两样东西在200年前是不可想象的。

虽然电非常好用，但它刚开始普及的时候还是遭遇了广泛的抵制，因为电这东西看不见摸不着，超出了普通人的理解能力。那段时间欧美报刊经常会刊登一些诋毁电能的文章，漫画家们也画过不少讽刺漫画，进一步加深了人们的恐电情绪。这种恐惧感一直延续了整整一代人的时间，直到从小就习惯了用电的新一代年轻人长大之后才被终结。

如今的人类已经完全离不开电了，因为没有任何一种能源形式能够像电能一样招之即来挥之即去，而且几乎可以用来做任何事情。电的地位很像是生物体内的能量分子ATP，不同食物中蕴含的能量都会先转化成ATP才能被生物所利用。

电虽然很全能，但有一样事情它做不好，那就是交通。电能不方便储存，只能通过电线来传输，这一特点极大地限制了它在交通领域的应用。爱迪生曾经试图开发出高容量电池来为电动汽车提供电力，但这项研究失败了，电动汽车也完败于汽油车。事实上，亨利·福特年轻时曾经是爱迪生公司的一名雇员，但他很快就意识到汽油的能量密度是当时的电池技术根本达不到的，于是他从爱迪生公司辞职去做汽油车，赚到了远比爱迪生多得多的钱。

从这个例子看出，能量密度自始至终都是衡量能源可用性的最高标准。但来自石油的碳氢化合物已经是自然界能够提供的化学能量密度最高的物质了，要想进一步提高能量密度，必须用彻底改变能量的物理学。

1905年，当时只有26岁的爱因斯坦连发四篇论文，单枪匹马地改变了人类对于这个世界的认知。第一篇论文是关于光电效应的，爱因斯坦提出光具有量子性，从而完善了量子理论，还为后来出现的光伏电池埋下伏笔。这篇论文为爱因斯坦赢得了1921年的诺贝尔物理学奖，这是他获得的唯一的诺奖。

第二篇论文是关于布朗运动的，这篇论文不但从根本上解释了热能的基本原理，指出温度就是分子的动能总和，而且从另一个角度解释了熵是怎么一回事。今天我们知道，熵代表着一个系统的内在混乱度，本质上是一个统计学概念。在一个孤立系统中，随着时间的推移，熵一定会增加，因为其中包含的原子或分子的数量实在是太多了，混乱才是出现概率最高的结局。

生命是高度有序的系统，维持这种有序状态的根本原因就是生命会不断从周围环境吸收能量，以此来抵抗熵增。上世纪40年代诞生的信息论则更进一步，把信息和能量联系在一起，指出信息的增加也是需要能量的。信息的质量越高，熵值就越低，因此也就需要输入更多的能量来实现。换句话说，能量正是让这个世界变得越来越有趣的原动力。人类存在的终极目标就是消耗更多的能量，以此来生产更多的优质信息，比如知识、创新和想象力，这就是为什么人类的能源需求是永远不会封顶的。

爱因斯坦的第三篇论文是狭义相对论，其意义不必多说。第四篇论文首次把能量和质量联系在一起，并且推导出了两者的换算关系，即著名的质能公式$E=MC^2$。按照这个公式，每一个原子都蕴含着巨大的能量，远比原子和原子之间的化学能要大得多，所以原子能才是这个世界上能量密度最高的能源，这就为人类的进步指明了方向。

1942年，芝加哥大学的物理学家们成功地在实验室里实现了临界链式反应，打开了人类利用核能的大门。虽然核能的首次实际应用是两颗原子弹，但“二战”结束之后，核能很快就被用于发电，并以其优越的性能而被视为未来的能源之星。但是，核能和电能一样，都是看不见摸不着的能源形式，很快就遭遇了和电能一样的待遇。来自民间的反核运动此起彼伏，美国三哩岛、苏联切尔诺贝利和日本福岛的这三次重大核事故更是为核能的未来蒙上了阴影。

于是，能量密度持续增加的势头被中止了，人类依旧依靠化石能源来维持自身的发展。2019 年全球化石能源的消耗总量比 1900 年增加了 22 倍，占一次能源消耗总量的 84%。2020 年的数据虽然因为新冠疫情的原因而有所下降，但 2021 年又强势反弹，超过了 2019 年。

照这样下去，大气二氧化碳浓度还将持续增加，地表温度将会持续升高，并让我们的后代付出惨重的代价。

尾　声

上世纪 70 年代末期，美国的大洋钻探船在太平洋海底发现了一个富含黑炭的页岩层，时间对应于 1 亿多年前的白垩纪。很快有人联想到在陆地上也发现过类似的页岩层，时间也正好对得上，于是地质学家们提出了一个假说，认为这是“大洋缺氧事件”（Oceanic Anoxic Events）所导致的结果。

后续研究表明，地球历史上曾经发生过好几次大洋缺氧事件，主要集中在 2 亿年前开始的侏罗纪和之后的白垩纪期间。那段时期正是恐龙生活的年代，气候比现在要温暖一些。

“大洋缺氧事件”的起因是火山爆发导致的大气二氧化碳浓度飙升，随之升高的气温把地球两极的海冰都融化了。今天的地球南北极是洋流的发动机，海水在这里遇冷下沉，来自热带的温暖海水流过来填补空白，由此形成了复杂的洋流系统。如今地球海水大约每 500 年循环一次，来自南北极的冰冷海水会为赤道地区的深海带去氧气，否则那里将会是一片无氧的死亡带。一旦两极海冰融化，洋流便停止了，再加上气温升高导致的降雨量增大，土壤中的养分随雨水大量流入海洋，导致了海水的富营养化，加剧了氧气的消耗。于是，每当大洋缺氧事件发生时，地球上的海洋便成了动物的坟场，成批的海洋动物和浮游生物因缺氧而死亡，尸体沉入海底，又因为那里的无氧条件而无法腐烂，只能原样保留下来。

每一次极端缺氧事件都会持续几十万甚至上百万年的时间，海底渐渐累积了一层厚厚的有机淤泥。此后，这层淤泥因为地质活动而被埋入地下，在高温高压的作用下变成了石油。就这样，经过上百万年光合作用积累下来的能量被压缩成了今天的汽油、柴油和航空煤油，难怪它们的能量密度如此之高。

当然了，并不是每一片海底淤泥都能变成石油，这要取决于当地的地质构造能否为石油的形成提供良好的条件，以及是否能把生成的石油保存下来。非洲大陆与欧亚大陆之间的特提斯海（Tethys，又名古地中海）具备了上述条件，后来成为石油的绝佳储存场所，这就是为什么目前已探明石油储量的2/3都蕴藏在今天的中东、西非和南美洲东部地区。

从某种意义上说，大洋缺氧事件是地球的一次自救行动。大量的有机碳通过这一事件被埋入海底，导致大气二氧化碳浓度逐渐降低，地球两极再次结冰，洋流重启，把氧气送入深海，海洋重新恢复生机。而人类大规模开采化石能源的行为就相当于一次人为的火山喷发事件，我们用矿井和油井代替了火山，把埋在地下的碳重新释放到大气层中。

研究显示，触发一次极端缺氧事件所需要的大气二氧化碳浓度是工业革命前平均水平的4倍，活跃的火山活动需要维持几千甚至上万年才能达到这一水平。如今地球二氧化碳浓度已经达到了工业革命前的1.5倍，预计到本世纪中期将会达到2倍。如果我们没有立刻开始减排行动的话，到本世纪末时地球大气二氧化碳浓度就将达到工业革命前的4倍，那时的人类后代便将“有幸”亲眼目睹“大洋缺氧”这一极端事件的发生。

当然了，地球是不怕的，它还可以再次把有机碳沉入深海，以此来降低大气二氧化碳浓度，只不过这一次沉入海底的不光是海洋动物和浮游生物，还包括我们人类自己。

可再生能源的未来

人类正经历着一次新的能源转型，可再生能源即将走上历史舞台，成为能源领域的主角。

用空间战胜低效

2021 年 9 月中旬的某一天，我来到青海省海南州共和县的塔拉滩，乘电梯登上一座 10 米多高的观光塔。放眼望去，四周的景象把我惊呆了，只见原本荒无人烟的戈壁滩上布满了排列整齐的光伏电池板，从任何一个方向看过去都一眼望不到头。有那么一瞬间，我感觉自己身处火星上的某个人类定居点，未来世界就在眼前。

一群正在光伏板下吃草的羊把我拉回了现实。这里当然不是什么火星基地，而是国家电力投资集团黄河上游水电开发有限责任公司（以下简称黄河公司）精心打造的光伏产业园。我所在的地方是园内的百兆瓦太阳能发电实证基地，148 种各式各样的光伏发电产品在这里同场竞技，看看哪一种电池板发电效率最高？固定式和追踪式支架哪一种经济上最划算？到底是三元锂电池还是磷酸铁锂电池更适合作为光伏电站的储能配套设施？这些问题都是太阳能发电企业非常想知道的，但只有通过实际操作才能得知真相。

太阳能是环保人士最为看好的新能源，因为太阳是地球生命的能量源头，也是可再生能源的终极形式。太阳能用起来既干净又安静，而且每个人都能分到属于自己的那一份，无论从哪方面来看都特别符合现代环保理念。太阳能的扩张潜力也足够大，每年照到地球表面的太阳能足够今天的人

百兆瓦太阳能发电实证基地

类使用数千年，用来代替化石能源可以说是绰绰有余，起码从理论上来说是如此。

太阳能可以直接用来烧水或者做饭，但大部分太阳能都需要先变成电才能被大家方便地使用。世界上第一块实用的硅太阳能电池板是美国贝尔实验室于上世纪50年代研制成功的，光电转化效率仅为6%。经过多年努力，科学家们已经在实验室中将这个数字提升到了接近40%的理论最高值。但在实际应用领域，目前主流的太阳能电池板的光电转化效率平均也就20%左右，其能量密度比起传统的水力发电或者化石燃料发电来说差了至少两个数量级。

一般光照条件下，地球表面接收到的太阳能的最高功率可以达到每平方米1000瓦左右，换算成电池板的话就相当于每平方米200瓦，也就是说5平方米电池板在低纬度地区正午的太阳底下晒一小时才能发一度电。这点电用来给手机充电当然没问题，但如果要用来并网的话恐怕就有点寒碜了。所以在很长一段时间里，太阳能给人的印象都是架在房顶的洗澡用热水器，或者专门用于户外发电的野营设备。

能量密度低的问题，只能用扩大面积来解决。如果你能找到一块上百平方公里的沙漠荒滩，在上面铺满太阳能电池板，情况就不一样了。黄河公司的拉塔滩光伏产业园占地609平方公里，规划装机容量为1870万千瓦。而整个青海省海南州现已规划了2733平方公里的光伏发电基地，设计装机容量高达1.54亿千瓦，相当于7个三峡电站。

作为对比，中国现有发电总装机容量约为22亿千瓦，大约可以换算成4万平方公里的光伏装机。当然了，因为光伏板只能在白天工作，如果要想满足目前全中国每年7.5万亿度的电力需求，光伏板的面积恐怕还要再增加好几倍。

如果我们的思维再发散一点，把全中国130万平方公里的沙漠和戈壁滩全都铺上太阳能电池板的话，那么总的发电量足够全世界用的了。事实上，根据一家总部位于伦敦的新能源智库“碳追踪倡议”（Carbon Tracker Initiative）所做的研究，我们只需将总面积45万平方公里，即大致相当于摩洛哥那么大的一块热带沙漠地区铺满高效太阳能电池板，所发的电就已经够全人类使用了。

当然了，这样的事情在可预见的将来恐怕是不会发生的，环保组织首先就不会答应。他们喜欢的是分布式的小规模太阳能电站，讨厌像这样大规模改变生态系统的超级工业项目。其实如果我们仅从局部来看的话，太阳能电池板对于像拉塔滩这样的戈壁滩来说是有好处的，因为电池板挡住了一部分直射光线，有助于涵养土壤水分。再加上电站工作人员会定期冲洗电池板，冲下来的水渗入土壤，促进了牧草的生长。我在观光塔顶看到的那群羊被称为“光伏羊”，是当地的一道特色美食，因为光伏板下面的草长得非常茂盛，光伏羊的肉要比普通羊肉更肥嫩。

光伏羊虽然好吃，但我们也不可能把整个青海省的戈壁滩全都铺上电池板，那样做既不环保也不现实，因此不少人更喜欢风力发电，因为风机对地

黄河公司精心打造的光伏产业园

光伏产业园内的光伏羊肉质要比普通羊更肥嫩

表生态环境的改变要比太阳能电池板小得多。第二天我去参观了黄河公司在青海省共和县塘格木镇投资建设的加柔风电场，300平方公里的戈壁滩上竖立着120台单机容量2.5兆瓦的风力发电机组，总装机容量为30万千瓦。从能量密度的角度看，风力发电比太阳能还要再低两个数量级。之所以没有安装更多的风机，主要是为了降低上游风机的尾流对下游风机的干扰。一般认为风机之间的距离至少要有5个转子直径那么大，最理想的情况是留出10个直径的间距。所以这块风场的地表基本上维持了原貌，即使算上汇集站、变电站和公路等配套设施，整个风场也只有0.4%的面积属于永久用地，其余的都还给了大自然。

即便如此，国际上仍然有不少极端环保主义者反对发展风电，认为风机的叶片会伤鸟。这一指责纯属无稽之谈，先不说这个世界上不存在十全十美的发电方案，单说杀鸟这件事。根据各国鸟类保护组织的统计，如今每年都有将近10亿只鸟因为撞上玻璃窗而意外死亡，死于野猫捕猎的鸟也高达5亿只，排名第三的死亡原因是通信基站和高压线，加起来每年会杀死2.5亿只鸟。相比之下，每年死于风机叶片的鸟大概只有几十万只而已。如果这些人真的那么在乎鸟类，最应该做的事情就是想办法控制野猫的数量，而不是指责风力发电机。事实上，加柔风电场在建设前已经进行过好几轮环境影响评估了，确定它不在任何候鸟的迁徙路线上。即使有些鸟类会飞经此地，它们的飞行高度也远超风机叶片的高度，危害并不大。

还有不少人讨厌风机的样子，认为它们破坏了自然景观。这个问题在陆地上几乎无法解决，只能把风机建在遥远的海上了。我后来专程去参观了国家电投山东分公司负责的山东半岛南3号海上风电项目，厂址距离山东半岛海岸线40公里，巡逻艇要开半个小时才能到。在这里建海上风场的好处是远离人类居住区，不但不会影响海景，还有可能成为旅游观光项目。海上的风速要比陆地大，有效发电时间也更长，缺点是风机的安装和维护都更困难，运营成本要比陆上风电高很多，所以对补贴的依赖性更高。根据国家政策，

国家电投山东分公司负责的山东半岛南 3 号海上风电项目

凡是在 2021 年年底前并网发电的海上风电项目都可以按照每度电 0.79 元的价格上网，之后的就只能随行就市了。如果按照目前煤电价格每度 0.39 元来计算的话，相当于售电收入直接减半，所以工人们正在以每 3 天装一台的速度加班加点地忙碌着，力争在 2021 年年底前安装完 58 台额定功率高达 5.2 兆瓦的海上风机。

现场观摩海上风机的安装过程绝对是一件非常刺激的事情，值得专门坐船来看。这些风机都是庞然大物，看上去有 30 层楼房那么高，光是叶片就有近 80 米长。这组风机采用单桩结构，桩长约 200 米，重 800～1000 吨，海平面以下的部分至少有 70 米长，因为这片海域的平均水深为 30 米，海床以下的沉桩至少要有 40 米深才能稳得住，安装难度可想而知。工人们把海上石油钻井平台搬到了这里，巨型风机在平台的映衬下仿佛变成了巨人身上的一根手指，重工业之美在这里体现得淋漓尽致。

如此高额的投入必须要有巨额回报作为支撑。这个海上风场的投资额约为 55 亿元人民币，总装机功率为 30.16 万千瓦。这片海域的年均可发电小时数约为 2500～2600，比陆地多 1/3。算下来这个风场每年平均可以发出 8 亿度电，按照 0.79 元 / 度的电价计算，每年光靠卖电就可以获得 6 亿多元人民币的收入。海上风机的设计寿命最低也是 20 年起，所以这笔投资从长远来看肯定是可以赚钱的。事实上，中国已经连续 3 年成为全球海上风电的最大市场了，2020 年新增装机超过了 300 万千瓦，占全球增量的一半以上。

当然了，如果没有国家补贴的话，仅凭现有的技术水平和电价水平，要想按时收回投资还是有些困难的。解决办法之一就是增加单机功率，以此来降低每千瓦的发电成本。目前国际上已经有单机功率高达 14 兆瓦的海上风机了，技术进步的空间还是很大的。但以中国的决心和实力，要想赶上去并不困难。

风光这边独好

这一路看下来，我最大的体会就是：如果说未来的能源主要依靠风光的话，那么中国很可能是这次能源转型的最大赢家。风光发电的主要问题就是能量密度太低，需要占用大量土地。中国不但国土面积大，而且有大批土地属于“没人要”的沙漠和荒滩，非常适合用来建造集中式的光伏电站和风电场。据统计，光是一个青海省就有 10 万平方公里潜在的风光用地，光伏和风电的理论可开发量分别达到了 35 亿千瓦和 7555 万千瓦，这就已经让大部分中小国家望尘莫及了。而一些大国虽然具备这样的土地资源，但当地居民恐怕不会轻易出让这些土地，或者转让租金很可能会高到让电厂难以承受，中国在这方面具有天生的制度优势。

中国还有长达 1.8 万公里的漫长的海岸线，而且相当一部分中国领海属于大陆架延伸出去的浅海，地质条件非常适合安装固定式海上风机，这就相当于为未来的风力发电行业留下了一大块潜在的土地资源，战略意义重大。

海南切吉 130 万千瓦风电项目

2021 年 10 月 22 日出版的《自然通讯》(*Nature Communications*)杂志发表了一篇由中美科学家联合撰写的研究报告，作者分析了 42 个主要国家 1980～2018 年的能源和气象数据，发现即使不添加储能配套设施，仅靠风光发电就能满足绝大部分国家 80% 以上的用电需求，国土面积越大、纬度越低的国家在这方面的优势就越明显。按照这篇论文的分析，俄罗斯、加拿大、澳大利亚、美国和中国是最适合发展风光电站的国家，而德国、韩国、瑞典和波兰等国家在风光领域的资源禀赋就要差很多。

风光发电不但需要合适的场地，更需要强大的技术和充足的资金支持。欧美曾经是光伏发电的领跑者，最早的技术创新都来自它们，但中国制造业的基础十分雄厚，再加上来自政府的强力支持，使得中国很快后来居上，成为当前风光发电行业的全球领军者。截止到 2020 年年底，中国的光伏发电总装机量达到了 2.5 亿千瓦，风力发电总装机量达到了 2.8 亿千瓦，两者分别占到全球总量的 1/3 和 2/5。更重要的是，近 10 年来中国陆上风电和光伏发电项目的单位千瓦平均造价分别下降了30%和75%左右，这两个行业都已经不再需要国家补贴，可以平价上网了。

根据国际能源组织（IEA）所做的统计，2020年全球风光发电的总装机容量增加了2.38亿千瓦，中国贡献了增量的一半。中国在可再生能源领域的总投资额和专利申请数量均居世界第一，中国五大发电集团之一的国家电投在这方面贡献最大，其光伏发电装机总量已经超过了3800万千瓦，新能源发电装机超过了7500万千瓦，可再生能源发电装机规模超过了1亿千瓦，清洁能源装机占比突破了60%，这几项重要指标均居世界能源企业的首位。

作为全世界公认的两种最为清洁的能源，风电和光电肯定将在不远的将来取代石油和天然气，成为国际能源市场上最抢手的商品。那些先天条件优越的国家很有可能取代现在的欧佩克国家，成为未来世界的能源霸主。不过，风光资源的分布式特点决定了这两种能源比化石能源“民主”多了，绝大多数国家至少适合发展其中的一种，所以真正能占领未来能源市场的不一定是那些自然资源大国，而更有可能是那些拥有最先进风光发电技术的国家。中国两者皆有，最有可能在这一轮全球能源转型浪潮中获益。

作为全球最大的温室气体排放大国，中国也确实应该承担起这个责任。中共中央国务院于2021年10月24日颁发的《2030年前碳达峰行动方案》中指出，中国的非化石能源占比将从目前的16%增至2030年时的25%左右，风电和太阳能发电总装机容量将达到12亿千瓦以上。也就是说，中国必须在未来的9年时间里每年平均增加7500万千瓦以上的风光发电能力。考虑到2020年中国新增风电装机就已达到了7000万千瓦，光电新增装机也达到了5000万千瓦的水平，要想完成这项任务并非难事，甚至有可能加倍。

不过中国在新能源领域也并不是一枝独秀的。随着能源转型的需求越来越强烈，其他国家也在发力，纷纷根据自己的实际情况寻找应对策略。比如很多传统的产油国都已经意识到不能在石油这一棵树上吊死，正在努力寻找石油的替代品。而大部分产油国都位于中东和北非，这两个地区的太阳能资源无人能及。于是不少国家开始行动起来，在这一领域投入巨资。相对贫油的摩洛哥起步较早，已经做到国内能源需求的40%来自可再生能源了，欧洲的这一比例仅为18%。而光照条件非常好的阿联酋刚刚在国际能源市场上创造了太阳能电站竞标价格的世界最低纪录，其光伏发电价格只是柴油发电机的1/3。

再比如，北欧国家纬度太高，太阳能资源贫乏，北大西洋又太深，固定式海上风机的潜力即将耗尽。于是他们便开始研发悬浮式海上风机，打算将其用于水深超过50米的深海海域。虽然目前这项技术才刚刚起步，安装成本要比固定式海上风机高一倍左右，但随着技术的逐渐成熟，预计到2030年时两者将会持平。这就相当于为北欧国家提供了一大块适合用于发展风电的土地资源，潜力不可限量。

IEA于2021年5月发布了一份报告，认为如果要想在2050年实现全球碳中和，90%的电力必须来自可再生能源，其中的70%来自风光发电。2020年的可再生能源发电占比只有29%，因此风电装机的增幅必须在2030年时达到每年新增3.9亿千瓦的水平，其中海上风电的增幅需要达到0.8亿千瓦的水平。考虑到2020年全球风电装机增幅仅为1.14亿千瓦，其中海上风电的增幅仅为500多万千瓦，要想实现IEA定下的目标，挑战还是很大的。

光伏发电的难度甚至比风电还要大，因为按照IEA的估计，光伏发电的年平均增幅要在2030年时达到6.3亿千瓦的水平。而2020年的光伏发电增幅仅为1.24亿千瓦，差了5倍之多，主要原因就是光伏板占用的土地资源太多了。

为了彻底解决光伏用地的难题，美国科罗拉多州一家农场尝试在农田上方安装太阳能电池板，意外发现这么做反而增加了产量。专家解释说，这是因为自然界有很多植物原本就是长在树荫里的，光照过于强烈反而有害。比如芹菜、西红柿和辣椒等蔬菜就是喜阴的，更能适应在光伏板下生长。还有一些叶菜也很适合种在光伏板下，因为光照强度的降低会刺激植物长出更大的叶片，以此来弥补光合作用的不足。更妙的是，光伏板降低了土壤温度，减少了水分蒸发，不但灌溉用水量降了一半，农场工人的工作环境也改善了。如果这个方法最终被证明有效的话，将从根本上解决光伏电池板没地方装的问题。农民们会很乐意把自家土地租给光伏电站，从而实现农民、电站、消费者和环境“双叒叕赢”的局面。

如果合适的农田都能变成风电场或者光伏电站，这将极大地拉近发电端和用户端之间的物理距离，这一点将是决定风光发电行业成败的关键之一，因为电力的传输难度很大。

输电难题

青海戈壁滩上的风光电场虽然看上去风光无限，但有两点相当违和。第一，这地方方圆数百里都是人烟稀少的无人区，距离最近的西宁市也在两个小时车程以上，距离最缺电的东部沿海地区就更远了，从这里发出来的电很难送到用户那里。第二，我去参观的那天碰巧是个阴天，光伏电站的发电功率只是额定功率的 1/10，风力发电机干脆全部处于低风待机状态，因为当天的风速仅有 1.16 米 / 秒，人体几乎感觉不到。

虽然此前听说过很多次可再生能源有“三性”的说法，即波动性、随机性和间歇性，但真的在现场见到了漫山遍野纹丝不动的风机和沐浴在阴影之下的一排排光伏板，内心还是很震撼的。可再生能源虽然环保，但在时间和空间上都和人类的能源需求不匹配，需要加大力气去解决。

这个问题的产生，以及相应的解决方案，都和电的特征有很大关系。在煤的时代，人们并不需要每时每刻都在烧煤，但在如今这个电的时代，电网哪怕停电一秒钟都算事故，人类对于能源的需求从量的维度扩展到了时间维度，两者缺一不可。问题在于，如今发电端生产出来的交流电很难储存，必须立刻输送到用户那里被消耗掉，于是可再生能源的“三性”问题就成了障碍。

运煤需要火车，运石油需要管道，输电只需一根电线就可以了。电能在电线中以光速传播，看似迅捷无比，但由于电阻生热而产生的能量损耗却是个大麻烦。爱迪生发明的直流系统就是在这个问题上败给了特斯拉发明的交流系统，最终由后者一统江湖。

学过中学物理的人都知道，在常温超导材料没有被发明出来之前，要想减少输电损耗，唯一的办法就是升高电压，从而在功率不变的情况下降低电流。但过高的电压非常危险，对于使用者来说太不友好了，所以高压电到达用户端之后必须先把电压降下来。交流电的特点是变压容易，只要在发电端安装一台升压器，在用电端安装一台降压器就可以了，非常方便。直流电虽然理论上也可以先逆变（直流变交流）再变压，但整套设备造价高昂，经济上非常不划算。

交流电网的普及彻底激活了用电市场，诞生了无数应用。但许多使用交流电的设备都是利用电磁感应来工作的，需要先建立交变磁场才能进行能量的转换和传递，这部分工作需要消耗无功功率，这也是导致交流输电在同等电压的情况下要比直流输电损耗更大的一个因素。当然了，直流输电在发电端和用电端的换流站里同样需要消耗无功功率，但都已在两端的换流站里进行了充分的无功补偿。

不过，在中国电力科学研究院电力系统碳中和研究中心新型电力系统战略规划研究室主任秦晓辉看来，交直流输电最大的区别还是在于两者的特点和性质非常不同，交流输电的主要优势是可以构建输配电网络，本身不适合远距离（上千公里）大容量点对点的电力传输，而直流输电则正好相反。

“交流电网很像是一个弹性力学系统，节点和节点之间仿佛连着一根根弹簧，遇到冲击会缓冲和振荡起来，所以交流电网的优点是对扰动冲击的自适应性非常好，不太依赖控制，缺点是一旦遇到太强的冲击可能会把弹簧拉断，也就是电网失去稳定性。”秦晓辉对我解释说，“因此，如果要靠交流电网来做远距离大容量输电的话，必须把沿途的电网全部加强一遍，还要求沿途各

2021 年 9 月 15 日，在安徽省明光市苏巷镇罗郢村境内，电力工人在 40 多米的高空对 110 千伏供电线路施工作业

节点的电压支撑都要达到一定水平，代价较大。而直流输电是相对刚性的，高度依赖精准控制。虽然它的抗扰性和交流输电相比不占优势，但它能实现点对点的大容量远距离输电。如果传输距离超过 1000 公里的话，经济上要比交流输电划算。”

秦晓辉用大家熟悉的交通系统打了个比方：高压直流输电好比喷气式飞机，适合承担远距离点对点的客运任务，但很难在中途停下来上下客。交流电网更像高速公路网，虽然运输效率比飞机低，但胜在随时可以停车，更适合中短途旅行者。对于那些国土面积不大，或者发电端和用电端距离较近的国家，交流电网就足够用了。但中国情况非常特殊，可再生资源最好的地方大多位于西部和北部，而用电大户则大都位于东南沿海地区，两者距离太远，更适合通过高压直流线路进行点对点的电力传输。

自从 2009 年建成第一条线路以来，中国已建成了 39 条特高压交直流输电线路，成为全世界唯一拥有商业运行的特高压交直流输电线路的国家。这些特高压输电线把来自东北、西北和西南等边远地区的风光水电直接送到了经济发达人口稠密的东部沿海地区，极大地提高了中国可再生能源的利用率。比如黄河公司在青海的风光水电就是通过“青豫直流”送至河南的，这是一条专为可再生能源外送而建设的 ±800 千伏特高压直流输电线路，总长度 1563 公里，规划容量 800 万千瓦，总投资额高达 226 亿元人民币。2020 年年底开通运行的一期工程容量为 405 万千瓦，每年计划外送 206 亿度电，约占河南省年用电量的 1/16。

但是，国家电投战略规划部主任何勇健告诉我，由于水电不到位等原因，目前这条线路平时的运行功率只有 200 万千瓦，少的时候甚至还不到 100 万千瓦，处于严重闲置的状态。

按照预先的规划，和“青豫直流”配套的包括 146 万千瓦水电、200 万千瓦风电和 300 万千瓦光伏。但因为风光出力不稳定，水电经常要占大头。2021 年黄河上游水量不足，水电不给力，导致这条投资额巨大的输电线路处于非正常工作状态。

还有一件事影响了这条线路的正常运行，那就是调相机还没有到位。我这次专门去参观了刚刚建成正在试运行的珠玉 330 千伏汇集站，里面有 16 台 50 兆瓦的分布式调相机。调相机其实就是空转的同步电机，其作用就是支撑系统电压，快速调节无功功率，从而大大提高了电网的强度。像青海这样的边远地区的电网强度本来就不好，可再生能源又是出了名的不稳定，这就需要调相机来帮忙。“青豫直流”工程建设方事先对调相机的所需数量估计不足，因为他们也没有想到，即便是水风光捆绑式送电，依然对电网有这么大的基础要求。而调相机的一次性成本很高，这就严重影响了高压直流输电线路的经济性。

即使将来这个问题解决了，交流电网也无法承载太多的高压直流输电线路，因为目前的技术水平还达不到安保要求。“高压直流输电的功率特别大，一旦出现近区交流电网短路或控制脉冲紊乱等情况，都可能导致换相失败，对送受两端的交流电网造成很大的功率冲击。”秦晓辉对我说，“现在有一种柔性直流输电技术，虽然可以避免换相失败的问题，但却仍然要面对故障穿越期间或闭锁带来的功率扰动冲击问题，所以高压直流输电规模是有上限的，不可能一直建下去。”

中国是世界上唯一拥有直流交流混合电网的国家，中国的电网又是高度集中的，88% 的国土面积都由国家电网公司一家负责，一旦某条直流线路出现突发情况，将会导致大面积的连锁反应，后果十分严重，于是中国的电力工程师们不得不在没有先例的情况下冒着巨大的风险摸索前进，压力之大可想而知。

据秦晓辉估计，虽然中国西北部地区的风光发电装机容量将会在 2060 年增加到现在的 10 倍左右，但考虑到当地的经济发展和新能源就地消纳等因素，到 2060 年时西北部地区将只有 1/3 左右的新能源发电量需要跨区外送，因此带来的跨区特高压直流输电容量需求可能仅为目前的 2.5～4 倍。

事实上，未来很可能连建设高压输电线路所需要的土地资源都不够了。举例来说，目前中国西北地区的可再生能源大都是通过河西走廊送到东部的，这条走廊并不宽，铁路公路也需要从这里通过，早已拥挤不堪，如今已经很难找到空间建设新的输电线路了。

从这个例子可以看出，新能源就像是一匹未被驯服的野马，虽然未来的潜力很大，但野性同样很大，稍不留神就会被它踢上一脚。要知道，输电只是新能源开发过程中遇到的一个相对次要的问题，并网才是最大的问题所在。

并网难题

黄河公司光伏产业园发出的电并不都是直接并网的，其中的 85 万千瓦光伏电先要通过一条 330 千伏的高压输电线送至 36 公里外的龙羊峡水电站，然后再通过水电站自己的接口并入国家电网。这么做可不是为了省接口钱，而是为了提高光伏电的质量，避免被电网嫌弃。事实上，风电和光伏电都曾经因其“三性”特征而被称为“垃圾电”，严重影响了可再生能源行业的发展。

黄河公司的这一做法被称为“水光互补”，我在龙羊峡水电站的监控室里亲眼见证了这一新技术的威力。那天因为天气不好，光伏电站只能发出 8.5 万千瓦的电力，于是龙羊峡水电站的 4 台 32 万千瓦的水轮机组全都处于基本满发的状态，以此来弥补光伏出力的不足。如果太阳出来了，光伏板的电量上来了，水电机组就会适当下调发电功率，把整个系统的并网功率维持在一个相对平稳的水平。

如果没有水电的帮助，那天光伏产业园发出的那点可怜的电力很可能会被电网公司拒收，这就是可再生能源行业最不喜欢的“弃光”现象。但因为有了水光互补，这条线路的年利用小时数就从原来的 4621 小时增加到了现在的 5019 小时，大幅提高了水电站的经济效益。其中的光伏部分每年可以通过这条线路发出将近 15 亿千瓦时的清洁电力，相当于每年节约了 46.5 万吨标准煤。

风电和光伏电为什么会被视为“垃圾电”呢？这件事和电网的特性有关。想象一下，如果在煤炭时代有一车皮的煤没有及时运到，客户虽然会有损失，但只要下一趟火车把缺口补上就没事了，而且其他客户也不会因此而受到影响。如果某客户多收到一车皮的煤，只要找个地方暂存一下，问题也不大。但电是一种即发即用的能源形式，能量在发电端和用电端以光速相互匹配，发多少就得用多少。虽然交流电网有一定的弹性，但两端的能量差一旦大于某个阈值，电网的电压或者频率就会超出安全范围，导致整个电网崩溃，所有人就都用不上电了。

如此苛刻的条件下，电网之所以还能安全运行很长时间不出事，主要原因就在于发电端的输出功率和频率都是高度可调的。电网方面只要提前一天

龙羊峡 850 兆瓦水光互补光伏电站

统计好下游第二天的用电负荷，然后把负荷按一定比例分配给上游的发电厂，让两端基本保持一致就行了。即使在第二天的实际运行过程中出现少许偏差，只要命令发电端迅速调整输出功率和频率，即大家常说的调峰和调频，即可保证电网安全运行。

全世界最早的电网是爱迪生于 19 世纪 80 年代初期在伦敦和纽约分别建起来的，一开始用的都是煤电，这是电网最喜欢的供电方式，因为煤电厂选址灵活，输出功率可大可小，调整幅度一般可达最大输出功率的一半左右，而且反应也很迅速，可以在几分钟内完成功率调整。如今经过改造的煤电厂甚至可以把调整幅度扩大至输出功率的 80%，这样的煤电厂非常适合作为调峰电站使用，是维持电网稳定的中坚力量。

中国目前的火电（基本都是煤电）总装机约为 12 亿千瓦，占中国电力系统装机总量的一半左右。但火电厂每年发出的电量约为5.2万亿千瓦时，占中国总发电量的68%，由此可见煤炭对于中国能源总量的贡献有多么大。但煤炭是最“脏”的能源，减煤势在必行。考虑到一般煤电厂的平均寿命大致在30～50年，只要中国从此不再建设新的煤电厂，到2060年时煤电装机将会大幅缩减，中国能源系统的“去煤化”似乎指日可待。

但是，据何勇健估计，2060年时的中国煤电总装机仍将维持在10亿千瓦的水平，但其主要功能将不再是为电网供电，而是为计划中的60亿千瓦可再生能源提供调峰调频服务。换句话说，那时的煤电厂大部分时间处于待机状态，只在需要调峰调频时才出力，其发电总量占比将会下降到10%～15%左右。这部分碳排放可以通过购买碳汇的方式消除掉，或者通过新技术把二氧化碳收集起来埋入地下，以此来实现碳中和的目标。

类似的事情历史上有过先例。当年英国改用煤炭之后，木材消耗量反而上升了，这是因为挖煤的矿井需要用木板来支撑，铁路也需要消耗大量枕木。一直等到这部分需求达到峰值之后，木材的消耗量才真正降下来。

水力发电几乎和煤电同时起步，因为水电站的输出功率同样具备一定的灵活性，而且建成后的发电成本极低，同样很受电网欢迎。不过，随着工农业和居民生活用水变得越来越重要，全世界大部分水库的首要职责已经从发电变成了供水和防洪，导致水电站的发电灵活性受到了很大限制。比如龙羊峡水电站的功能排序已经从刚建成时的“发电防洪防凌供水”变成了现在的“防洪供水防凌发电”，发电的地位从第一降到了最末。如今的龙羊峡水电站在黄河的枯水期需要停发蓄水，丰水期需要泄洪防涝，不可能做到全年满负荷发电。甚至水电站每天的发电量也需要根据上游来水量而定，灵活性大受影响。

更重要的是，水坝会阻断河流的正常流动，对一些洄游鱼类很不友好，大部分环保组织都不认为水电是一种清洁环保的发电方式。目前全球尚存5.87万个大坝，绝大部分都是在1930～1970年建成的，设计寿命多为

50～100年，因此我们很快将会迎来大坝退役潮，水电的未来存在很大的不确定性。中国现有23841座大坝，约占全球总量的40%，即使这些大坝不退役，中国水电也没有太大的发展空间了。

核电是第三种主要的发电方式，理论上同样具备一定的功率灵活性。但为了确保安全，一般核电站不会参与调峰调频，而是作为基荷电站一直满发。比如中国目前的核电装机占比仅为2.36%，但发电量占比高达5%，两者的差距是所有发电形式当中最大的。不过，将来核电站数量多起来之后完全可以参与调峰调频，起码从技术上来讲是没有问题的。

燃气发电机是第四种主要的发电方式，但因为天然气价格昂贵，大都用于一些比较特殊的场景，不太会为电网供电。但从理论上讲，燃气发电机是最好的调频调峰电机，因为它的输出功率调整范围极宽，几乎可以做到百分百可调，非常适合用于调峰，启停反应时间比火电还快，几乎可以做到秒级，非常适合用于调频，所以燃气机很有潜力成为未来的新能源微网的专属配套电站。

以上这四种主要发电方式本质上是一样的，都是利用外力（蒸汽、水流或者内燃机）驱动一个大转子去切割磁力线，从而产生交流电。这样的发电机统称为同步机，因为同一个电网连接的转子转速都应该是一样的。比如中国交流电标准是50赫兹，所以中国同步机的转速都是每分钟3000转。如果因为功率不匹配导致转速突然下降，电厂就会立即自动开大调速器的气门，把蒸汽功率和转速提上去，这就是调频的基本原理。

如今的交流电网之所以是现在这个样子，和过去的这四种主要发电方式密切相关，两者互为因果。但风电和光伏发电都不是同步机，而是一种电力电子装置。其中风力发电机虽然也有转子，但风机转子的转速太慢了，和同步机不是一回事。

“从电力系统机电暂态的时间尺度讲，新能源不是电压源，而是电流源，风机和光伏板发出来的都是电流，不是电压。”秦晓辉对我解释说，“学过物理的都知道，电功率等于电压乘以电流，所以新能源必须先并网，借助电网提供的并网电压才能输出功率。边远地区的风光资源之所以难以利用，就是因为那边的电网条件不好，必须先把电网建好并加强了，才能使新能源发出的电并得上、送得出。”

新能源还有一个特点，那就是功率备用能力差，无法参与电网的有效调峰和调频。“新能源最好是满发，比如风机和太阳能电池板大都是在‘最大功率点追踪’（MPPT）模式下工作的，以便尽可能多地把风能和太阳能收集起来。但这么做就会导致新能源发电装置没有调节备用能量来源的储备，输出功率缺乏自主灵活性，无法有效参与电网调峰调频。”秦晓辉补充道，“如果硬要新能源参与调峰也不是不行，这就需要通过人为降载（Deload）的方式留出一些备用，刻意不让新能源处于最佳发电状态，但弃风弃光可是真金白银的发电量损失，新能源运营商一般不愿意这么做。”

因此，新能源必须配合调峰才能有效消纳，否则波动性太大，电力系统受不了。比如太阳能只在白天才有，晚上就需要别的能源顶上。风电倒是不分昼夜都可以发，但风经常说没就没，难以预料，电网同样不喜欢，于是弃风弃光就成了新能源领域难以根除的顽疾。一些边远地区为了发展新能源，甚至必须建设新的煤电厂来负责调峰调频，以期减少弃风弃光，但这么做就和发展新能源的终极目标背道而驰了。

既然如此，我们能否把弃掉的风光储存起来，以备不时之需呢？答案并不那么简单。

储能困局

假如未来中国内陆的可再生能源无法顺利地运出来，东南沿海地区靠什么来替代化石能源呢？答案之一就是海上风电。国家电投山东分公司的海上风电项目选择在海阳登陆，我专程去位于海阳市郊区的陆上集控中心参观，发现这里除了标配的变压器和配电室，还有一块被栏杆围起来的空地，里面整齐地码放着几十个集装箱，箱子里装的是磷酸铁锂电池组。原来这就是专为海上风电项目配套建设的储能电站，风机发出来的电可以先储存在电池里，一旦风力减弱，就可以通过电池放电来填补空缺。

把可再生能源发出来的电储存备用的想法逻辑非常简单，技术路线清晰，很早就有人尝试过了。不过早期的储能主要是靠抽水蓄能电站来实现的，即先用多余的电把下游水池里的水抽至上游水池，把电能转换成水的势能储存起来，等到需要时再向下游水池放水，推动水轮机组发电，完成一轮能量循环。

抽水蓄能技术成熟，能量转换效率高，调峰调频能力几乎和天然水电站一样好，深受电网欢迎。据统计，截止到2020年年底，全球累积已投运的电力储能项目的总功率达到了1.9亿千瓦，抽水蓄能占比高达91%。同期中国的抽水蓄能电站已建成投产32座，合计装机3149万千瓦，排名世界第一位。但抽水蓄能在中国电力总装机中的占比仅为1.4%，与发达国家相比还有不小的差距。

抽水蓄能电站最大的问题是选址严重受限，而且前期投资也比较大，于是又有人开发出了压缩空气储能、重力储能、飞轮储能和高功率电容储能等一系列新的储能技术，各有优缺点。但最近几年发展势头最猛的还得说是电化学储能（电池），大有后来居上的架势，主要原因在于电动车市场的蓬勃发展导致动力电池产能大幅提升，储能电池的价格下降得很快。此前有不少储能项目甚至选用电动车淘汰下来的旧电池作为储能电池，这么做既能节约成本，又能实现动力电池的梯次利用，节约宝贵的原材料，看上去是一个双赢的选择。但自从2021年4月16日北京大红门储能电站发生锂电池爆炸事故之后，这个做法便遭到了广泛质疑。事故发生两个月后，国家能源局出台新规，要求新能源电厂在电池管理技术取得突破之前原则上不得使用旧电池作为储能设备。我这次参观的数家新能源储能项目用的全都是新电池，虽然安全性有了一定的保障，但成本就上去了。

储能电池的发展之所以如此迅猛，还有一个隐含的原因。2021 年以来，已有 20 多个省份相继出台新规，要求所有新建的新能源电站都必须按照 10%～20% 的比例安装储能设备。但中国目前的电力市场尚未健全，没有给储能电站留出足够的盈利空间，新能源开发商在储能方面的投资得不到相应的回报，动力明显不足。储能电池虽然存在一些缺点，但却是能够满足新规要求的最便宜的储能方式，很自然地成为大多数新能源开发商的首选。

我采访过的一些新能源开发商虽然全都按照要求安装了储能设备，却都满腹牢骚，认为这套设备严重影响了电站的经济性，希望国家能改变政策，把储能的任务转交给国家电网。他们觉得储能是为新能源上网服务的，所以电网才最适合干这事。

针对这一说法，秦晓辉给出了不同的意见。“电网的主要职能是电力传输和配送，而储能并不是电力输配过程中的必然环节，因为输配环节的制约而对新能源消纳带来的影响并不大，调峰才是制约新能源消纳的主要因素。”秦晓辉解释说，“国家对于电网公司投资建设储能的态度并不积极，电网主要干好输配和调度的事情就可以了，而储能调峰资源的建设应该由发电企业来负责。”

问题在于，目前流行的储能电池的能量密度太低，导致其单位储能的造价过高，其结果就是用的时候不够用，不用的时候占投资。比如山东省要求省内新能源项目的储能配套设备必须达到额定功率 10% 放电两小时的最低水平，海阳海上风电项目的额定功率是 30 万千瓦，所搭配的储能电池至少要能存 6 万千瓦时的电才能满足要求。即使按照每千瓦时 2000 元的目前市场最低价来计算，这套设备的造价也在 1.2 亿元左右，对开发商来说是一笔不小的投资。但即便如此，这套设备也仅能填补两小时的风力空缺。如果没风时间稍微久一点，或者影响面积稍微大一点的话，电网就抓瞎了。

事实上，这就是 2021 年 9 月东北大规模停电事故的起因之一。那段时间整个东北几乎无风，最严重时东三省 3500 万千瓦风电装机只有 3 万千瓦在工作，连额定功率的千分之一都不到。电网一下子失去了那么多电力，煤电又因为各种原因没能及时顶上来，便只能拉闸限电了，否则电网就崩溃了。

如果电力部门能够通过气象预报提前知道那段时间无风，这个信息又能及时通报给发电厂的话，那次事故本来是可以避免的，但这就需要搭建一个信息交流平台，而这就是中能融合智慧科技有限公司正在做的事情。“当时我们已经知道东北的风会不足，但我们不知道当地煤电的匹配情况是怎样的，没法给出建议。”中能融合董事长王海对我说，“我们公司正在搭建一个能源工业互联网平台，希望能把中国的一次能源和二次能源企业全都包括进来，共享信息，以便能够提前做出预警。”

据王海介绍，该平台已经接入了全国 3600 多家电站，占中国规模以上电站的 70% 以上。这个平台绝不仅仅只是提供天气预报和匹配发电用电指标这么简单，而是试图整合电网两端的工况安全数据、经济运行数据和居民消费数据等所有相关数据，在人工智能算法的帮助下，对电力系统未来一段时间的供求关系做出合理预测，为保证国家能源安全提供技术服务。

不但如此，该平台还可以为相关部门提供技术支持，帮助它们更好地适应能源转型。举例来说，目前中国电网主要依靠煤电来调峰，而煤电厂要想从原来的发电主力转型为调峰主力，必须要对设备进行改造，增加功率调节范围，于是问题就来了。“一般煤电厂的最低稳压负荷是 40%，即一台 100 万千瓦的火电机组一起步就是 40 万千瓦，否则工作起来就不稳定，还会减少使用寿命。”王海对我说，“为了配合新能源深度调峰任务，最好能够将最低稳压负荷降到 20%，即在 20 千瓦的水平下还能稳定工作。但最近一段时间煤电厂都在去产能，导致专业人才流失严重，改造任务无人承担。如果能够把煤电厂的各种设备和运行数据上传到我们这个平台上，就可以由专家在北京实施远程监控和指导，帮助全国各地的煤电厂完成技术改造。”

换句话说，这家公司试图运用大数据的思路来管理整个能源体系，更好地匹配电力的供给和消费，帮助电网接纳更多的新能源。

从道理上讲，像中国这么大的国家不可能突然全都没风或者全都阴天，覆盖88%国土面积的国家电网如果足够“智慧”的话，应该能够做到一定程度的动态平衡。但秦晓辉告诉我，中国各地的气候差异不如大家想象的那么大，实际上国家电网经营区的新能源发电互补最小保障出力往往也就占到新能源装机的3%～10%，遇到极端天气仍然很难做到实时动态平衡，所以还得靠储能。但储能电池容量有限，如果一处风场连续几天刮大风，第一天的剩余风量还可以储存起来，后面几天就只能弃掉了，因为电池已满。一般新能源电厂的配套储能电池只能放电几个小时，如果连续几天发不出电的话，电池也就一点用处都没有了。

有没有什么新技术能够提高储能电池的能量储备呢？答案是肯定的，液流电池就是其中之一。顾名思义，这种电池的关键之处就在于其正负极的电解液是流动的，可以分别单独循环，电堆本身只提供一张离子交换膜，电解液在膜的两端进行化学反应，同时释放出电能。位于张家口的战石沟光伏电站安装了一套铁-铬液流电池光储示范项目，我专程去电站参观，立刻明白了这种电池的优点在哪里。

这套液流电池系统的主体是8个31.25千瓦的电堆，系统总功率只有250千瓦，并不算高，但电池的能量全都储存在盐酸铁和盐酸铬溶液里，这两种溶液分别储存在两个高约5米、直径约2米的储液罐内，通过管道分别流向电堆的正负极槽，在槽中间的交换膜上完成能量转换。这两种溶液的毒性和腐蚀性都很低，在零下40℃到零上70℃的范围内都可以正常工作，循环次数超过两万次，而且几乎不存在自放电损失，这四个优点都是储能电站特别需要的，也是锂电池所不具备的，尤其在冬季寒冷的张家口地区更是锂电池无法替代的，这就为北京冬奥会提供了可靠的电力保障。

目前这套示范系统能够储存1500千瓦时的电力，相当于6小时的持续放电时间，造价比同等水平的锂电池多一倍。但是，如果将来打算扩容的话，

张家口战石沟光伏电站安的铁－铬液流电池光储示范项目

只需多建几个储液罐就行了，不用添加电堆组，单位能量的储能成本立刻就降下来了。换句话说，如果只是想满足河北省的新能源储能新规的话，这套系统比锂电池贵，不合算。但如果真的想应对长时间无风无光的情况，把放电时间从几个小时增加至数天的话，那么液流电池是更好的选择。

目前国内比较流行的液流电池是全钒电池，单位造价比铁－铬液流电池低，技术上也更成熟。但铬的已探明储量是钒的 25 倍，两者目前的市场价格也差了 16 倍之多。如果液流电池成为未来储能电池主流技术的话，两种金属储量的差异将会被进一步放大。不过铁－铬液流电池的技术还很不成熟，能量密度也不够高，有待市场的进一步检验。

无论如何，电化学储能技术受物理限制的约束，更适合用于短期储能。等到未来可再生能源成为发电主力的时候，市场对储能的需求将会出现爆炸性增长，我们必须另辟蹊径，寻找新的解决办法。

可再生能源的未来

前面说了可再生能源和电网之间的诸多矛盾，但起码到目前为止这套系统还算运行良好，并没有出现太大的问题。要知道，中国拥有全世界规模最大的电网，装机量和发电量均居全球第一，可再生能源装机占比更是高达42%，但近年来只在局部地区出过几次供电事故，整体可靠率不低于99%，这是相当不容易的。尤其是当你明白了交流电网的供需两端究竟是如何匹配的，你就更能体会到这里面的技术含量实在是非常高的。

问题在于，我们之所以要努力发展可再生能源，最终的目的是要将化石能源尽可能地全部替代掉，从而在2060年实现碳中和。目前中国可再生能源发电的装机占比虽然高达四成，但实际发电量只有不到三成，其中水电还占了一多半，风光这两种“垃圾电”加起来不到10%。但40年后可再生能源的发电量至少要占到80%以上，到时候可再生能源的“三性”问题就会变得极为突出，很难再靠火电和水电对其进行优化（调峰调频）了，目前这种主要依靠大电网供电的方式将面临严峻挑战。

“当前中国每年新发的近8万亿度电基本上是靠大电网来解决的，但这个大电网已经没有太多扩展的空间了。未来新增的电能很可能需要用户端采用微网加储能的方式自行解决，分布式能源的占比将会越来越大。”何勇健对我说，“微网尤其适合居民和小商户，大家平时主要靠风光供电，可能还需要补充一点点的热，多出来的电可以先储存起来，不够用的话可以先在相邻的微网之间相互调剂，实在调不了了再去大电网上买一点就行了。而大电网的主要功能就是为工商业供电，同时扮演为微网托底的角色。这样一来，大家对大电网的需求就小多了，大电网的稳定性有了保障，而可再生能源的消纳也会变得更容易。”

“大电网不可能无限发展，否则安全性很难保证。尤其是随着未来新能源越来越多，供需两端的时空不平衡问题会变得越来越严重。”秦晓辉也认同何勇健的看法，“国家能源局一直在提倡新能源就地平衡，在此基础上再考虑远距离送电。”

两位专家分别代表了发电端和电网端的意见，双方都认为新能源发出来的电和大电网的性质不太匹配，最好的办法是直接就地使用。中国西北地区新增的风光电可以通过沿海工厂西迁而被消化掉一部分，剩下的可以就地制氢，把电能变为更适合储存和运输的化学能。东部沿海地区则可以通过海上风电和分布式光伏来解决自己的能源需求，因为这些地区电网资源好，使用端的电价也有保证，很适合消纳分布式的可再生能源。

“分布式新能源并网有两个选择，即微电网和配电网。”秦晓辉对我说，“前者在西方国家发展得很快，他们一开始就是冲着离网自治运行的方向而运作的。但目前中国的分布式新能源并的大都是配电网，因为其主要目的是为了并网发电，老百姓或业主通过向大电网卖电获取收益。”

西方国家的居住条件比较好，独门独户的家庭很多，每家每户都可以自建一个微网，依靠屋顶光伏和电池储能做到自给自足。中国人大都住楼房，只能以小区为单位自建微网，仅靠屋顶光伏显然是不够用的。不过何勇健认为城市小区可以和周边农村合作，利用郊区的土地资源建设光伏电站和风力发电站，再辅以天然气（未来用氢替代）和电池储能，这样依然可以在不烧煤的情况下基本做到能源自给自足。

所以说，根本问题不在居住条件的不同，而在于双方的电力市场太不一样了。“据我所知，德国黑森州独立住户的购电价格是每度电 25 欧分，大致相当于两元人民币一度电，他们把很多税费，比如养老保险什么的都算到电价里去了。”秦晓辉对我说，“德国的居民高电价是故意的，为的就是鼓励用户节约能源，他们认为居民用电是纯消耗型的，产生不了 GDP。但这个政策促使很多德国人为了省钱而搭建了自己的分布式光伏和用户储能微网，间接促进了新能源相关产业的发展。”

新能源发电的一大特点就是前期一次性投资额较大，但发电成本极低，所以新能源企业都希望多发多卖，愿意承受低电价。反过来，为了配合新能源并网，传统火电厂经常需要深度调峰，这就不得不牺牲一部分效率，导致发电成本上升。所以中国建立了一个全球独一无二的辅助调峰服务市场，使新能源企业向火电厂购买调峰服务，其结果就是新能源企业总觉得自己亏了，而火电厂也觉得自己钱没赚够，双方谁都不满意。

为了解决这个矛盾，很多西方国家的电力市场采取了现货交易的方式，买卖双方按小时报价，价格低的先中标，每小时结清一次。白天太阳好或者风大的时候风光电厂就会踊跃报价，有时甚至为了中标而不惜报负电价，反正风机转起来就能发电，如果为了调峰而关风机反而不合算。其实供电方和市场经常需要火电厂来兜底，结算出清的时候是按照最后一度电的边际成交电价来计算的，所以风光电厂即使报了负电价仍然可以赚到钱。等到了晚上或者没风的时候，只有火电厂敢报价，于是他们就可以根据情况抬高电价，同样可以赚到钱。

这套机制是完全市场化的，峰谷电价甚至可以相差10倍以上，其结果就是新能源有电的时候可以满额发电，用户享受低电价，环境也跟着受益。新能源没电的时候火电顶上来，维持对负荷供电，并得到相应的回报。

“通过这套分时双边竞价机制，不仅可以有效解决调峰辅助服务买卖双方的扯皮问题，还可以把为了保护环境而多花的清洁化附加成本有效传导给消费者。”秦晓辉解释说，“但我国实行的是居民阶梯电价制度，当然也有一些工商业峰谷电价，但普遍还没有按小时分时的概念，我们并没有把这部分多花的清洁成本转嫁给消费者，而大都是在电力系统内部通过调峰辅助服务等途径分担消化了。”

其实中国一直在尝试电力系统改革，发改委刚刚于2021年10月发布新规，将煤电的上网电价从过去的上浮不超过10%，下浮原则上不超过15%，扩大为上下浮动原则上均不超过20%，高耗能企业市场交易电价则不受上浮20%的限制。但这项改革措施仅限于工商业，尚未普及到民用电力市场，中国普通百姓依然享受着超低的电价，导致民间缺乏建设微网的动力。不过，种种迹象表明，眼下这个状态是不可持续的，电力系统的市场化改革势在必行。无论是为了环保还是为了用电安全，我们每个人都必须付出一定的代价。

这场改革背后的动力就是能源转型，这是实现双碳目标的必经之路。无数事实证明，可再生能源要想打败化石能源，全面占领全球能源市场，光靠政府的行政命令是不够的，必须借助商业的力量，让经济杠杆发挥作用。

加拿大著名环境史学者瓦茨拉夫·斯米尔（Vaclav Smil）在《能源神话与现实》（*Energy: Myths and Realities*）一书中指出，人类在过去的200年里经历了两次大的能源转型，分别是19世纪中期开始的从木材到煤炭的转型，以及20世纪初期开始的从煤炭到石油天然气的转型。虽然从能量密度的角度讲，这两次转型都是符合经济规律的自发转型，但也都花费了至少50年的时间才完成，这说明能源转型牵涉的面实在是太广了，其难度远超一般人的想象。

举例来说，从木柴到煤炭的转型需要铁路网和电网的支持才能成功，而从煤炭到油气的转型则需要公路网和航空业作为基础。所有这些网络基础建设都需要投入大量的人力物力才能完成，而一旦它们完成之后，改动起来又相当困难。比如今天的这个大电网是为了配合火电厂而搭建起来的，两者都适合自上而下进行管理，秉性相投，所以配合得天衣无缝。但新能源的特点决定了它更适合自下而上的分布式发展，微网才是它最合适的搭配。

反过来讲，化石能源发展的驱动力来自人类对提升能量密度的永恒追求，只需很少的一点推动力就可以依靠民间的力量自下而上地自发运行了。但以风光为主的新能源却反其道而行之，其发展动力来自环保的需要，更像是一场自上而下的政治运动。正是这种矛盾导致了新能源的发展远不如化石能源那么顺利，如果我们还像上两次转型那样任其自然发展，很可能需要花费更多的时间才能完成。

换句话说，新旧两种能源模式在基本的理念上正好相反，我们必须换一种思路去思考新能源的未来。可惜的是，气候危机留给我们的思考时间不多了，我们只能迎难而上，没有别的选择。事实上，这次转型的难度是如此之大，我们只有把政府和民间的力量有机地结合起来，从上下两个方向一起努力，才能打破斯米尔提出的能源转型魔咒，用更短的时间完成这次难度更大的转型。

结 语

黄河公司在西宁有一家太阳能工厂，我去参观了该厂引以为傲的 IBC 光伏板生产线。IBC 的全称叫“全背电极接触晶硅光伏电池”，是将光伏板的正负两极金属接触点全部转移到电池片背面的技术。使用这项技术制造出来的光伏板正面是全黑的，没有其他光伏板常见的金属线，不但增加了有效发电面积，提升了光电转换效率，而且外观上也更好看，更适合用于城市建筑物的外立面。

这项技术原本掌握在外国公司手里。黄河公司经过两年的科技攻关，成功地将 IBC 电池板的研发转换效率提升至 25.08%，量产转换效率达到了 24%，两者均处于世界领先水平。

这种光伏板非常适合用于分布式光伏，未来的房屋表面很可能贴满了这种光伏板，使得所有人既是能源的消费者，又是能源的生产者。

这将是人类能源史上的一次根本性的革命，因为旧能源几乎全都是资源型的，没有就是没有，因此很容易形成垄断，甚至引发战争。太阳能和风能则正好相反，是一种相对平等的资源形式，只要你拥有相应的技术，就可以获得属于自己的那一份。

技术属于知识的范畴，而知识虽然是没法永久垄断的，但仍然需要付出努力才能得到。要想顺利实现这次能源转型，不但需要政府主导自上而下的改革，以及经济杠杆自下而上的推动，更需要能源技术的不断更新作为保障。

根据 IEA 的估计，新能源领域到 2050 年时所仰仗的新技术至少有一半是现在还未成熟的技术，广大科研人员还有很多工作要做。

中国不是一个传统意义上的能源大国，在这方面我们一直是受制于人的。但中国的科技实力一向十分雄厚，中国技术人员的聪明才智不输给任何人，我们有能力从这次能源转型中获益，并为保护地球环境做出自己的贡献。

电氢之战

交通领域的碳排放是实现碳中和的最大障碍，电池和氢气将是克服这一障碍的两种最好用的工具。

交通困局

参观宁德时代新能源科技股份有限公司的电芯生产线，是一件很费脚力的事情。

我参观的这家工厂位于福建省宁德市的公司总部园区内，整幢建筑长约1公里，电芯生产线占了最下面的两层。我从加料车间开始看起，依次参观了卷绕、装配、烘烤、注液、化成等车间，一直看到最后的充放电测试和目检，足足走了2公里。所幸整条生产线都是机械传动的，工人们不必走这么长的路。事实上，除了目检车间人比较多外，其他车间基本上没什么人，整个生产过程的自动化程度非常高。

这条生产线平均每1.7秒就能生产一个电芯，这些电芯会被组装成电池模块，再被拼装成电动车的电池包。2020年全球动力电池装机总量高达1.37亿千瓦时，绝大部分都是锂电池，而宁德时代生产了其中的3400万千瓦时，动力电池使用量连续4年位列世界第一。

提起中国制造，很多人的印象还停留在劳动力密集的人口红利时代。但动力电池是一种比较特殊的商品，其质量的好坏是由最差的那个电芯决定的，这对产品质量的稳定性要求非常高，所以电池制造是高度自动化的产业，宁德时代毫无疑问是其中的佼佼者。

有意思的是，动力电池全球排名前十的企业全都来自中日韩，可以说东亚三国主宰了电动车的未来。电动车市场同样庞大的欧美等国为什么没有好的电池厂呢？除了一些历史因素，很重要的原因在于电池生产是一个高能耗的行业，不太符合欧美国家的环保要求。举例来说，虽然宁德时代的中国工厂全都位于水电或者核电充足的地方（宁德附近就有一个核电站），生产过程中的碳排放并不像大家想象的那么高，但还是会有人抓住这条不放，指责动力电池的制造过程耗费了大量能源，并不像媒体宣传的那么环保。

不但如此，如今街上跑的电动车所充的电大都来自火电，起码在中国是这样的，于是又有一些人指责电动车实际上就是把污染从大城市转移到了火电厂，整体算下来一点也不环保。

除此之外，动力电池制造所需的锂、钴和镍等贵金属也有问题。其中锂的需求量最大，因其颜色较浅而被称为“白色石油”。目前全球一半的锂来自澳大利亚，但已探明储量的一多半位于智利、阿根廷和玻利维亚三国交界处的一个被称为“锂三角”的区域，资源垄断性非常高。锂矿的开采会污染环境，已遭到不少当地居民的反对。而锂的已探明储量虽然还算丰富，但也很难同时支持电动汽车和电化学储能这两个大市场，未来很可能必须舍弃一个。即使储量够用，随着开采难度的增加，锂的价格也会涨到一般人用不起的程度。据统计，自2020年年初以来，锂原材料的价格已经上涨了5倍多，其中碳酸锂的价格于2022年年初首次突破了每吨30万元的关口，而且仍在继续上涨中，未来看不到任何下降的可能性。

钴的问题就更大了，不但因为钴的储量严重不足，而且因为已探明储量大都集中在刚果（金）这一个国家里。目前全球市场上超过一半的钴来自这个国家，国际媒体不断爆出该国钴矿污染环境，以及劳工权利得不到保障的新闻。由于刚果（金）属于全球最不发达的国家之一，这两个问题在可预见的将来都很难得到根本改善。深海的海床上虽然蕴藏着大量钴资源，但深海采矿对环境的破坏程度很可能比陆地更加严重，所以至今仍然没有获得国际组织的批准。再加上深海采矿的成本非常高，其商业价值是存疑的，所以钴的未来存在相当大的不确定性。

镍的问题相对不那么紧迫，所以一直有人希望能用镍来代替钴，研制出一种“无钴高镍”的新型动力电池。如果将来真的实现了这一点，而电动车又彻底代替了汽油车成为主流的话，那么镍的需求量肯定也会暴涨，未来可就说不好了。

总之，以锂电池为基础的电动车行业一直饱受诟病。反对者认为电动车无论是生产还是使用都存在很多问题，相当于换了一种方式污染环境。不过这种想法是禁不起推敲的，因为即使是环保组织最看好的风电和太阳能发电也都存在一定的污染问题，比如前文介绍过的青海 30 万千瓦加柔风场就需要消耗大约 3000 吨铜、1650 吨锌和 300 吨碳纤维材料，难道我们因为这个就不搞风力发电了吗?

另一些极端环保组织则认为，风电还是要搞的，因为电总是需要的，但开车不是刚需，所以我们应该放弃私家车，全都改乘公共交通。先不说这个办法是否可行，也不论这个思路是否公平，单说公共交通，也不可能全靠有轨电车来解决，所以仍然存在如何替代汽油和柴油的问题。如果这个问题解决不了的话，碳中和的目标就永远无法实现，因为移动源的碳捕捉是不太可能做到的。

根据 IEA 所做的统计，目前人类活动所消耗的初级能源可以按照用途的不同大致分为三大类，各占 1/3 左右。第一类是居住耗能，其中的 23% 被电灯、电话、电视、电脑等家用电器消耗掉了，其余的 77% 被用于调节室内温度，包括暖气、空调和风扇等。这一类能耗理论上都是可以被清洁能源所替代的，目前这个比例也已经达到了 26%，而且正处在迅速增加的过程中。第二类是工农业生产耗能，其中的 75% 被用于各种加热过程，比如炼钢和水泥制造等等。这部分能耗比较难以解决，但起码从理论上讲也不是不可能的。剩下的 25% 是生产过程中的耗电，这当然是可以被清洁能源替代的。

第三类是交通耗能，占比 32%。四大交通工具当中，火车的问题最容易解决，因为铁轨的位置是固定的，可以很方便地连接交流电网。事实上，如今遍布中国的动车组用的全都是来自电网的高压交流电，这部分能耗理论上完全可以用可再生能源来解决。但火车能耗只占交通耗能的 3% 左右，汽车、轮船和飞机才是大头。这三种交通工具没法使用交流电网，只能自带能源，而它们的移动属性对所带能源的能量密度提出了很高的要求，汽油和柴油是目前最好的选择。生物质燃料（比如玉米酒精）可以替代一部分，但这需要占用宝贵的农田资源，发展潜力极其有限，因此目前交通领域的能耗有 96.7% 来自化石能源，这部分碳排放又很难通过碳捕捉技术被处理掉，所以交通领域被公认为是实现碳中和的最大障碍。

既然难度很大，那就必须先行一步，提前动手加以解决，这就是为什么电动车在相关配套技术还没有完全到位的情况下便开始推广了。早期电动车价格高质量差，全靠政府补贴才得以维持。但也正是因为这种坚持，使得电动车的质量越来越好，价格越来越低，竞争力越来越强。截止到 2020 年年底，全球电动车保有量超过了 1100 万辆，占比接近 5%。但据 IEA 估计，到 2030 年时的电动车份额必须达到 60% 以上才能实现 2060 年碳中和的目标。相应地，燃油车在 2035 年之前必须全部停产，任其自然淘汰，直至彻底出局。

目前大部分西方国家都已宣布了各自的燃油车禁售时间表，从挪威的 2025 年到英国的 2040 年不等。而一大批国际知名汽车公司也公布了各自的燃油车停产计划，比各国政府宣布的禁售时间更加激进。电动车取代燃油车已经是板上钉钉的事情，谁也改变不了了。

但是，电动车的动力电池仍然存在很多问题，我们有办法解决吗？

电池难题

世界上没有十全十美的事情，于是很多行业都有属于自己的“不可能三角”。金融行业的版本是资本自由流动、汇率稳定和货币政策独立这三者之间不可兼得；医疗体系的版本是便宜、高效和服务好这三者不可兼得；电动汽车行业有点特殊，至少有三个不同的版本：续航、快充和廉价这三者不可兼得；续航、快充和安全这三者不可兼得；电网安全、出行自由和出行成本这三者不可兼得。

为什么会这样？根本原因就在于电池的竞争对手汽油实在是太强大了，导致电池技术无论怎么进步都很难让开惯了燃油车的人满意。说起来你也许不信，人类生产的第一辆汽车就是电动车，但当汽油车出现之后，电动车几乎立刻就消失了，因为两者的性能相差得过于悬殊。如今电动车的回暖是气候变化大背景下的产物，不符合狭义的经济规律，所以才需要政府通过财政补贴的方式帮它一把。

汽车电池的缺点是由它的物理化学性质所决定的，改进的空间非常有限。首先，汽油的能量密度是电池的几十倍，这个差别对于固定放置的储能电池来说也许不算什么，但作为车载电池来说可就太大了，这就是为什么电动车的续航能力很难提高的原因。更糟糕的是，燃油车的油箱越开越轻，电池的重量无论怎么开都没有变化，这就进一步拉大了两者之间的续航差距。

为了提高电池的能量密度，工程师们想尽了各种办法，但效果都不尽如人意。目前表现最好的三元锂电池也仅仅做到了单体能量密度每公斤 300 瓦时左右，大致相当于汽油的 1/40。另一种常用的磷酸铁锂电池的能量密度大约只有三元锂电池的一半，但它不含钴这种贵金属，从而避免了很多麻烦，价格也更便宜，所以受到一部分车企的欢迎。另外，三元锂电池的安全性不好，一旦发生事故很容易发生短路并自燃，需要从电池设计、材料安排、保护电路和定期检查等很多方面提高它的安全性，这就进一步提高了三元锂电池的价格。磷酸铁锂电池虽然安全性更好，寿命也比三元锂电池长，但它不耐低温，不适合中国北方使用，这就严重限制了它的应用范围。

动力电池的能量密度还有提升的空间吗？答案是肯定的，这就是全固态锂金属电池。目前常用的锂电池的电解质都是液态的，虽然方便电子流动，但如果负极是锂金属的话，很容易形成针状的枝晶（Dendrites），刺破隔膜导致电池短路，因此液态电池的能量密度不容易做大。固态锂电池用的是固态的电解质，不用担心枝晶的问题，能量密度可以提高到每公斤 500 瓦时以上，而且充电速度也比液态锂电池更快。但固态电池的技术还不成熟，价格过于昂贵，距离大规模商业化应用至少还需要 5 年的时间。

说到充电速度，这是电池的另一个重大缺陷。很多人之所以不敢买电动车，主要原因并不是里程焦虑，而是充电太不方便了。中国的公共充电桩和电动车之比约为 1∶3，比大部分欧美国家都要高，但因为充电时间过长，出行高峰期间为电车充电仍然很不方便。2021 年国庆节期间各地高速公路电动车排队 4 小时充电 1 小时的新闻上了热搜，浇灭了不少人购买电动车的意愿。

充电速度慢源于动力电池的第二个特性，即它的功率密度比汽油低太多了。为电池充电是一个反向的电子移动过程，我们可以将这个过程想象成一群观众进入一个空着的体育场，通道越宽敞，座位安排得越稀疏，人们找到空位子的速度就越快，但体育场能够容纳的总人数就越少，所以电池的能量密度和功率密度是成反比的，电极做得越厚，能量密度就越高，电极做得越薄，功率密度就越大。制造商只能在中间找平衡，不可能两者兼得。

另一方面，观众们跑得越快，找到位置所花的时间也就越短，这就相当于充电温度越高，充电速度也就越快。但锂电池不耐高温，长时间高温充电会导致电解液分解，缩短电池寿命，所以锂电池的充电速度不可能做得太快。有一种新技术据说可以让锂电池在充电前迅速升温，快充 10 分钟后再迅速降温，这样可以有效地避免上述问题，不过目前该技术尚未大规模商业化，效果怎样还不好判断。

宁德时代刚刚于 2021 年 7 月发布了第一代钠离子电池，用能耐高温的钠离子代替锂离子，据说可以做到充电 15 分钟充满 80%。但钠电池的能量密度比锂电池低，产业链尚未健全，技术上也不成熟，市场是否会接受这样的电池还不好说。不过钠电池很便宜，也不用担心钠金属的储量问题，如果未来能想办法提高其能量密度，还是很有希望的。

要想真正实现快充，光有好的电池还不够，还要有足够强劲的电源，这就需要克服电网的物理限制。一般家用电源插头的最大输出功率只有 3 千瓦，需要 20 小时才能充 60 度电。目前市面上常见的商业快充插口的输出功率大约是 60 千瓦，充满 60 度电仍然需要一个小时的时间。据说特斯拉的快充技术已经可以做到 150 千瓦了，但特斯拉电池比较大，充满 80% 的电还是需要半个小时的时间。如果将来电动车全面普及了，节假日的高速公路上肯定还是会排队。

相比之下，一般加油枪的输出功率如果换算成电的话相当于 5000 千瓦，这就是为什么加一次油用不了一分钟却能跑 500 公里的原因。电动车的补能要想做得和燃油车一样快，只有换电这一条路可走。

其实我们每个人都换过电，这就是家里各种老式电子产品所用的干电池。早年间的电器和电池是分离的，而干电池只有几种全球统一的型号，随便哪家百货商场都可以买到。这种模式在锂电池时代被打破了，如今大部分电子设备都是和锂电池捆绑在一起销售的，用旧了很难更换，只能一起扔掉，非常浪费。

电动车电池也可以采用干电池模式，业内术语称之为“车电分离”。这么做有几个显而易见的好处，比如补能（换电）时间短，用户体验堪比燃油车；消费者可以通过买车租电池的方式降低一次性购车成本；电池充电可以由专业人士统一管理，延长电池使用寿命等等。但是，这么做的缺点也不少，比如电池包必须标准化，增加电动车设计难度，整车厂不满意；需要准备很多电池作为备份，盈利模式又不明确，换电站也不满意；等等。所以目前只有蔚来、北汽和奥动新能源等少数几家企业全力支持换电模式，其他企业大都持观望态度。

既然私营企业犹豫不决，国家政策就很重要了，而国家电网恰好就是换电模式的强力支持者，因为电动车的快充模式对电网的冲击太大了。现在电动车数量太少，情况还没那么严重，等到将来电动车普及了，全中国几百万个额定功率上百千瓦的充电桩毫无规律地启启停停，电网肯定受不了。

“电网非常不喜欢快充，因为快充负荷没有弹性，电网很难应对。”一位不愿透露姓名的业内人士对我说，“相比之下，家充和换电都是弹性负荷，充电者可以选择在电价最低的深夜时段充电，甚至可以充当储能电池，帮助电网削峰填谷。”

国家电投战略规划部主任何勇健也很同意这个看法。“假设到2025年时中国市场上已有3000万辆电动车，如果这些车均匀分布的话，大致相当于3亿千瓦时的储能容量。”何勇健对我说，“目前中国电网的峰谷差也就是三四个亿，完全可以靠汽车电池来为电网提供调峰调频服务。”

电网不怕用电大户，最怕不稳定的负荷。如果管理得当的话，未来电动车增加的用电负荷不但不会让电网崩溃，反而会让电网受益，因为每一辆正在充电的电动车都可以扮演储能电池的角色，当电网缺电的时候放电，当电力富裕的时候充电。等将来峰谷电价差拉大了之后，电动车车主甚至可以靠车挣钱，夜里电价低的时候充电，白天电价高的时候卖电，这就是科技人士最喜欢的“用比特管理瓦特”的时代。

但是，这个时代的到来需要大幅度提高动力电池的质量，以及提高电网的智能水平，这两件事都不是很容易做到的，需要大笔投资。在此之前，我们可以通过换电来过渡一下，让专业的换电站来扮演储能电站的角色。曾有专家建议，将来可以在空间充足的郊区建设专门的换电站，把市区里换下来的电池集中送到这里充电，兼为电网提供储能服务。充好电的电池包再用专门的卡车运到市区的各个站点，为电动车提供换电服务，就像现在的共享单车一样。

当然了，建设这套换电系统同样是需要花钱的，普及起来需要时间。不过我们可以先从商用车和网约车做起，依靠它们的需求逐步增加换电站的数量，再慢慢普及到私家车。不过，这一过程将会十分漫长，预计在未来很长一段时间内都将是充电和换电并存的状态，因为充电（尤其是家充）非常符合分布式能源的发展模式，前景同样被看好。等到将来电动车彻底取代燃油车的时候，也许我们又有新的能源形式可以弥补电动车的不足了。

这种新能源，很可能就是氢气。

氢车熟路

延庆是北京冬奥会的三大主赛区之一，最高海拔 2198 米，主要承办高山滑雪和雪车雪橇等项目。比赛期间最低气温可达零下 30℃，电动车不好用了，氢燃料电池汽车终于有了一展身手的机会。

2021 年 6 月 30 日，中电智慧综合能源有限公司在延庆的氢能产业园建成了北京市第一座对外开放的 70 兆帕加氢站，我专程前往参观，发现加氢口的设计和加油枪非常相似，好像是在特意提醒大家，加氢的体验和加油一模一样。

加氢站里停放着一辆北汽福田氢能大巴，原本放行李的地方被 8 个储氢罐占据了。罐子是用碳纤维材料制成的，每只长约 2 米，直径大约 35 厘米，可以装 134 升压缩氢气。国内原来只有 35 兆帕的储氢罐，相当于把常温常压的氢气压缩 350 倍，但这辆车用的是进口的 70 兆帕储氢罐，容量多了一倍。储氢罐里的氢气被送至安装在汽车后部的“氢腾”牌燃料电池，发出来的电为大客车提供驱动力。但因为国产电堆的技术不过关，输出功率不够大，所以这辆车还配备了一块锂电池作为辅助动力。

“氢燃料电池技术日本最强，他们的氢车已经不需要配锂电池了。”公司总经理张越对我说，“发展氢能是日本的国家战略，李克强总理 2018 年去日本考察了丰田的氢车，第二年‘发展氢能’就写进了我国的政府工作报告，中国的氢能产业终于正式启动了。”

延庆氢能产业园建成了北京市第一座对外开放的 70 兆帕加氢站，加氢站里停放着一辆北汽福田氢能大巴，原本放行李的地方被 8 个储氢罐占据了，加氢口的设计和加油枪非常相似

氢是自然界含量最丰富的元素，同时也是最轻的元素。化石能源里的氢含量越高，能量密度往往也就越大。人类从烧煤到烧油再到烧天然气，既是能量密度不断提高的过程，也是碳原子比例逐渐减少、氢原子比例逐渐增大的过程。顺着这条路一直走下去，终点就是氢气。纯氢的质量能量密度是汽油的 3 倍，用氢替代汽油似乎是一件顺理成章的事情。但氢气的比重太小了，11 立方米的纯氢才有 1 公斤重，必须先压缩再使用。但即使是 70 兆帕的高压气瓶体积还是太大，再加上电堆也要占地方，所以整个燃料电池系统的体积密度太小了，不得不占用原本放行李的空间，这是氢燃料电池车的一大软肋，当然锂电池车在这方面的表现更糟。

国内常见的 35 兆帕储氢罐本身就有 100 多公斤重，里面只能装 5 公斤氢气，所以即使电动机比内燃机轻，整体算下来氢燃料电池系统的质量能量密度还是要比汽油低，但却比锂电池高了 3～4 倍。车子越大，这个优势就越明显，所以那些跑长途的重型卡车和大巴车很难用锂电池供能，除了换电，氢就成了一个很有诱惑力的选项。

“这辆北汽福田大客车加一次氢用不了 20 分钟，可以跑 800 公里，相当于百公里消耗 7～8 公斤氢气。”张越对我说，“日本丰田的大客车可以做到百公里消耗 5 公斤氢气，而丰田的‘未来’（Mirai）牌小轿车跑百公里只需 0.6 公斤氢气。”

我是 2021 年 9 月去延庆参观的。几周之后，新一代“未来”便创造了一项新的世界纪录，用 5.56 公斤氢气跑了 1360 公里，相当于百公里耗氢 0.4 公斤。

这是什么概念呢？与“未来”同等级别的燃油轿车百公里油耗约为 10 升，零售价大约 70 元人民币，而目前中国市场上的氢气售价为每公斤 70～80 元，即使按照中国现在的技术水平来计算，氢车的使用成本也已经可以和汽油车相媲美了。但两者都还比不上电动车，这就是为什么现在的出租车司机都喜欢开电动车的原因。

问题在于，氢车的购车成本太高了。像福田这种级别的大客车，油车售价是 80 万～90 万元，电车是 120 万～130 万元，氢车则高达 180 万～200 万元，主要原因就是燃料电池太贵了。

氢燃料电池需要用到铂这种稀有金属作为催化剂，而铂的外号叫白金，价格非常昂贵，但这并不是氢燃料电池成本高的主要原因。我参观了国家电投集团下属氢能公司的膜电极中试基地，工程师祁毓俊告诉我，铂只占催化剂成本的 20%～30%，其在燃料电池总成本中的占比更是不到 5%，而且未来肯定还会进一步下降。

氢燃料电池贵就贵在其生产工艺特别复杂，而且很多关键设备目前都还需要进口。燃料电池的核心部件是膜电极，一个膜电极包含催化剂层、扩散层、质子交换膜和双极板等很多组件，组装过程十分烦琐，对产品质量的要求也格外地高。再加上氢能膜电极的电压太低，一个电堆需要串联几百个这样的膜电极才能达到合适的电压，这就进一步增加了氢燃料电池的生产难度。中国在这方面还是个新手，技术和经验都很欠缺。但随着产量的提升，降价空间还是很大的，中国的锂电池行业就是个好例子。

换句话说，现在的氢车之所以那么贵，根本原因只有一个，那就是起步太晚了。著名的新能源汽车专家欧阳明高院士在中国电动汽车百人会论坛 2021 年度媒体沟通会上表示，氢燃料电池技术突破的节点比动力电池晚了十多年，预计氢燃料电池即将进入一个成本下降的快速通道，这跟十多年前动力电池成本快速下降是差不多的。

正是因为氢能起步太晚，导致国家法规严重滞后。张越告诉我，氢气一直被中国有关部门列为危化品，对氢能的发展带来了很大影响。延庆产业园的最大贡献之一就是突破了法规障碍，为后来的各种氢能应用蹚出了一条路。“实际上，氢能比汽油和锂电池都要安全。”张越对我说，“一来氢气太轻了，万一泄漏出来后会立刻向高空扩散，即使着火了也烧不到下面的设备。二来氢气很容易检测，只要在加氢站周围多安装几个检测仪，再和风机做联动，一旦检测到泄漏就自动吹风，氢气很容易被吹散。”

氢能发展的滞后，和电动车的“抢跑”有关。曾经电动车和氢车都被视为取代燃油车的潜力股，而电动车只需解决电池问题就可以了，因为电网是现成的，不需要操心补能的问题。但氢车除了燃料电池，还需解决氢气的制造、储存、运输和加氢等问题，产业链太长了，需要各方联动才能运转。于是电动车先行一步，迅速占领了新能源车市场，别的技术已经很难挤进来了。

不久前，电动车领域的两位大佬，特斯拉的创始人埃隆·马斯克（Elon Musk）和大众汽车公司首席执行官赫伯特·迪斯（Herbert Diess）公开表示氢车技术太落后了，没有前途，但他俩忘记了10年前大家也是这么看待电动车的。

发达国家之中，唯有日本是个另类。日本的电网一直不太发达，很怕电动车会让电网不稳定。再加上日本国土面积太小，没地方发展风能和太阳能，只能想办法去其他国家购买新能源。但日本孤悬海外，没法通过高压线从邻国引进清洁电力，于是它们想到了氢。

氢是一种典型的二次能源，因为自然界蕴含的纯氢极少，大部分氢气都是通过其他能源形式转化而来的，主要包括化石能源制氢、工业副产制氢和电解水制氢这三种方式。中国是全球第一大产氢国，2020年一共生产了3342万吨氢气，约占全球产量的一半。目前绝大部分氢气都被化工行业用掉了（比如化肥制造的第一步“哈伯－博施制氨法”就是用氢气和氮气作为原料合成氨气），真正用于能源的氢极少。

中国的氢气绝大部分都是用煤来制造的，而国际上则比较流行通过天然气来制氢。这两种方法的成本最低，但都谈不上环保，因为它们都会排出二氧化碳，所以用这两种方法制成的氢叫灰氢，是不可持续的。如果在化石能源制氢的过程中把排出的二氧化碳收集起来填埋处理掉，这样产出的氢叫蓝氢，但仍然不是最理想的方案。电解水制氢就不一样了，因为电是完全有可能来自可再生能源的，这样制成的氢是最干净的绿氢，而这就是日本最希望看到的结果。他们设想在海外投资建设新能源基地，用风光电就地制氢，然后再把氢运回来，以此来解决日本的能源转型问题。

在最后这个场景里，氢的作用和锂电池一样，都是可再生能源的储能方式。不同之处在于，电化学储能的时间不宜太久，否则电就漏光了，而且成本也太高。氢气虽然也很容易从容器的缝隙间逃逸，但毕竟可以想办法解决，肯定比电池储能的时间更长久。氢气还可以通过管道来运输，甚至可以按照一定比例（一般不超过 10%）和天然气混在一起运，到了目的地后再把氢提取出来就行了，比电的远距离传输省事多了。如果想办法解决了“氢脆”问题（氢和钢发生的脆化反应），我们甚至可以用天然气管道来输送纯氢，彻底取代天然气的烹饪和取暖功能。实在不行还可以将氢气液化，按照液化天然气的方式通过远洋货轮来运，这样更省钱。如果上述方法都行不通，我们还可以先将氢气转化成更易于储存和运输的液态甲醇或者液氨，运到目的地后要么再变回氢气，要么直接用掉。这么做虽然能量有损失，但解决了氢的运输难题，不失为一种面向未来的解决方案。

总之，氢是最适合用于新能源大规模长期储存和远距离运输的能量载体。相比之下，电池更适合小规模短期储能，两者是互补关系，不必相互竞争。

具体到中国，西北部的可再生能源非常充足，但高压直流输电已经遇到了瓶颈，就地制氢是一个很好的选择，关键是要把制氢运氢的成本降下来。“如今汽油的成本当中主要都是生产成本了，但氢产业链还没有建立起来，所以制氢、运氢和加氢各占 1/3 的成本。”氢能公司创新总监刚直对我说，“我们的目标是把电解水制氢的成本降到每公斤 1 美元以下，把终端用氢的成本降到每公斤 3 美元以下，这样就可以和其他能源形式竞争了。”

刚直认为，未来氢气将有两大作用。一个是直接作为燃料，全面替代汽油和柴油。另一个是作为化工原料，全面替代石油和天然气。这两个作用不但可以帮助中国摆脱对进口石油的依赖，增进中国的能源安全，而且也都是仅靠风光发电无法完全实现的，只能靠氢。

第一个作用当中，前文只提到了汽车，其实航空和航运业才是未来氢能源的主战场，因为这两个行业的碳排放各自占到全球碳排放总量的 3% 左右，绝对不容忽视。如果说乘用车还可以靠电池来驱动，那么航空和远洋航运都不太可能，因为电池的物理限制很难被突破，未来只能依靠绿氢驱动氢燃料电池来为飞机和轮船提供动力，或者开发出能够直接烧甲醇或者液氨的发动机。

第二个作用也绝不仅限于工业原材料，而是在炼钢的过程中代替焦炭，用作还原剂。要知道，全球钢铁产业的碳排放约占人类活动排放总量的 8%，必须想办法解决。但目前氢气的价格太贵，无论是化工厂还是钢铁厂都用不起。只有当未来的绿氢成本降到足够低之后，碳中和的目标才有可能实现。

但氢气的价格不可能一夜之间降下来，必须像动力电池那样，在生产和消费的过程中逐步降低。交通行业对价格最不敏感，最有可能成为突破口。中电智慧投资 2000 多万元人民币，在延庆加氢站的旁边安装了一套西门子生产的电解水制氢设备，每天可产 500 公斤氢气。除了供应冬奥会投放的数百辆氢能大巴，还可以为北京市的工业生产提供优质氢气，因为电解水制出来的氢是质量最高的。

“氢是能源革命的突破口，目前已有 20 多个国家公布了自己的氢能战略，很多石油输出国都已意识到石油出口将会结束，正在布局光伏制氢，希望通过卖氢来代替卖石油。”刚直对我说，“中国的氢能战略正在规划之中，很快就会出台新的政策，让我们拭目以待吧。”

结　语

物理定律是这个世界上最强大的东西，不但可以用来解释历史，而且可以用来预测未来。

人类的能源史，可以用能量密度的增加来解释；交流电网的普及，可以用电磁定律来解释；可再生能源的兴起，可以用能量守恒定律来解释……

既然人类一直在追求能量密度的增加，为什么能量密度极低的太阳能和风能会成为热门产业呢？这一点可以用二氧化碳的温室效应来解释。正是因为这个物理效应的存在，人类被迫中止了对能量密度的不懈追求，把目光转向了更加清洁的可再生能源。

有人把电比作钞票，希望未来所有的能源形式都先转换成电，就像所有的经济活动全都用钞票来结算一样。但在有些时候，金子要比钞票更好用，也更保值，所以仍然会有人在家里囤一点黄金首饰。

氢就像金子，在交通和储存这两个领域要比电更好用，未来的能源版图里肯定会有氢的位置。但氢的物理性质毕竟和电有着很大的不同，两者之间的转换效率不高，在清洁电力还不富裕的时候，氢是一种奢侈品。但当清洁电力变得越来越充足的时候，氢就会走入寻常百姓家，这就好比如今普通老百姓都能买得起黄金首饰一样。

和物理定律相比，经济规律的地位就要打些折扣了，因为不同的时代背景对经济标准的定义有所不同。比如狭义的经济规律完全无法解释为什么我们要用电动车去代替油车，但广义的经济理论会告诉你，这是因为如果把环境代价考虑进来的话，那么汽油的真实价格高得惊人，一般人是用不起的。

再比如，狭义的经济规律也无法解释为什么我们有了电动车之后还要发展氢车，但广义的经济理论会告诉你，既然氢的某些物理性质要好于电池，那么氢能的广泛使用就只是时间问题了，我们不必纠结其过程，只需相信物理定律就行了。

总之，因为物理定律的限制，交通领域将是人类实现碳中和的最大障碍。也正因为如此，交通领域的变化也将是最大的。请大家做好准备，迎接一个全新的未来。

核能：人类的终极能源

让我们再次搬出物理定律，预测一下能源的未来。我们将会发现，既然人类对能量密度的追求是永无止境的，而密度最大的能源形式是核能，那么核能一定会是人类的终极能源。

被误解的核电站

2021年10月中旬，我来到山东省威海市荣成石岛湾，参观正在建设中的国和一号大型先进非能动压水堆核电站（CAP1400）示范工程。建设工地位于一个三面环海的半岛之上，核电站的主体部分已经封顶，看上去有10层楼那么高。楼顶还扣着一个直径大约40米的半球形安全壳，据说里面衬着一层厚达5厘米的钢板，足以抵御大型商用飞机的撞击。

我前一天刚刚在山东海阳参观了国和一号的"小弟弟"AP1000（先进非能动1000兆瓦）核电站，知道这个安全壳的上面应该还有一顶"帽子"，便四处张望，果然在不远处的一块空地上找到了它。这顶"礼帽"其实是一个大水箱，已经组装完毕，到时将被直接吊装到安全壳的上方。这是非能动核电站最具标志性的设计之一，遇到紧急情况时，水箱里的水会自动喷洒下来为球壳降温。大家千万别小看这个设计，如果日本福岛核电站有这顶"帽子"的话，就不会出那么大的事故了。

一提到核电站，很多人首先想到的就是核事故，甚至还有一些人把核事故和原子弹联系在一起，这实在是大错特错。不过，核电技术的进步速度一直不够快，这也是不争的事实。如今全球大部分在运核电站采用的仍然是美

航拍“国和一号”智慧核能综合利用示范项目一期崮山光伏项目

国海军在上世纪 50 年代初期专为核潜艇开发出来的压水堆技术，只是在细节上做了一些改进。

核能研究起源于军事需求，这是毋庸置疑的。一种物质的能量密度越大，其危险性往往也就越高，所以军工技术追求的同样是能量密度的不断提升。核能是自然界能量密度最大的能源形式，1 克铀 –235 裂变之后释放出来的能量相当于 2.7 吨标准煤，难怪大家都怕原子弹。

原子弹的科学基础是链式反应，解释起来并不复杂。一个铀 –235 原子核被一个中子轰击后会裂变成钡和氪，同时释放出 2～3 个中子。反应前后的质量差会转变成巨大的能量，其原理就是爱因斯坦著名的质能公式 $E=MC^2$。新产生的中子如果再撞到铀 –235 原子核又会引发更多的核裂变，释放出更多的中子和能量，这就是链式反应。但是，要想让链式反应在很短的时间内自发完成，从而引发一次大爆炸，铀 –235 的浓度必须达到 90% 以上才行。自然界的铀大都是不易裂变的铀 –238，铀 –235 只占 0.7% 左右，必须先用某种高科技手段（比如高速离心机）将其提纯出来。所幸这项技术极其复杂，对一个国家的工程实力和综合国力都提出了很高的要求，所以只有少数国家具备制造原子弹的能力。

如果把铀-235的浓度降低到百分之几的水平，再和一些能够吸收中子的材料混在一起，那么链式反应的速度就可以被控制住了，产生的热量可以用来烧水产生蒸汽，带动涡轮机发电。我在海阳核电站的展厅里看到了核燃料棒的复制品，这是用锆合金制成的一根细长管子，长4米多，直径只有1厘米左右，里面塞满了橡皮擦大小的二氧化铀燃料块，其中铀-235的含量为5%左右。264根燃料棒外加24根同样大小的控制棒，以及放置在中间的一根堆芯测量棒（负责测温）组成一个燃料组件单元，按照17×17的格式排列成一根高4.8米、横截面为0.2×0.2米的方形柱子。反应堆内一共有157个这样的燃料组件，它们被浸泡在盛满水的压力容器当中，容器中的水不但起到冷却作用，而且充当了中子的慢化剂，因为速度太快的中子很难击中铀原子核。每个燃料组件当中的那24根控制棒的作用就是吸收多余的中子，控制棒插得越深，吸收的中子就越多，反应的速率也就越慢。

"控制棒是由非能动系统来控制的，无须外力就能凭借自身重量直插到底，从而把核反应停掉。"上海核工程研究设计院（简称核工院）前院长郑明光对我说，"但因为铀-235裂变后产生的物质依然具有很强的放射性，所以反应堆停下来之后还是会持续地产生余热，使反应堆升温。燃料棒外壳里的锆合金能耐辐射但不耐高温，600～800℃时会和水发生反应，生成二氧化锆和氢气，后者与外界氧气接触有可能会爆炸。如果温度上升到1200℃以上的话，锆合金就会全部烧光，其结果就是堆芯熔化，全世界所有的核电站事故几乎都是这么发生的。"

郑明光是国和一号的总设计师，他在上海核工院的办公室里和我聊了两个多小时，详细解释了非能动核电站的工作原理。简单来说，核电站的安全维护需要达成三大目标，即反应堆停得下来，余热散得出去，以及放射性物质不扩散到环境中。第一个目标靠非能动的控制棒来实现，迄今为止从没出过问题。第三个目标靠结实的安全壳来实现，以前的核电站不重视这一点，但新建的第三代核电站在这方面做了改进，即使堆芯熔化也能控制得住。

最难解决的是第二个目标，即如何为反应堆降温，迄今为止已发生过的3次重大核事故全都是因为这个目标没有实现而导致的。目前大部分核电站靠水来降温，所谓能动技术就是用水泵把低处水池里的水打到高处的反应堆里面去，把热量置换出来。但能动系统需要依靠柴油发动机来提供抽水的动力，万一发动机出了故障就没用了。以前的解决办法就是增加能动设备的数量，从一开始的2套独立系统增加到现在的4套，相当于加了3倍保险。这样的设计保证了任何单一性质的系统故障都不会影响核电站的安全，但却无法应对超出设计基准的偶发事件。比如福岛事故就是因为柴油发动机所处的地方海拔只有10米，结果被15米高的海啸弄坏了，导致所有需要动力的降温设备全部失效，最终酿成惨祸。

相比之下，非能动技术利用地球引力作为动力，不需要人为提供额外的动力源，不但设备简化了，安全性也有了很大提高。比如国和一号核电站的水箱放在了安全壳的顶上，万一出事的话水可以自动淋下来为球壳降温。不但如此，国和一号的所有放射性装置全都被包裹在安全壳内，即使堆芯熔化了，放射性物质也不会扩散到环境中去。而这个钢制的安全壳既是安全容器又是散热器，随着壳内温度的升高，换热效率也会不断增加，这就相当于一个负反馈系统，进一步增加了反应堆的散热能力。

“国和一号不但能抗十级地震，也能抵抗类似福岛这样的海啸。”郑明光对我说，“为了防止操作失误，所有的非能动安全设备均可自行启动，而且可以在没有人为干预的情况下安全运行72个小时。相比之下，如果没有外部援助的话，能动系统即使有人干预也不可能坚持那么长的时间，因为一般核电站保存的柴油只够烧30分钟。”

国和一号和海阳核电站采用的非能动系统都属于第三代核技术，安全性至少比二代技术提高了100倍。但目前全世界441个在运核电站中的绝大部分用的还都是二代技术，部分原因在于核电站投资巨大，设计寿命又都很长，没法轻易更换。

所谓第X代核技术是一个比较笼统的说法。一般认为第一代核电站是上世纪50年代在英、美、苏、法等国建造的实验堆，主要目的就是做实验，如今已经全部报废了。第二代核电站是从60年代初期开始建造的商业电站，因为发电成本低廉而备受重视。当时各国政府的宣传口号是“核电不用电表”，意思是说将来核电会便宜到根本无须计价，大家敞开了用就行了。

1979年在美国三哩岛发生的核事故给了核电从业者当头一棒，促使在此之后建造的核电站全都在安全方面做了改进，以避免类似的事故再次发生，这批核电站被称为二代+。但其实那次事故是由于工作人员操作不当造成的，属于典型的人祸，而且事故仅仅造成了部分堆芯熔化，没有人员死亡，核电站也被保住了。只不过后续清理工作耗资巨大，对民众心理造成的负面影响更是难以估量。

没想到，7年之后又发生了一次更严重的核事故，这就是大名鼎鼎的切尔诺贝利。具有讽刺意味的是，那次事故的起因竟然是站方为了提高核电站的安全性而做的一次内部实验，由于技术人员各种匪夷所思的操作失误而导致堆芯熔化，再加上核电站为了偷工减料而没有建造保护壳，大量放射性物质扩散到了环境之中。更糟的是，因为一些政治原因，事故发生后的处理过程也极不专业，造成了很多不必要的损失。

切尔诺贝利把自三哩岛开始的国际反核运动推向了高潮，可以说是以一己之力让全球核电产业停滞了将近20年。但很多反核宣传歪曲了事实，严重误导了民众。比如，有人故意将切尔诺贝利发生的事故描述成核爆炸，但实际上反应堆只发生了两次因高温蒸汽而导致的常规爆炸，其中规模较大的第二次爆炸只相当于10吨TNT当量。

再比如，有个别极端环保组织宣称该事故导致8万人死亡，十几万人患

发生爆炸后的切尔诺贝利核电站

了放射病。但据联合国原子辐射效应委员会（UNSCEAR）主导的为期30年的调查结果显示，事故导致了28名工作人员和消防人员当场死亡，另有15名近距离接触者几天后死于急性甲状腺癌。但在此后的30年时间里，整个受影响地区的癌症发病率和死亡率均没有发生显著变化，甚至包括数千名当年亲身参与了现场清理工作的人员在内。

当然了，切尔诺贝利核事故毫无疑问是一场人道灾难。除了造成40多人直接死亡、数千人患病，还有11.5万人被迫离开了家园，经济损失惨重。另外，此次核事故对受灾民众造成的心理创伤同样是无法忽视的，这种创伤很难被精确地测量出来，但其影响很可能延续得更久，危害也更大。而一些媒体对核事故危害的夸张报道加重了民众对核能的恐慌情绪，反而不利于消解这种心理创伤。

切尔诺贝利灾难迫使核电产业再次提高了安全等级，第三代核技术应运而生，其中美国西屋电器公司开发的 AP600 和法国阿海珐（AREVA）公司开发的“欧洲压水堆”（EPR）是其中比较有代表性的两个。这两项技术均在 20 世纪末期完成了最终的设计，核工业界准备借机大干一番，打个翻身仗。

就在这个节骨眼上，发生了日本福岛核事故，全球核电行业再次被迫按下了暂停键。导致福岛核事故的日本“3・11”大地震以及随后发生的海啸直接杀死了至少 1.6 万人，但迄今为止还没有任何一个人直接死于核事故，只是核电站周边 15 万人被迫离开了家园而已，但事后关于福岛核事故的媒体报道铺天盖地，关于地震和海啸的报道相较而言变得不太引人注意。究其原因，一是极端环保组织的夸大宣传起了效果，二是人类的天性使然。人类从来都是对自己看不见摸不着的陌生事物最感到害怕，这是写在我们基因里的一种本能，从早年间的反交流电到现在的反核、反疫苗、反转基因等等莫不如此。

人类的自私本性也起到了很大作用，导致大家都不希望把任何涉及公共安全的设施（比如垃圾处理厂、高压变电站、通讯基站、化工厂和核电站等等）建在自家后院，而是让别人去承担可能的风险，即使这种风险出现的概率非常小。目前流行于西方的“邻避运动”就是这种自私本性的集中体现，严重影响了西方社会的能源转型进程。

但是，近几年媒体和公众对气候变化的担忧也是越来越大，核能因其低碳特征而重新引起了大家的重视，不少环保组织开始呼吁复兴核电，以此来代替化石能源。与此同时，反核的声浪也越来越高，理由是核电成本太高，工期也太长，很难指望得上，不如把有限的资金放在风光等可再生能源上。

这些指责有道理吗？我走进了国和一号施工现场的监管中心，想看一看核电到底靠不靠得住。

核电靠得住吗？

出于安全原因，国和一号的施工现场只能远观无法近看，但我却在监管中心的大屏幕上看到了现场的所有细节，原来这就是施工方引以为豪的“智慧工地”。遍布施工现场的摄像头将视频信号实时传回控制中心，监管人员可以通过操纵这些摄像头，在大屏幕上随时监控每一个角落里的每一个施工细节，并通过站内广播随时提醒工人可能出现的操作失误。

远在千里之外的上海也有一个几乎一模一样的监管中心，这就是国和一号的主设计方上海核工院利用“数字孪生”技术搭建的数字化协同设计平台。核电站所有的装备和组件在这里都有一个三维的数码拷贝，设计人员可以头戴虚拟现实（VR）设备模拟现场操作过程，优化产品设计。工人们也可以利用VR设备进行培训，以便尽快适应现场的施工环境，提高工程质量。

核电行业对安全生产的执着程度，真的是远超其他任何行业。

“核电站的设计思路是高度保守的，60%以上的安全投资很可能在核电站60年预期寿命期间一次都用不上。”上海核安全审评中心副主任郑毅斌对我说，“核电站的施工安全同样是按照最高标准来要求的，每一道工序完成后都要由国家质检部门进行现场验收，检验合格后才能继续往下做。”

因为核电的特殊性，对质量要求高是完全可以理解的。但这么做的结果就是大大提高了核电站的建设成本，拉长了建设周期。问题在于，这个世界上没有绝对的安全，保险系数究竟要达到多高才算合理呢？这就取决于各方博弈的结果了。对于核电站来说，反核人士越是宣传核电的危害，公众对核电的恐惧就越深，核电企业投资在安全上的钱就越多，核电的商业竞争力也就越弱，公众就越不看好核电的未来，反核人士的宣传听上去也就越有道理……一个闭环就这样形成了。

人类的感情是很难加以评判的，但在一个理性的世界里，一项新技术的好坏应该和它的替代对象放在一起进行比较才更合理。核电站是典型的基荷电站，它的主要作用就是替代火电，维持电网的基本负荷，所以核电的各项指标应该和火电来比。在这方面，德国正好为我们提供了一个合适的案例。因为德国国内反核势力太过强大，德国计划到2022年彻底关闭尚在运行的6

座核电站，缺口部分暂时只能由煤电代替，其结果就是德国每年的二氧化碳排放总量将增加3600万吨，大致相当于德国碳排放总量的5%。除了二氧化碳，煤电还会带来其他类型的空气污染，比如家喻户晓的PM2.5。据世卫组织（WHO）估计，全世界每年都有大约700万人死于空气污染导致的各种疾病，而烧煤是空气污染的主因。根据美国加州大学伯克利分校和圣芭芭拉分校，以及卡内基梅隆大学的经济学家所做的分析，去核政策产生的空气污染将导致德国每年多死1100人，直接经济损失超过120亿美元。

这项研究并没有把煤矿的安全因素考虑在内，因为德国的煤矿相对安全，但中国的情况就不一样了。据"煤矿安全网"统计，2021年全中国一共发生了91起煤矿事故，死亡178人。除了去核，德国还计划于2038年前彻底关闭所有的煤电厂。但因为德国的新能源还没有做好全面接手的准备，这么做不但会大幅提高德国的电价，还会让德国从能源的净出口国变成净进口国。换句话说，德国的去核运动本质上就是把污染从本国转移到了外国而已，对全球减排行动产生了负面影响。

由于国情不同，中国的核能行业暂时还不用担心受到国际反核运动的干扰，但中国核电的发展速度仍然不快，这也是不争的事实。截至2021年年底，中国内地在运核电机组共有51台，总的装机容量约为5300万千瓦，占比2.36%。2020年一共发出了3662亿千瓦时的核电，占全国累积发电量的5%左右。相比之下，排名第一的美国现有在运核电站94台，发电量占比约为20%，排名第二的法国现有在运核电站56台，发电量占比高达70%。

为什么会这样呢？答案要从中国的核电发展史中去寻找。其实中国的核物理一直很强，早在1964年就成功引爆了第一颗原子弹。但原子弹和核电站非常不同，后者除了技术复杂度更高，还要讲求安全性和经济性，难度要比原子弹大多了。当年中国的综合国力还不够强，对电力的需求不高，而中国的煤电又很便宜，导致中国发展核电的动力不足，直到1991年才有了第一座拥有自主知识产权的秦山核电站。但秦山的装机容量太小了，技术也比较落后，所以中国决定采取先引进后消化的政策，先后从美、法、俄、加等核电强国引进了一大批核电站，涵盖了当时全世界几乎所有的技术路线，所以有人戏称中国的核电是“万国牌”。这么做虽然便于学习各国的先进经验，但也导致中国核电的技术路线不统一，每座核电站都需要从头开始设计组装，建设成本居高不下。

21世纪初期，中国决定引进第三代核技术，希望在此基础上统一标准，最终发展出拥有自主知识产权的核电品牌，方便技术出口。经过一番考量，专家们决定把宝押在压水堆技术上，并在西屋AP600的升级版AP1000和法国EPR之间选择了前者。其实后者似乎更应该中标，因为中国引进的第一个大型商业核电站（大亚湾）用的就是EPR的前身，同样来自法国的M310堆型，两者的设计思路是一脉相承的，中国消化吸收起来应该会更容易些。西屋的AP1000是个全新的技术，国际上尚无成功先例，但AP1000的非能动理念相当先进，而且在保证安全的基础上大大节约了成本，所以在最终投票时有28位专家投给了AP1000，5人两者均可，投票支持阿海珐EPR技术的仅有一人。

这次投票是中国核电发展史上的里程碑事件，说明中国核电人没有局限于自己的过去，而是把眼光投向了未来。

西屋的中标合同是在2006年年底签的，中方还专门成立了国家核电技术公司，作为引进吸收AP1000技术的主体单位。但这个项目一拖再拖，直到2018年4台AP1000机组才分别在三门和海阳两地建成并投入商业运行。工期的拖延原因很复杂，和福岛核事故有一定的关系，但最主要的原因就是美国方面为了绕开军方的出口限制，不得不重新开发出口管制清单上没有的新技术和新工艺，结果光是一个主屏蔽泵就耗费了8年的时间才研发成功。

大概是因为时间拖得太久了，一直在独立开发第三代核电技术的中核集团和中广核集团决定将各自的研发成果合并在一起，开发出了拥有自主知识产权的华龙一号核电站，并于2020年年底在福清首次实现了并网发电。从技术上讲，华龙一号是在M310的基础上研制成功的能动+非能动混合设计堆型，据说能够结合两者的优点，在安全性和经济性上达成平衡。

与此同时，由国家电投集团牵头组织的大型先进压水堆重大科技专项也于2008年正式启动。根据西屋公司在技术转让时提出的要求，新电站的装机容量必须大于135万千瓦才能算拥有自主知识产权。对于核电来说，这个目标定得非常高，只有当设计人员真正掌握了核心技术之后才能实现，光把设备做大一点是不行的。上海核工院院长郑明光接受了这个挑战，和来自全国600多家单位的3万多名科研人员一道集体攻关，用了12年的时间这才终于圆满完成了CAP1400（即1400兆瓦，相当于140万千瓦）的设计任务，于2020年9月28日正式对外发布了这个被命名为“国和一号”的第三代核电站设计方案。

国和一号是中国研发成功的第二个具有完全自主知识产权的核电站，和华龙一号一样具备了独立出口的资质。国和一号采用了“非能动”的设计理念，和采用了“增加冗余度”理念的能动设计相比减少了57%的建筑物面积，电缆、泵和阀门也分别减少了48%、92%和80%，再加上工厂化预制和模块化施工方式的引入，建设周期缩短为56个月，建设成本也降低了30%。据郑毅斌估算，如果国和一号最终实现了批量化生产的话，建设周期可以缩短至48个月，建设成本可以从现在的每千瓦1.6万元降至1.1万元，即未来的国和一号只需大约160亿元人民币即可建成。

非能动设计的另一大好处就是维修保养简单快速，这就大大增加了核电站的有效发电时间。比如海阳AP1000核电站每18个月才需要大修一次，每次只需20天时间即可完成，比其他相同规模的核电站少了10天。考虑到海阳核电站单个机组每天的发电量约为2400万千瓦时，多出来的10天保养期就相当于少发了2.4亿度电，经济损失惨重。

核电站大修的主要目的是为了换料。燃料棒每18个月需要轮转一次，即把位于反应堆中间的燃料棒组件移到外面来，同时换掉1/3的旧燃料棒。这样算下来每根燃料棒都可以烧上 4.5 年的时间，核电的经济性可见一斑。像 AP1000 这样的百万千瓦级压水堆核电站每年只需 30 吨核燃料，一辆大货车就能运完，成本大概是 1000 万元人民币。同样装机的火电站每年需要烧掉 350 万吨标准煤，需要大约 6 万节火车皮才能运完。随着煤价的提升，如今的核电已经成为事实上的标杆电价了，如果不算折旧的话，每度核电的成本还不到一毛钱。根据站方工作人员估算，海阳核电站只需正常运行 7～8 年就可收回投资，但银行经常不允许核电站提前还清贷款，因为他们想多挣点利息钱。

由此可见，起码中国的银行认为核电是靠得住的，部分原因在于中国基建的贷款利息较低。这个体制对于前期投资较大但运营成本较低的核电站来说是很友好的，这是中国核电最大的优势所在。

未来的核能

除了发电，海阳核电站还做了一件面向未来的事情，那就是分出一部分核能为海阳居民供暖。一期工程在 2019～2020 年供暖季为 70 万平方米共 7757 户居民提供了暖气，当年就节省了 2.3 万吨标准煤，原来负责供暖的烧煤锅炉被当作废铁卖掉了。2021 年 11 月开始的二期工程将供暖面积扩大至 450 万平方米，使得海阳市成为全国第一个实现了零碳供暖的城市。

核能供暖是一件非常“顺手”的事情，因为核电站本质上就是用热能来发电，而且最好是一刻不停地满发，所以只要从核电站里引出一部分热能用于供暖就行了，不用担心暖气会停。当然了，核电站只提供热能，不输出放射性物质。反应堆里的热量通过管道与管道之间的热交换被转移到暖气管里，不存在辐射的问题。

核能供暖还能提高核电站的热效率，因为根据热力学第二定律，热能转化成电能肯定是有损失的，如果把热能直接用起来的话，核电站的热效率将会大幅提升。比如海阳核电站如果只发电的话，热效率仅为36.69%。供暖开始后，核电站虽然牺牲了5%的发电量，但整体热效率提升至39.94%。如果未来实现了单台机组向周边150公里范围内的3000万平方米供热的话，核电站的整体热效率有望提升至56%。

如果核反应堆只供暖不发电，不但可以进一步提升热效率，还能大大简化堆型设计方案，降低建设成本，提高核反应堆的安全系数。国家电投、中核集团和中广核集团这三家具有核电资质的能源企业都出台了自己的核能供暖示范堆设计方案，其中由国家电投黑龙江分公司组织开发的佳木斯核能供热堆示范项目的场址普选报告已经通过了评审，就等最后盖章了。如果这类项目能够普及开来的话，将对中国实现“双碳”目标起到很大的促进作用，因为中国一次能源的10%都消耗在冬季取暖上了，而且几乎都是靠烧煤来解决的，不但排放了大量二氧化碳，还是中国北方冬季空气质量不佳的最大原因。

建设中的国和一号除了增加核能供暖，还加入了海水淡化和核能制氢等辅助项目，这两个项目都不需要通过发电来实现，不但进一步提高了核电站的热效率，还能帮助中国解决淡水资源短缺和低碳制氢的难题，可谓一举三得。

就这样，在全球核电行业普遍遭到成本上涨和民众反核内外夹攻的时刻，中国后来居上，几乎以一己之力拉开了核电复兴的序幕。根据世界核能协会（World Nuclear Association）所做的统计，目前中国在建核电站一共有18座，装机容量1727万千瓦，约占全球在建核电站的1/3。中国核能行业协会在2020年6月发布的《中国核能发展报告（2020）》指出，中国有望在“十四五”期间每年开工6～8台核电机组。如果这一预测能够顺利实现的话，中国的核能行业将在2年后超过法国，10年后超过美国，成为新的世界第一。

“我个人希望中国核电装机能够从现在的5000万千瓦，占比2%，增加到2060年时的4亿千瓦，占比10%。核电的年发电量能够从现在的3600亿千瓦时，占比不到5%，增加到2060年时的3万亿千瓦时，占比20%。”郑明光对我说，“为了实现这一目标，必须在未来的40年里至少建设200座类似国和一号这样的150万千瓦级的大型核电站，这就需要准备30个厂址，每个厂址建6～8台核电机组。”

目前中国尚未放开内陆核电项目，但沿海核电站的厂址资源是有限的，肯定不够用。其实所谓“内陆核电站”是只有中国才有的概念，国际上根本没有这样的说法。事实上，中国帮巴基斯坦建设的4台30万千瓦核电机组就建在内陆城市恰希玛，已经有这方面的经验了。

为了方便取水，内陆核电站大都建在水边。中国境内河流湖泊众多，适合建造核电站的厂址应该是很多的。假如内陆核电项目重启的话，最有可能先走一步的就是湖南、湖北和江西这三个内陆省。它们原先就有建核电站的计划，只是因为福岛事故的原因被叫停了。国家电投战略规划部主任何勇健认为，由于内陆的特殊性，可能更适合建造30万千瓦以下的小型堆：一来小堆对于地质条件的要求没有大堆那么苛刻，可供选择的厂址更多；二来万一出点什么事的话，影响的范围不至于太大。

上海核工院正致力于开发小型堆，他们认为这是未来10年商业核反应堆的主力。一来这种小型堆更容易实现一体化的堆本体设计，便于批量生产；二来这种小堆的建设成本较低，更符合发展中国家的需要，便于出口。

从中国的核能发展史可以看出，核能是一种只有少数国家才玩得起的高科技，大部分发展中国家要么技术实力不够，要么国力不够强，玩不起大型核电站。再加上国际社会为了防止核扩散，对核能的出口和技术转让施加了很多限制，这就进一步延缓了核能和平利用的步伐。小型堆很可能是解决这两个问题的突破口，有望在未来成为核能行业新的增长点。

小型堆的终极形式很可能就是美国麻省理工学院（MIT）的科学家提出的“核能电池”设计方案。顾名思义，这是将一座小型核电站的所有组件集中在一起，在工厂建造完成后一次性提供给客户，只需很少的现场安装就可以发电了，而且无须装料就可以安全运行5～10年。这种核能电池的装机容量可以低至 1 万千瓦，仅为大型核电站的 1%，非常适合作为边远地区、独立社区或者工业园区实现能源自给自足的解决方案，为分布式能源构想提供了一种新的可能性。

不过，小型核电站的能量转换效率不如大电站，所以中国目前仍然是以大型核电站为主。中国已经有了两个完全拥有自主知识产权的三代核电站，未来两者将直接展开竞争，这对中国的核电发展应该是有好处的。问题在于，随着气候危机变得越来越紧迫，国际社会对核能的看法发生了微妙的变化，有越来越多的风险资金投入了新一代核电站的研发工作，从中诞生了好几种很有前途的四代核电设计方案，在燃料利用效率和安全性等方面都要比三代核电站提升了一大截。

比如，一种新型的高温气冷堆用化学性质稳定的氦气作为冷却剂，可以大大提高核电站的安全性。国和一号建设工地的旁边就有一座 20 万千瓦高温气冷堆示范电站，这就是华能投资建造的全球首座球床模块式高温气冷堆核电站。该电站用燃料球代替燃料棒，不但在任何情况下都不会熔化，还可以实现不停机换料。这两项新技术大大降低了事故风险，高温气冷堆因此而被誉为“最安全的核电站”。2021 年 12 月 20 日，这座核电站首次完成了并网发电，标志着中国成为全球少数几个掌握了第四代核电站技术的国家。

再比如，有一种新型的熔盐堆用盐来做冷却剂，便于把核电站建在缺水的沙漠地区。这种反应堆的燃料也是熔盐，本身已经处于熔化状态了，万一发生事故，核燃料可以方便地导入地下储罐，不会扩散到环境中，这就大大提高了反应堆的安全性。上海应用物理研究所在甘肃省武威市建造了一台 1000 千瓦的钍基熔盐试验堆（TMSR），将在近期尝试并网发电。如果试验成功的话，中国计划在 2030 年前建造一台 37.3 万千瓦的商业熔盐堆，为沙漠地区的 10 万户家庭提供清洁电力。

除了通过改进冷却方式以提高安全性，第四代核电技术的另一大发展方向就是提高核燃料的利用效率，这就需要建造快中子增殖堆。顾名思义，这种反应堆利用快中子来轰击不易裂变的铀 -238，后者吸收一个中子后变成了容易裂变的钚 -239，从而完成了裂变材料的增殖。换句话说，这种反应堆的核燃料会越烧越多，理论上可以把核燃料当中所有的锕系元素（Actinides，原子序数为 89～103 的 15 种化学元素的统称，它们全都是放射性元素）全都烧光。但因为实际应用中不可避免的损耗，核燃料利用率最终可能只有 60% 左右，但也要比传统核电站 1% 的燃料利用率强太多了，完全可以做到“一次装料直至退役”的理想状态。

快中子增殖堆的关键技术尚未成熟，距离实际应用还有距离。但近年来核电领域的投资越来越多，促使很多私营企业加入了研发阵营。其中比较有名的就是比尔·盖茨（Bill Gates）参与投资的“泰拉能源”（Terra Power）。这家公司发明的行波堆（Traveling Waves Reactor）本质上就是快中子增殖堆的改进版，由于采用了沸点很高的金属钠作为冷却剂，理论上不需要加压，这就大大简化了核电站的设计，降低了建造成本。这种反应堆还可以很方便地控制发电量，非常适合与可再生能源相结合，作为电网的调峰电站。泰拉能源原本计划在中国建造首堆，但因为美国政府的出口限制而转回了美国。

除了节约核燃料，提高铀矿利用率，快中子增殖堆的另一大好处就是减少了核废料的总量并缩短了核废料的半衰期，而核废料储存的问题正是很多人反对核电站的主要原因。

“如果增殖堆技术可行的话，核燃料的使用率可以增加 100 倍。”郑明光对我说，“在现有技术条件下，铀矿的储量可供人类使用 200 年，增加 100 倍的话就是两万年，到时候核聚变总该成功了吧？”

确实，本专题采访过的绝大部分能源专家都把最大的宝押在了核聚变上，因为前面写过的各种技术，无论是风、光、水还是核裂变，都存在各式各样的问题，唯有核聚变，理论上几乎没有缺点，可以让人类毫无愧疚地使用上亿年。

真有这样的好事吗？这一天何时才能到来？

人类需要正能量

核聚变能源还要等多久？答案是 30 年，而且永远是 30 年。

这是核聚变领域的经典笑话，已经说了至少 30 年了。但据奥巴马时期的白宫科技顾问约翰·霍尔德伦（John Holdren）回忆，他那个年代的科学家们可比现在要乐观多了。霍尔德伦于 1966 年进入 MIT 从事核聚变研究，当时大家认为到 1980 年时可控核聚变就会成功，而 1980 年时大家不得不降低了预期，但仍然相信再过 20 年应该也就差不多了。

早年的科学家们没有理由认为可控核聚变会拖这么久，因为人类从试爆第一颗原子弹到建成第一座核裂变电站只用了 5 年的时间，而第一颗氢弹是在 1951 年试爆成功的，即使核聚变要比核裂变难搞一点，20 年也总可以了吧？但真正做起来才发现，把两个原子核合二为一，要比让一个原子核一分为二难多了，因为原子核都是带正电的，彼此之间有电荷斥力，需要很高的密度和动能才能让两个原子核碰到一起并发生聚合反应。换成工程师语言的话，这就相当于把一团炽热的原子压缩得非常紧密。但高温和高压是两种截然相反的物理性质，很难同时满足，再加上核聚变会释放出巨大的能量，这会让原子团变得更热，因此也就更难被压缩。

好在核聚变的威力巨大，哪怕只有几分之一秒的聚变也能释放出巨大的能量，第一颗氢弹就是这么爆炸的。核弹专家们在装了几克氢（主要是氢的同位素氘和氚）的容器内部安置了一枚小型原子弹，利用核裂变产生的巨大能量在一瞬间把氘、氚压缩到极致，引发的核聚变反应释放出了和几千克铀差不多的能量，人类第一次见识了核聚变的威力。

1952 年，一枚绰号“香肠”的氢弹在一座太平洋小岛上试爆成功，产生的能量相当于 1000 万吨 TNT 当量，是广岛原子弹的 700 倍，而那座小岛从此永远地从太平洋上消失了。两年后，苏联也研制成功了第一枚氢弹，此事标志着两个超级大国之间的核军备竞赛进入了白热化的阶段。1961 年，苏联试爆了“沙皇炸弹”，其威力达到了惊人的5000万吨TNT当量。这是迄今为止人类制造的威力最大的核武器，因为如果威力再大一点的话，爆炸产生的能量都释放到外太空去了，不会对地面物体造成更大的破坏。

幸运的是，并不是所有的科学家都对研究炸弹感兴趣，一些人一直在努力设法控制原子能反应，让核能为人类服务。控制核裂变非常容易，只需降低铀-235的含量就行了，从某种意义上说，可控核裂变甚至要比原子弹更简单一些。但核聚变却正好相反，这是因为聚变反应需要极高的温度和压力才能实现，人类造不出任何一种容器能够装得下这样的聚变材料，所以可控核聚变的原料必须和容器壁隔开，没有第二种选择。

核聚变是宇宙中最为常见的核反应，也是宇宙中绝大部分能量的来源。我们的太阳就是一颗不停地进行着聚变反应的大火球，其中一小部分能量以光线的形式传送到地球上，滋养了世间万物。太阳是依靠自身的重力把核聚变材料约束在真空中的，地球上显然无法实现这一点。早期的核物理学家们想不出解决这个难题的办法，可控核聚变似乎永远也无法实现。

破局者是一位名叫莱曼·斯皮策（Lyman Spitzer）的普林斯顿大学物理学教授，他在一次滑雪时想到，可以用磁场来约束聚变高温等离子体，从而解决这个难题。等离子体（Plasma）是物质在液态、固态和气态之外的第四种形态，前三种形态在地球上最为常见，但等离子体却是宇宙中最常见的物质形态，占比高达99%以上。顾名思义，这是全部由离子组成的一种物质形态，其中的电子在高温作用下脱离了原子核的束缚，成为自由流动的负离子，而原子核则因为丢了电子而成为自由流动的正离子。这两种离子混在一起，整体上保持电中性，这就是等离子体。根据电磁定律，运动中的带电粒子会在磁场的作用下发生弯曲，而磁场是可以用通电线圈营造出来的，于是斯皮策设想用线圈营造出一个特殊形状的磁笼，等离子体在抽成真空（约为大气的百万分之一）的容器中绕圈运动，在磁笼的约束下形成一个闭环，这样就可以不用接触容器壁了。

1953 年，斯皮策和同事们在普林斯顿大学制造出了世界上第一台“仿星器”（Stellarator），证明等离子体确实可以被磁笼约束在一根真空管的中央。同年，加州大学伯克利分校创建的劳伦斯利弗莫尔国家实验室（Lawrence Livermore National Laboratory）发明出了一种新的磁约束技术，可以让以直线运动的等离子体在到达真空管道的一端后被弹回来，就像光线被镜子反射回来一样，这就是磁镜（Magnetic Mirror）。

几乎与此同时，英国牛津大学的科学家造出了全世界第一台箍缩机。这台机器利用等离子体在有电流通过时会自动收缩（Pinch，即箍缩）的特性，用放电的方式对等离子体进行压缩，将核聚变材料约束在电流线的周围，不让它碰到容器壁。

就这样，来自英美两国的核物理学家在短短的三年时间里想出了至少三种利用磁场来约束等离子体的方法，而且通过实验证明它们全都能引发核聚变。虽然核聚变所产生的能量都远不如这三套装置本身所消耗的能量多，但核聚变技术的发展速度让大家信心爆棚。1955 年 8 月，一批全球顶尖的核物理学家在日内瓦召开了第一届联合国和平利用原子能大会，印度裔会议主席霍米・巴巴（Homi Bhabha）在大会上预言，可控核聚变将在 20 年后成为现实。

就在同一年，英国物理学家约翰・劳森（John Lawson）推导出了著名的劳森判据（Lawson Criterion），并于 1957 年将这一成果公之于众。该判据是包含温度、密度和约束时间这三个变量的一组公式，只要将核聚变装置的这三项数据代入公式，就可以知道这台装置能否实现正能量，即能量的输出大于输入。

核聚变装置的能量输出输入之比叫“聚变能增益系数”，通常用 Q 来表示。只有当 Q 值大于 1 时，这台装置才有可能用来发电，否则就只能用来搞科研了。劳森判据中的这三个变量是乘积关系，也就是说核聚变装置的各项指标不必全都特别出色，只要三项指标都不太差，而其中有 1～2 项指标特别优秀就可以了。

核聚变的Q值和聚变原料的性质有很大关系，目前已知最容易实现正能量的聚变原料是等比例的氘氚混合物，其他类型的核聚变所要满足的参数条件要比氘氚大得多，所以最先建成的可控核聚变发电装置几乎肯定将会是氘氚聚变。其中氘可以从海水中提取出来，其蕴藏量至少可供人类使用数百万年。氚在自然界中的蕴藏量极少，目前基本上只能用核裂变反应堆产生的高能中子轰击金属锂来获取，每年的产能只有20公斤左右。再加上氚是一种放射性元素，半衰期只有12年，这就给核聚变实验带来了很多麻烦，目前尚无好的解决办法。

劳森判据的出现彻底改变了核聚变研究的范式，从此大家只需用没有放射性的等离子体来做实验，就可以通过劳森判据来计算出如果改用氘氚的话将会是怎样的结果。

此后的10年里，英美两国制造了好几台基于仿星器、磁镜和箍缩技术的核聚变装置，它们的表现全都远远低于预期，大家这才意识到人类对于等离子体的物理性质了解得太少了，根本无法对这种极端物质形态的行为模式做出预判。举例来说，箍缩机可以把等离子体压缩得非常致密，温度也可以加得很高，但等离子体的箍缩非常不稳定，只能维持很短的时间就会解体。相比之下，等离子体在仿星器中的约束时间会长一些，但加热加压非常困难，同样难以满足劳森判据的要求。所以当年最先进的核聚变装置的Q值还不到1/10000，距离正能量差得太远了。

60年代初期，苏联科学家尼古拉·巴索夫（Nikolai Basov）和中国的王淦昌院士分别独立地提出了利用高能激光来约束核聚变原料的想法。激光约束法依靠的是聚变原料的惯性，所以又被称为惯性约束法。虽然此法只能维持很短的约束时间，需要不断地启动激光发生器，但因为激光束可以产生极高的温度和压力，理论上能够弥补约束时间的不足，从而满足劳森判据的要求。问题在于，高能激光属于军工范畴，一般人玩不起，只有少数几个军事大国尝试过这一技术路线，结果发现这个方法需要对激光束进行极其精准的操控，技术上太难实现了，所以进展更加缓慢。

就在大家心灰意冷，几乎就要放弃核聚变的时候，从苏联传来了一则让人几乎不敢相信的消息。“沙皇炸弹”的设计师安德烈·萨哈罗夫（Andrei Sakharov）设计了一个名为“电磁线圈环形室”（Toroidal Chamber with Magnetic Coil，即 Tokamak，以下简称托卡马克）的磁约束装置，大大提高了等离子体的稳定性。这个新装置相当于仿星器和箍缩机的混合体，外形有点像轮胎，内含多组线圈，有些线圈负责形成强磁场，从外部来约束等离子体，有些线圈负责箍缩，从内部来约束等离子体。萨哈罗夫希望这个设计能够把仿星器和箍缩机的优点结合起来，实现性能上的飞跃。

第一台托卡马克原型机建造于 1958 年，但苏联科学家直到 1965 年才公布了测试结果。西方科学家不相信苏联人的技术水平，没把这件事放在心上。苏联科学家又于 1968 年公布了第二批实验结果，依然没能打动西方同行。于是苏联政府邀请英、美科学家亲自来苏联做测试，结果证明各项参数都要比西方国家的类似装置好一个数量级，这下大家没有理由再不信了。

托卡马克装置的发明挽救了核聚变产业，因为这个设计相对简单，所需技术没那么复杂，投资也在可承受的范围内，看上去是很容易成功的。于是，包括中、韩、印等一大批原本对核聚变发电敬而远之的国家也参与进来，纷纷拨款建造自己的托卡马克原型机，为即将到来的核聚变时代培养人才。在各方努力下，核聚变迎来了一段高速发展期，1969～1999 年的 Q 值增加速度甚至快过了微电子行业的摩尔定律。

回望那个黄金年代，有三个核聚变装置值得一提，这就是美国的 TFTR、英国的 JET 和日本的 JT-60。TFTR 是由普林斯顿等离子体物理实验室（PPPL）负责建造的，它是全球第一个尝试用氘氚各占一半的核聚变燃料发电的托卡马克装置，输出功率首次突破了 1 万千瓦大关；JET 是建于英国的托卡马克装置，于 1997 年用等比例的氘氚燃料创造了 Q=0.67 的世界纪录，即用 2.4

万千瓦的能量输入，换来了1.6万千瓦的能量输出；日本的JT-60则在技术参数上好于前两者，曾经创造了5.22亿度的离子温度世界纪录。但因为日本在放射性材料的使用上存在诸多限制，日本科学家只能用氘来做实验，测出的Q值不高。但如果将实验结果换算成氘氚的话，JT-60的Q值达到了1.25，首次实现了正能量。

虽然这个1.25是通过核聚变等效换算得出的理论结果，不是真正的实验数值，但无论如何Q值已经非常接近1了，可控核聚变实现正能量指日可待。但接下来应该如何做呢？大家的意见出现了分歧。

通向未来之路

当人类终于和动荡的20世纪说再见的时候，核物理学家们心里应该是有底的。英、美、日三国的实验结果清楚地表明，核聚变发电理论上肯定是可行的，只要把托卡马克装置做大一点就行了。于是，经过一番讨价还价之后，中、印、日、韩、美、俄以及欧盟这7个成员于2007年发表了一份联合宣言，决定在法国南部的卡达拉舍（Cadarache）建造一个全世界最大的国际热核聚变实验堆（ITER），从工程的角度探讨建造商业核聚变发电站的可行性。

因为实际运行过程中必然出现的能量损耗，核聚变反应堆的Q值至少应该大于5才可能有商业价值。要想做到这一点，一定要想办法增加等离子体的体积和约束时间，这就必须把托卡马克装置的真空室做得很大才行，配套的电磁铁当然也就必须做得更大。设计中的ITER是一个有15层楼那么高的庞然大物，其核心是一个30米高、直径28米、重达2.3万吨的圆柱形反应器。高达1.5亿度的等离子体将在一个半径约为6.2米的轮胎形真空室内做圆周运动，约束其行为的磁场强度在线圈表面将达到14特斯拉，是冰箱贴的1万多倍。如此强的磁场是由数块高达25米的电磁铁营造出来的，整个装置所使用的线圈总长度超过了10万公里。这些线圈必须降温至4K，也就是零下

ITER 小尺度模型

269℃的低温才能实现超导，所以 ITER 将成为宇宙中温差梯度最大的装置，其工程难度可想而知。

如此庞大的装置，任何一个国家都是很难单独完成的，团结协作是唯一的选择。ITER 的想法最初来自里根和戈尔巴乔夫在 1985 年进行的一次美苏高峰会谈，双方一拍即合，随后法国和日本迅速跟进，变成了一个四方合作项目。初步计算表明，ITER 可能需要花费 100 亿美元，这将把四个国家所有的核聚变预算都吃掉。因此一些科学家提出了反对意见，认为不应把宝全都押在托卡马克装置上，应该留出一些经费探索其他的方法，比如仿星器和球马克（Spheromak）等。另一些科学家则认为，ITER 项目耗时太长，可能还没等建成就已经过时了。

因为这些反对意见，以及资金的短缺，ITER 项目拖延了一段时间，最终在吸纳了一批新成员（包括中国）后于2007年正式启动，卡达拉舍厂址的建设也于2013年正式破土动工。ITER是继国际空间站之后科学界规模最大的一次国际合作，项目预算也从一开始的100亿美元上涨到目前的250亿美元，成为有史以来耗资最大的单一科学项目，由此可见能源问题对于人类社会的可持续发展有多么重要。

不过，就像所有的大型国际合作项目一样，ITER一开始进行得并不顺利，工期也一再推迟，从最早计划的2020年等离子体放电、2023年实现核聚变，推迟到了现在的2025年放电、2035年实现核聚变。因为新冠疫情的原因，ITER的工期很可能又要推迟了。

“ITER项目受疫情影响很大，因为这个项目是由各成员国各自领了任务，自己回去组织研发生产的，波及的面太广了。”ITER的中方轮值主席罗德隆对我说，“法国疫情控制得不好，很多施工都停下来了。中国疫情虽然控制得不错，但因为防控要求严格，生产同样受到了一定的影响。不过ITER团队正在采取各种措施减少损失，继续往前推进。”

据罗德隆介绍，目前ITER的项目基准还是2016年制定的。该基准要求2025年完成安装工作，实现第一等离子体放电，目前只完成了原计划的75%，估计很可能需要推迟一年才能实现放电。但项目团队希望能缩短下一个阶段的耗时，尽量保证2035年的氘氚核聚变实验不拖期，尽早实现Q＝10的目标。

“建造ITER的目的不是为了发电，而是为了做实验。”罗德隆对我说，“我们希望通过各种实验进一步验证核聚变发电的可行性，探讨最优化的技术路线，为今后的商业核电站提供技术指导。”

所有这一切都需要消耗大量的时间和金钱，很多人等不及了。一群MIT核物理学家设计了一个基于高温超导材料的核聚变电站ARC，体积不到ITER的1/10，成本更是只有ITER的百分之几，但磁场强度却能达到20特斯拉。计算表明，在输出功率不变的情况下，磁场强度每增加一倍，等离子体的体积就可以缩小到 1/16，ARC 的高磁场强度将会大大缩小核聚变装置的体积，从而减少成本，降低自身能耗。

2018 年，这群 MIT 科学家在马萨诸塞州创立了一家名为“英联邦核聚变系统”（Commonwealth Fusion Systems，CFS）的核聚变公司，并迅速获得了包括意大利埃尼集团（Eni）和比尔·盖茨等人的资助，总金额超过了两亿美元。这家公司希望能在 2025 年先建成一台基于 ARC 设计方案的原型机 SPARC，体积只是 ITER 的 1/65，Q 值达到 3 以上。如果试验成功的话，他们计划于 2030 年建成一台百万千瓦级的 ARC 核聚变发电站，实现并网发电。资本市场显然非常看好这家公司，就在 2021 年的 9 月，该公司造出了表面磁场强度达到 20 特斯拉的高温超导环向磁场线圈原型件。两个月后，该公司便获得了总额高达 18 亿美元的 B 轮融资，“钱景”一片光明。

融资金额排第二的私营核聚变公司名叫“三阿尔法能源”（TAE Technologies），总部位于美国的加利福尼亚州。这家公司采用的技术名叫“场反位形”（Field Reversed Configuration），可以将其看成是没有中间线圈的磁约束装置，和另一种很有前途的球马克装置非常相似。因为没有中间线圈，这两种磁约束装置的结构要比托卡马克简单多了，如果真能成功的话，将极大地降低核聚变电站的造价。截至 2021 年年底，该公司已经获得了 8.8 亿美元的融资，投资方包括谷歌、高盛和微软公司的共同创始人保罗·艾伦（Paul Allen）等，同样是星光灿烂。

另一位明星投资人，前世界首富杰夫·贝佐斯（Jeff Bezos）则看中了一家名叫“通用聚变”（General Fusion）的加拿大公司，该公司发明了一种介于磁约束和惯性约束之间的新的核聚变技术，利用机械泵来压缩处于磁约束中的等离子体。这家公司已经拿到了 3 亿美元的融资，计划于 2022 年在英国建造一台原型机，具体细节尚未公布。不过该公司曾经发表过一篇关于球形托卡马克（Spherical Tokamak）的论文，不知是否暗示他们即将转型，或者参考了这种新的设计方案。

球形托卡马克和球马克不是一回事，前者本质上仍然属于托卡马克，只不过形状近似球形，看上去不像轮胎了，更像是一只去核苹果。球形托卡马克的中心柱比普通的托卡马克要细一些，这样电磁铁和等离子体的距离更近，不需要那么强的磁场即可实现对后者的约束，不用非得动用超导线圈，这将大大节约建造成本。但是，因为真空室体积太大，等离子体的密度较低，目前距离劳森判据的要求还有点远。

中国也有一家民营企业建造了一台球形托卡马克装置，这就是总部位于河北廊坊的新奥集团。这家公司靠天然气起家，是国内能源领域数一数二的民营企业。但为了迎接即将到来的能源转型，该公司毅然决然地加入了核聚变的战场，致力于分布式、低成本的紧凑型聚变技术研发。我专程去参观了该公司建造的这台名为“玄龙 -50”的实验装置，可惜正好遇上大修，没能亲眼看到放电测试的样子。该公司负责聚变模拟的谢华生博士告诉我，这台装置目前处于早期原理实验阶段，距离真正实现核聚变发电还有段距离。他们还准备设计建造新型号的装置，朝着工程化方向迈进。

据统计，目前全球至少有 20 家私人企业在探索核聚变发电，这个行业俨然成为资本的一个新战场。除了气候变化带来的能源行业红利，很大原因就在于现有的这批国家投资主导的大型核聚变装置仍然以科研为主，缺乏商业方面的考量。不少私人企业采取了完全不同的策略，即先用较低的成本造出原型机，然后一边做实验一边做修改，希望借助工程手段提高性能，争取早日实现商业发电。

初看起来，双方的关系有点像 NASA 和太空探索技术公司（SpaceX）之间的竞争。前者从政府拿钱，做的都是为全人类服务的大项目。后者是埃隆·马斯克（Elon Musk）创办的私人企业，用比 NASA 少得多的经费和快得多的速度开发出了可重复使用的运载火箭，极大地降低了太空运输的成本，开创了载人航天的私营时代。如今的 ITER 几乎和 NASA 一样庞大，而像 CFS 和 TAE 等公司则一直以马斯克为榜样，后者甚至从 SpaceX 公司挖了好多人过去，试图复制马斯克的成功模式。

但是，如果仔细比较一下的话，这个类比并不十分恰当，因为太空旅行已经被NASA等国家机构证明是可行的，SpaceX只不过利用商业公司特有的灵活性和自主性对现有航天技术进行了改进而已，双方均能从这种差异化竞争中受益，结果也确实是皆大欢喜。但可控核聚变尚未成功，还有很多科学和技术问题没有解决，国家机构的重要性是不可替代的。

“我们必须相信ITER，因为这是目前唯一有可能产生自我维持核聚变的装置。”霍尔德伦在接受《科学美国人》杂志采访时指出，“除非我们能理解并掌握如何让核聚变自我维持下去的理论和技术，我们永远不会知道核聚变能否成为一种具备实用性的能源形式。”

霍尔德伦所说的自我维持核聚变又被称为“点火”（Ignition），指的是聚变燃料燃烧产生的能量能够维持聚变的持续进行，不需要外界的持续能量输入，只需按时添加新的核燃料就行了。这是比正能量更高的要求，如果实现的话，将会从根本上改变核聚变电站的建造和运行方式。可惜我们距离那一天还很遥远，主要原因在于科学家们对等离子体的物理性质了解得很不够，无法通过理论计算来预测等离子体的行为。

“磁约束的问题在于，运动中的等离子体自身也会产生磁场，这就对外部施加的磁场形成干扰，从而导致了一系列不可预测的复杂变化，致使磁约束很快失效。”谢华生博士对我说，“一些核聚变企业试图通过纯工程的手段来提高核聚变装置的参数，但恐怕这是不现实的，不如先通过物理实验来大幅度提高Q值，这将大大降低工程技术难度。这就好比《神雕侠侣》的结尾，一帮人听说了华山论剑的名头，也跑上山来比武，但他们的武功和高手们相差太远，无论怎么练都是白费劲儿。”

新奥正在做的事情就是通过大量实验来积累数据，希望能从中寻找线索，找到更好的约束模式，改进等离子体物理学。

中国科学院在合肥建造的“东方超环”（EAST）做的是同样的事情。这

位于合肥的 EAST 核聚变反应堆

台全超导托卡马克核聚变装置也是做实验用的，重心在长脉冲实验，这是未来稳态发电的基础。2021 年 12 月 30 日，EAST 创造了 7000 万度 1056 秒的托卡马克装置高温等离子体放电时间世界纪录，为将来实现核聚变稳态发电提供了宝贵的经验。但是，EAST 的等离子体能量约束时间还是太短，密度和温度也还不够高，按照劳森判据的标准而言距离世界先进水平还有很大的距离，尚不具备进行氘氚核聚变的条件。不过，这台装置可以为计划中的下一代“中国聚变工程实验堆”（CFETR）积累数据，并为中国的核聚变行业培养人才，为将来可能出现的技术飞跃做好准备。

除此之外，位于成都的核工业西南物理研究院已建成了一台中国环流器二号 M 装置（HL-2M），这一装置将在接下来的实验中重点瞄准高劳森三乘积参数下的等离子体物理实验，同样可以为未来的商业聚变堆打好科学基础。

写到这里必须指出，以 ITER 为代表的托卡马克氘氚聚变并不是实现商业核聚变发电的唯一希望，因为这条技术路线除了正能量难以实现，还有一些技术难点有待解决。比如，氘氚聚变后会产生大量中子，现有金属材料无法应对如此高能的辐射，使用寿命很短，很可能用不了几年就得更换。再加上氘氚聚变会产生少量核废料，氚的生产过程也涉及放射性，处理起来会有很多麻烦。前文提到过的 TAE 公司选择了一条和 ITER 完全不同的技术路线，这就是氢硼聚变。氢和硼这两种聚变材料都很容易获取，氢硼聚变也不会产生中子，这就避免了上述问题。而且氢硼聚变后产生的能量是由带电粒子带出来的，可以直接用来发电，不需要再去烧水了，能量转化效率最高可以达到 90%。可惜这种聚变需要的条件太高了，目前的水平还达不到。

再比如，为了持续发电，必须将等离子体约束很长的时间，也即实现稳态运行。理论上最有可能实现这一点的就是仿星器，只不过这个装置对工程技术水平的要求太高了，目前只有德国和日本这两个国家做得比较好。其中德国马克斯·普朗克等离子体物理研究所（Max Planck Institute for Plasma Physics）制造的 Wendelstein 7-X 是目前全世界性能最优异的仿星器，可以轻松做到将等离子体稳态放电半小时以上。要知道，对于传统的托卡马克装置来说，如果能持续放电 100 秒都将是一件轰动世界的大新闻。可惜因为疫情的原因，德国暂停了这个项目。

2021 年 8 月，美国劳伦斯利弗莫尔国家实验室传来好消息，该实验室耗资 40 亿美元建造的激光约束核聚变“国家点火装置”（National Ignition Facility）创下了输入 1.9 兆焦耳能量、输出 1.35 兆焦耳能量的新世界纪录，将 Q 值提高到了 0.71。虽然该结果尚未经过同行评议，但著名的《科学》杂志已经迫不及待地将其列为 2021 年度十大科学突破的第三位了，由此可见这件事的意义有多么重大。如果他们能将这一结果重复出来的话，这就意味着可控核聚变发电又多了一种技术选择。

如果现在再问核聚变发电还要等多久，答案很可能不再是 30 年了，而是 20 年甚至 10 年。但是，如果把问题改成核聚变普及还要等多久，答案很可能要比 30 年长得多，因为即使核聚变实现了正能量，发电的成本肯定会非常昂贵，经济性很成问题。但是大家别忘了，莱特兄弟制造的第一架动力飞机的第一次试飞只维持了 12 秒钟，飞行距离只有可怜的 36.5 米。可一旦他俩证明动力飞机是可以被造出来的，余下的事情就不用大家操心了。

结 语

2021 年底，著名的科幻电影系列《黑客帝国》出了第四部，名为《矩阵重启》（*The Matrix Resurrections*）。这个故事的起因是机器矩阵发生了能源短缺，机器人为了争夺能源而大打出手。矩阵设计师发现当人类情绪激动时产生的能量最多，于是复活了尼奥和崔妮蒂，让他俩挨得很近却又永远不能碰面，以此来为矩阵生产更多的能量。

这当然是好莱坞的一厢情愿，但编剧有一点说对了，那就是未来的机器世界也会发生能源短缺，而人类的大脑其实是最耗能的，因为想象力没有边界。

在此之前，好莱坞还推出过另一部科幻大片《芬奇》（*Finch*），讲的是地球被毁灭之后的一位幸存者为照顾他的小狗而训练机器人的故事。著名演员汤姆·汉克斯扮演的这位幸存者在电影里的身份是 TAE 公司的前员工，由此可见电影导演相信未来的人类只能依靠核聚变来获得能量。

无独有偶，ITER 这个名字的拉丁文意思为“道路”，当初选择这个名字的人们相信核聚变将是人类通往未来的唯一道路，唯有它才是取之不尽用之不竭并对环境极为友好的能源形式，其余的选择存在各种各样的缺点，都是不可持续的。

既然这样，那就让我们从现在开始努力探索吧。人类的智慧已经帮助我们解决了很多问题，没有什么理由让能源问题成为例外。

参考资料：

Mark Eberhart, *Feeding the Fire: The Lost History and Uncertain Future of Mankind's Energy Addiction*, Crown, 2007.

Vaclav Smil, *Energy: A Beginners Guide*, Oneworld Publications, 2017.

Vaclav Smil, *Energy: Myths and Realities: Bringing Science to the Energy Policy Debate*, AEI Press, 2010.

Charles Seife, *Sun in a Bottle: The Strange History of Fusion and the Science of Wishful Thinking*, Viking Adult, 2008.

Arthur Turrell, *The Star Builders: Nuclear Fusion and the Race to Power the Planet*, Scribner, 2021.

Chris Goodall, *Ten Technologies to Fix Energy and Climate*, Profile Books, 2009.

Richard A. Muller, *Physics for Future Presidents: The Science Behind the Headlines*, W. W. Norton & Company, 2009.

Bill Gates, *How to Avoid a Climate Disaster: The Solutions We Have and the Breakthroughs We Need*, Knopf, 2021.

Michael Klare, *Rising Powers, Shrinking Planet*, Picador Paper, 2009.

若泽·戈尔登贝格：《牛津科普读本·能源》，华中科技大学出版社，2020年。